上海卢斯气动元件有限公司
ROSS CONTROLS (CHINA) Ltd.

ROSS 阀适用于压力机，如冲压、锻造、冲孔、深拉、精压、折弯、剪切等。

美国 ROSS CONTROLS 公司 1921 年正式成立于美国密歇根州，至今已有近百年的历史，作为世界著名气动控制产品制造商，ROSS CONTROLS 在气动安全阀门领域享有极高的声誉。上海卢斯气动元件有限公司是 ROSS CONTROLS 在中国的子公司，成立于 2005 年，全面负责 ROSS CONTROLS 在中国地区的一切事务。ROSS 气动阀门包括电磁控制阀、空气控制阀、手动阀、双联阀、安全阀等，全面应用于多种工业领域，如钢铁、锻压、玻璃制瓶、原铝制造等。ROSS 在气动阀门的设计研究开发方面也一直处于世界先进行列，近百年来在空气控制技术上做出了巨大的革新，作为 ROSS 代表性产品的双联阀，更是被不断完善、推陈出新，以求为用户提供最为安全优质的服务。

CF 系列经济型双阀
为中国市场量身定制

CF（交叉流动）双联阀精确计算设计了适当的进口及排气流量：

进口流量少于排气流量，给与完全啮合离器充分时间获得全部压力，使压铸模充分击打零件成型。

排气流量远大于进口流量，可快速排出离合器和制动器内空气，使压机停机。

防止经常急刹车使刹车片恶化，压机产生震动负载。径范围 1/2 "–2"。

  CF2 系列  CF6 系列  CF25 系列  CF2 双联阀

完全满足欧美及中国机械压力机安全标准

静态内置监控
口径范围 1/2 "–2"
Popper 设计
安全等级 4PL e
锁定和电复位
高性价比

动态监控、动态记忆
安全等级 4PL e
底座式安装
双进气 / 出气（左侧 / 右铡）
电复位或气按复位
Popper 设计
口径范围 1/4 "–2"
机械式锁定

35 系列 CF 双联阀 – 电复位

DM2D 系列 CF 双联阀

ROSS 产品更多应用

ROSS 阀不仅仅适用于压力机的离合制动控制，也有适用于其他任何气动或机械传动的应用产品，这在锻压行业逐渐成为标准配置。

气源分配模块

动态平衡控制模块

安全 + 高性价比 =ROSS 阀门

ROSS 阀门，全球阀门领域先锋，压机生产商，用户的明智之选！

更多的产品信息请联系上海卢斯气动元件有限公司

地址：中国上海市嘉定区丰年路 88 弄 6 号

电话：（86）–21-6915-7942　传真：+86-21-6915-5887　邮件：rc.inquiry@rosscontrols.com

河北沃克曼数控机械有限公司

企业简介

河北沃克曼数控机械有限公司成立于 2015 年，公司注册资本 1000 万元，是一家专业从事以钣金行业设备研发、制造、销售为一体的高新技术企业。地处河北省沧州市运河区激光工业园区内，北靠廊沧高速，西临 G3 京台高速，地理位置极为方便。

公司规划占地面积约 40000 平方米，目前已有面积 10000 平方米，年生产能力：激光切割机类设备 100 套，数控冲床类设备 100 套，折弯机 300 台左右，50 套机器人折弯工作站。规划年产值 3 亿人民币以上。

公司秉承"技术领先，极致服务"的经营理念，坚持走"高效钣金工艺路线匹配商"的发展路线，大力引进先进技术和专业人才，不断提高产品核心竞争力，精心培育"能工巧匠"的员工队伍，公司拥有工程技术人员 30 多名，多年专业从事钣金设备的研发与生产，公司严格按照国际化标准管理企业，执行 ISO 9001 国际质量体系标准，坚持不断改革、创新。经过 3 年多的积极努力经营，已成长为一家集科研、开发、生产、销售、服务为一体的高科技钣金设备企业。

公司国内销售网点遍布全国，辐射华北、华东、华中、华南、西南、西北等区域，并在江苏常州、广东佛山成立分公司进行客户点对点就近服务。

沃克曼数控机械有限公司主要产品有数控转塔冲床、数控折弯机、机器人折弯工作站、复合钣金柔性生产线、激光冲压复合加工机等。全线产品以效率著称，其核心性能指标如速度、精度、节能均处于国际领先水平，媲美国际一线品牌，满足用户产业向智能制造升级的需求。目前，公司已实现产品的系列化、多元化、规模化，且可接受客户的定制化产品的研发与生产。公司产品和技术服务广泛应用于机箱机柜、建筑装饰幕墙、通讯柜体、电力柜体、电梯轿厢、地铁闸机柜体、金融服务自助柜体等行业和领域，获得行业众多荣誉，得到行业一致认可，特别是近期研发成功并推向市场的智能钣金生产线、铝单板专用数控冲床和数控折弯机，更是在行业内获得用户"高品质高效益专机"好评。

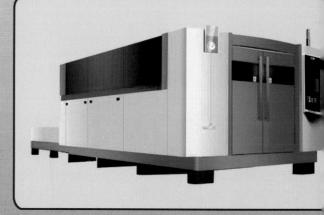

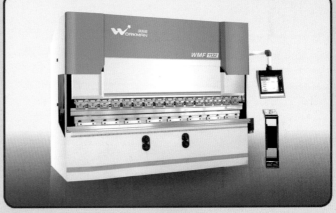

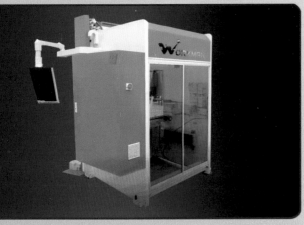

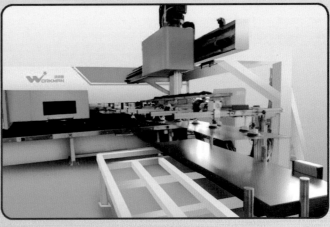

无锡市拓发自控设备有限公司

公司简介

　　无锡市拓发自控设备有限公司成立于 2000 年，经过二十年的艰苦创新，现已成为集研发、制造于一体的机械压力机气动安全功能部件的高新技术企业（江苏省四部认定）。公司已有发明专利授权 15 项，起草的三项机械行业标准也已由国家工信部发布。2016 年完成国家科技部下达的科技研发创新基金项目"高性能、高可靠性—无给油润滑平衡缸"通过验收。目前公司有一支高素质的科技研发、生产和品质管理的员工队伍，一批高品质的加工工艺装备，完善的零部件和产品检测手段，为公司可持续发展奠定了坚实基础。

　　多年来在锻压行业的各位客户和领导的关爱下，使我们能一路走来，并取得一定的成绩。对此我深表感谢。

　　未来，我们将更努力！

企业装备 Enterprise equipment

数控车床群
Digital control bed group

加工中心群
Machining center group

电气测试中心
Electrical test center

检测手段 Detection means

平衡缸密封性能检测
Test of Sealing Performance of
 Balanced Cylinder

平衡缸寿命实验装置
Balanced cylinder
life experiment device

凸轮控制器检测
Cam controller
detection

动态性能试验台
Dynamic performance
test bed

安全双联阀检测
Safety Double
Valve Detection

资质证书 Certificate of qualification

高新技术企业
High–tech enterprise

机械行业标准起草单位
Machinery industry
standard drafting unit

知识产权
Intellectual property

国际专利
International patent

机械压力机用安全双联电磁阀 Safery double solenoid valve for mechanical press

安全集油式消音器 Safety oil collector silencer

机械压力机用气动回转接头
Pneumatic rotary joint for mechanical press

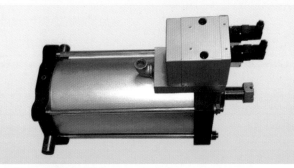

机械压力机用平衡缸
Balance cylinder for mechanical press

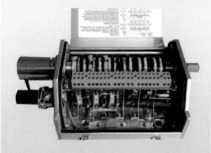

机械压力机用安全凸轮控制器 Safety CAM controller for mechanic al press

公司地址：无锡市胡埭镇刘塘归山头 118 号　　　　联系人：荣　昉 13906192909

电话：86-0510 85129032　传真：86-0510 85124926　　张整风 13861767965

邮箱：13906192909@VIP. 163. COM　　　　　　　　庄　敏 13771013356

武汉新威奇科技有限公司

WUHAN NEWWISIH TECHNOLOGY CO.,LTD.

武汉新威奇科技有限公司长期从事新型锻压设备及其计算机控制系统的研究和开发工作，是国家高新技术企业，并连续多年被中国锻压协会评为优秀锻造装备供应商。技术依托单位为华中科技大学材料成形及模具技术国家重点实验室和湖北省先进成形技术及装备工程技术研究中心。该中心由华中科技大学组建，科研开发队伍是从1965年以来承担国家和省部级重点攻关项目、国家自然科学基金项目、863重大目标产品以及与我国众多企业合作承担工程项目发展起来的，已构成由机械工程、材料加工、自动控制、计算机、软件、激光、光机电一体化和新型材料等学科的教师、工程技术人员和有经验的技术工人组成的多学科、多层次的队伍，多年来完成数十项重要科研和工程项目，获得国家科技进步二等奖3项、国家发明三等奖1项、省部级一等奖4项、省部级二等奖和三等奖10余项，发明和实用新型专利30余项。

公司技术中心建有3000多平方米的工艺与装备实验室，拥有中频加热炉、热处理炉、万能材料试验机、冲击试验机、吨位仪、噪音测试仪、电气综合测试仪等国内外先进试验与检测设备30余台套。拥有"湖北省企业技术中心""武汉市企业研究开发中心"，与华中科技大学共建有"数字化先进成形技术与装备国家地方联合工程实验室（湖北）""快速原型制造技术生产力促进中心"及"材料成形与模具技术国家重点实验室产学研基地"。

公司现集研发、生产、销售、售后及服务于一体，专业生产J58K型齿轮传动式和J58ZK型伺服直驱式数控电动螺旋压力机，Y68SK型模锻数控伺服液压机和Y68SKP型数控伺服液压平锻机。其相应锻件产品可覆盖热、温、冷整个模锻成形领域。公司以"事业、创新、实干、协作"为核心价值观，精益求精，打造中国电动螺旋压力机第一品牌，并逐步开发出精锻伺服液压机等其他模锻核心成形设备，同时围绕这些设备在国内率先研发并成功推广了数十条自动化锻造生产线和整线交钥匙工程，立志成为模锻领域整体解决方案提供商，推动中国模锻行业向自动化、信息化、智能化转型升级。公司通过ISO 9001质量管理体系认证，产品被评为名牌产品并通过了CE认证，生产基地位于湖北省葛店国家级开发区创业大道2号。

地址：湖北省鄂州市葛店开发区创业大道2号
电话：13971108859
邮箱：sales@newwishtech.com
网址：www.newwish.com.cn

锻压标准汇编

中国标准出版社 编

中国标准出版社

北京

图书在版编目(CIP)数据

锻压标准汇编/中国标准出版社编. —北京:中国标准
出版社,2020.5
　ISBN 978-7-5066-9535-0

　Ⅰ.①锻…　Ⅱ.①中…　Ⅲ.①锻压—标准—汇编—
中国　Ⅳ.①TG31-65

中国版本图书馆 CIP 数据核字(2020)第 009578 号

中国标准出版社出版发行
北京市朝阳区和平里西街甲 2 号(100029)
北京市西城区三里河北街 16 号(100045)
网址 www.spc.net.cn
总编室:(010)68533533　发行中心:(010)51780238
读者服务部:(010)68523946
中国标准出版社秦皇岛印刷厂印刷
各地新华书店经销

*

开本 880×1230 1/16　印张 26　字数 778 千字
2020 年 5 月第一版　2020 年 5 月第一次印刷

*

定价 150.00 元

出 版 说 明

锻造是一种利用锻压机械对金属坯料施加压力,使其产生塑性变形以获得具有一定机械性能、一定形状和尺寸锻件的加工方法,锻造生产是机械制造工业中提供机械零件毛坯的主要加工方法之一。冲压是靠压力机和模具对板材、带材、管材和型材等施加外力,使之产生塑性变形或分离,从而获得所需形状和尺寸工件(冲压件)的成形加工方法。锻造和冲压同属塑性加工(或称压力加工),合称锻压。

锻压生产在国民经济各个领域应用范围相当广泛。例如,冶金、矿山、机械、农机、石油、化工、交通、航空、航天、兵器、军工、电子、信息、邮电等。在日常生活中,锻压生产亦具有重要作用,日用电器及轻工产品都涉及锻压生产。不但相关产业界都用到锻压技术,而且每个人都直接与锻压产品有联系,如飞机、火车、汽车等。

随着锻压相关领域技术进步、社会需求大量增加,近几年我国相继修订了大量的锻压相关国家标准和行业标准。行业中领先企业的技术水平,包括工艺设计、锻造技术、热处理技术、机加工技术、产品检测等均有了较大提高。为更好地满足锻压生产、应用、科研、检验等各方面对锻压相关标准的需求,中国标准出版社组织编撰了《锻压标准汇编》。

本书收集了截至 2019 年 11 月底发布实施的现行有效的国家标准 45 项,可作为从事热锻、冷锻、冲压等成形工艺技术及工艺装备(模具除外)、工艺机械化配套技术及锻压安全、环保卫生等专业领域标准化工作人员的工具书。

编　者

2019 年 11 月

目　　录

ICS 77.140.85
J 32

中华人民共和国国家标准

GB/T 12362—2016
代替 GB/T 12362—2003

钢质模锻件
公差及机械加工余量

Steel die forgings—Tolerance and machining allowance

2016-12-13 发布
2017-07-01 实施

中华人民共和国国家质量监督检验检疫总局
中国国家标准化管理委员会　发布

GB/T 12362—2016

前　言

本标准按照 GB/T 1.1—2009 给出的规则起草。

本标准代替 GB/T 12362—2003《钢质模锻件　公差及机械加工余量》，与 GB/T 12362—2003 相比，除编辑性修改外，主要变化如下：

——将范围中"机械加工余量及其使用原则"改为"机械加工余量等级和技术内容"，将"结构钢锻件"改为"结构钢模锻件"，将"250 kg"改为"500 kg"（见第1章，2003年版的第1章）；

——删除了"但需要采取附加制造工艺才能达到的锻件"和"平锻件只采用普通级"（见2003年版的2.1）；

——在3.1.2特殊情况a)中，增加了"在选取公差时，锻件质量只考虑直径为 d、厚度为 t 的圆柱体部分的质量；如果此特殊规则选取的公差小于按3.1.2一般规则选取的公差，则按3.1.2一般规则选取公差"（见3.1.2）；

——在3.1.2特殊情况b)中，增加了"在选取相关特征的尺寸公差时，锻件质量只考虑直径为 d_1、厚度为 t_1 的圆柱体部分的质量；如果此特殊规则选取的公差小于按3.1.2一般规则选取的公差，则以3.1.2一般规则选取的公差为准"（见3.1.2）；

——删除了"采用煤加热或二火加热时，可考虑适当增大公差或余量，其数值由供需双方协商确定"（见2003年版的3.1.6）；

——将"错差公差"改为"错差"（见3.2.4，2003年版的3.2.4）；

——将"深度公差"改为"深度"（见3.2.14，2003年版的3.2.14）；

——修改了表1、表2、表3、表4、表16中的质量范围并增加查询行（见表1、表2、表3、表4、表16，2003年版的表1、表2、表3、表4、表16）；

——修改了表15中的孔径范围并增加查询行（见表15，2003年版的表15）。

本标准由全国锻压标准化技术委员会（SAC/TC 74）提出并归口。

本标准起草单位：东风锻造有限公司、北京机电研究所。

本标准主要起草人：吴玉坚、吴昕松、魏巍、金红、赵业勤、陈文敬、程琛文。

本标准所代替标准的历次版本发布情况为：

——GB/T 12362—1990、GB/T 12362—2003。

钢质模锻件
公差及机械加工余量

1 范围

本标准规定了钢质模锻件(以下简称"锻件")的公差及机械加工余量等级和技术内容。

本标准适用于模锻锤、热模锻压力机、螺旋压力机、平锻机等锻压设备生产的结构钢模锻件。其他钢种的锻件亦可参照使用。本标准适用于质量小于或等于 500 kg,长度(最大尺寸)小于或等于 2 500 mm 的锻件。

2 公差及机械加工余量等级

2.1 本标准中公差分为两级:普通级和精密级。

普通级公差适用于一般模锻工艺能够达到技术要求的锻件。

精密级公差适用于有较高技术要求的锻件。精密级公差可用于某一锻件的全部尺寸,也可用于局部尺寸。

2.2 机械加工余量只采用一级。

3 技术内容

3.1 确定锻件公差和机械加工余量的主要因素

3.1.1 锻件质量 m_f

锻件质量的估算按下列程序进行:

零件图基本尺寸→估计机械加工余量→绘制锻件图→估算锻件质量,并按此质量查表确定公差和机械加工余量。

3.1.2 锻件形状复杂系数 S

锻件形状复杂系数是锻件质量 m_f 与相应的锻件外廓包容体质量 m_N 之比,见式(1):

$$S = m_f/m_N \qquad\qquad\qquad\cdots\cdots\cdots\cdots\cdots\cdots\cdots\cdots\cdots (1)$$

锻件外廓包容体质量 m_N 为以包容锻件最大轮廓的圆柱体或长方体作为实体的计算质量,按式(2)或式(3)计算:

a) 圆形锻件(图 1)

$$m_N = 1/4 \cdot \pi \cdot d^2 \cdot h \cdot \rho \qquad\qquad\cdots\cdots\cdots\cdots\cdots\cdots\cdots\cdots\cdots (2)$$

式中:

ρ——钢材密度(7.85 g/cm³)。

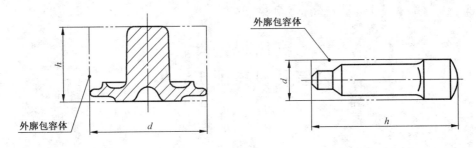

图 1　圆形锻件

b) 非圆形锻件（图 2）

$$m_N = l \cdot b \cdot h \cdot \rho \qquad\qquad\qquad\cdots\cdots\cdots\cdots\cdots\cdots\cdots（3）$$

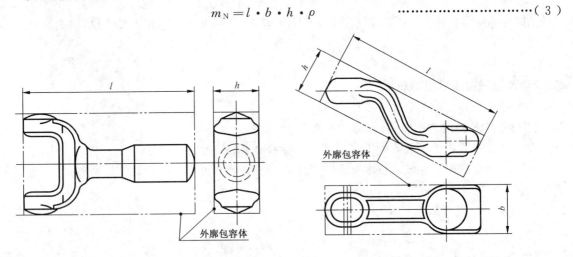

图 2　非圆形锻件

根据 S 值的大小，锻件形状复杂系数分为 4 级：

S_1 级（简单）：$0.63 < S \leqslant 1$；

S_2 级（一般）：$0.32 < S \leqslant 0.63$；

S_3 级（较复杂）：$0.16 < S \leqslant 0.32$；

S_4 级（复杂）：$0 < S \leqslant 0.16$。

特殊情况：

a)　当锻件形状为薄形圆盘或法兰件（图 3），且圆盘厚度和直径之比 $t/d \leqslant 0.2$ 时，采用 S_4 级；在选取公差时，锻件质量只考虑直径为 d、厚度为 t 的圆柱体部分的质量；如果此特殊规则选取的公差小于按 3.1.2 一般规则选取的公差，则按 3.1.2 一般规则选取公差。

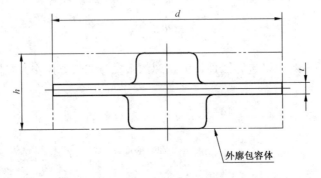

图 3　法兰件

b)　当平锻件 $t_1/d_1 \leqslant 0.2$ 或 $t_2/d_2 \geqslant 4$ 时，采用 S_4 级（图 4）；在选取相关特征的尺寸公差时，锻件

质量只考虑直径为 d_1、厚度为 t_1 的圆柱体部分的质量;如果此特殊规则选取的公差小于按 3.1.2 一般规则选取的公差,则以 3.1.2 一般规则选取的公差为准。

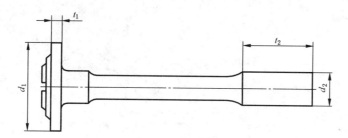

图 4 平锻件

c) 平锻件冲孔深度大于直径 1.5 倍时,形状复杂系数提高一级。

3.1.3 锻件材质系数 M

锻件材质系数分为两级:M_1 和 M_2。

M_1 级:最高含碳量小于 0.65% 的碳素钢或合金元素总含量小于 3% 的合金钢。

M_2 级:最高含碳量大于或等于 0.65% 的碳素钢或合金元素总含量大于或等于 3% 的合金钢。

3.1.4 锻件分模线形状

锻件分模线形状分为两类:

a) 平直分模线或对称弯曲分模线[图 5a)、图 5b)];

b) 不对称弯曲分模线[图 5c)]。

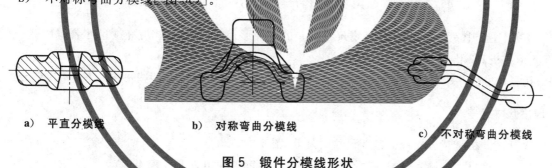

a) 平直分模线　　　　　b) 对称弯曲分模线　　　　　c) 不对称弯曲分模线

图 5 锻件分模线形状

3.1.5 零件表面粗糙度

零件表面粗糙度是确定锻件加工余量的重要参数。本标准按轮廓算术平均偏差 Ra 数值大小分为两类:

a) $Ra \geqslant 1.6 \ \mu m$;

b) $Ra < 1.6 \ \mu m$。

3.1.6 锻件加热条件

本标准所指锻件加热条件为电、油或煤气(天然气)。

3.2 公差

3.2.1 长度、宽度和高度尺寸公差

3.2.1.1 长度、宽度和高度尺寸公差是指在分模线一侧同一块模具上沿长度、宽度、高度方向上的尺寸

公差(图6)。此类公差根据锻件基本尺寸、质量、形状复杂系数以及材质系数查表确定。表1是普通级,表2是精密级。

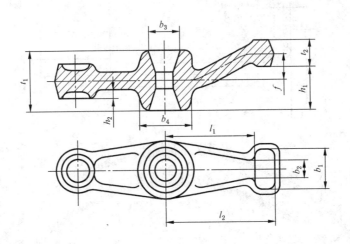

说明:

l_1、l_2 ——长度方向尺寸;

b_1、b_2、b_3、b_4——宽度方向尺寸;

h_1、h_2 ——高度方向尺寸;

f ——落差尺寸;

t_1、t_2 ——跨越分模线的厚度尺寸。

图6 锻件尺寸表示方法

3.2.1.2 落差(图6中 f)尺寸公差是高度尺寸公差的一种形式,其数值比相应高度尺寸公差放宽一挡,上、下偏差值按±1/2 比例分配。

3.2.1.3 孔径尺寸公差按孔径尺寸由表1或表2确定公差值。其上、下偏差按+1/4、−3/4 比例分配。

3.2.2 厚度尺寸公差

厚度尺寸公差指跨越分模线的厚度尺寸的公差(图6中 t_1、t_2)。

锻件所有厚度尺寸取同一公差,其数值按锻件最大厚度尺寸由表3或表4确定。

3.2.3 顶料杆压痕公差

顶料杆压痕公差由表3或表4确定,凸出为正,凹进为负。但凹进深度不得超过表面缺陷深度公差。

3.2.4 错差

错差是锻件在分模线上、下两部分对应点所偏移的距离(图7),数值按式(4)计算:

$$错差 = \frac{l_1 - l_2}{2} \quad 或 \quad \frac{b_1 - b_2}{2} \quad\quad\quad\cdots\cdots（4）$$

式中:

l_1、b_1——平行于分模线最大投影长度、宽度;

l_2、b_2——平行于分模线最小投影长度、宽度。

错差由表1或表2确定,其应用与其他公差无关。

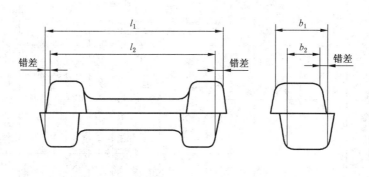

图7 错差

3.2.5 横向残留飞边及切入锻件深度公差

锻件在切边后,其横向残留飞边公差由表1或表2确定,切入锻件深度公差和横向残留飞边公差数值相等。两者与其他公差无关(图8)。

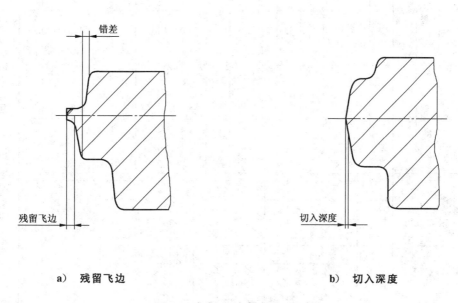

a) 残留飞边   b) 切入深度

图8 残留飞边与切入深度

3.2.6 公差表使用方法

由表1或表2确定锻件长度、宽度或高度尺寸公差时,应根据锻件质量选定相应范围,然后沿水平线向右移动。若材质系数为M_1,则沿同一水平线继续向右移动;若材质系数为M_2,则沿倾斜线向右下移动到与M_2垂线的交点。对于形状复杂系数S,用同样方法,沿水平或斜线移动到S_1或S_2、S_3、S_4格的位置,并继续向右移动,直到所需尺寸的垂直栏中,即可查得所需的公差值。

确定错差和横向残留飞边公差时,同样在锻件质量栏内选定范围,然后向左移动,根据分模线形状查得错差和残留飞边公差值。

示例:某锻件6 kg,长度尺寸为160 mm,材质系数M_1,形状复杂系数S_2,平直分模线,采用普通级公差,由表1查得极限偏差为$^{+2.1}_{-1.1}$,横向残留飞边公差为1.2,错差为1.2,查表顺序按表1箭头所示。

其余公差使用方法类推。

表 1 锻件的长度、宽度、高度及错差、残留飞边公差（普通级）

单位为毫米

分类列（左侧）：

残留飞边公差	错差	分模线 平直或对称	分模线 非对称	锻件质量 kg 大于	锻件质量 kg 至	锻件材质系数 M₁ M₂	形状复杂系数 S₁ S₂ S₃ S₄
0.5	0.4			0	0.4		
0.6	0.5			0.4	1.0		
0.7	0.6			1.0	1.8		
0.8	0.8			1.8	3.2		
1.0	1.0			3.2	5.6		
1.2	1.2			5.6	10.0		
1.4	1.4			10.0	20.0		
1.7	1.6			20.0	50.0		
2.0	1.8			50.0	120.0		
2.4	2.0			120.0	250.0		
2.8	2.4			250.0	500.0		
3.2	2.8						

公差值及极限偏差（锻件基本尺寸）：

大于 至	0–30	30–80	80–120	120–180	180–315	315–500	500–800	800–1250	1250–2500
	1.1 $^{+0.8}_{-0.3}$	1.2 $^{+0.8}_{-0.4}$	1.4 $^{+0.9}_{-0.5}$	1.6 $^{+1.1}_{-0.5}$	1.8 $^{+1.2}_{-0.6}$	—	—	—	—
	1.2 $^{+0.8}_{-0.4}$	1.4 $^{+0.9}_{-0.5}$	1.6 $^{+1.1}_{-0.5}$	1.8 $^{+1.2}_{-0.6}$	2.0 $^{+1.3}_{-0.7}$	2.2 $^{+1.5}_{-0.7}$	—	—	—
	1.4 $^{+0.9}_{-0.5}$	1.6 $^{+1.1}_{-0.5}$	1.8 $^{+1.2}_{-0.6}$	2.0 $^{+1.3}_{-0.7}$	2.2 $^{+1.5}_{-0.7}$	2.5 $^{+1.7}_{-0.8}$	2.8 $^{+1.9}_{-0.9}$	—	—
	1.6 $^{+1.1}_{-0.5}$	1.8 $^{+1.2}_{-0.6}$	2.0 $^{+1.3}_{-0.7}$	2.2 $^{+1.5}_{-0.7}$	2.5 $^{+1.7}_{-0.8}$	2.8 $^{+1.9}_{-0.9}$	3.2 $^{+2.1}_{-1.1}$	3.6 $^{+2.4}_{-1.2}$	—
	1.8 $^{+1.2}_{-0.6}$	2.0 $^{+1.3}_{-0.7}$	2.2 $^{+1.5}_{-0.7}$	2.5 $^{+1.7}_{-0.8}$	2.8 $^{+1.9}_{-0.9}$	3.2 $^{+2.1}_{-1.1}$	3.6 $^{+2.4}_{-1.2}$	4.0 $^{+2.7}_{-1.3}$	4.5 $^{+3.0}_{-1.5}$
	2.0 $^{+1.3}_{-0.7}$	2.2 $^{+1.5}_{-0.7}$	2.5 $^{+1.7}_{-0.8}$	2.8 $^{+1.9}_{-0.9}$	3.2 $^{+2.1}_{-1.1}$	3.6 $^{+2.4}_{-1.2}$	4.0 $^{+2.7}_{-1.3}$	4.5 $^{+3.0}_{-1.5}$	5.0 $^{+3.3}_{-1.7}$
	2.2 $^{+1.5}_{-0.7}$	2.5 $^{+1.7}_{-0.8}$	2.8 $^{+1.9}_{-0.9}$	3.2 $^{+2.1}_{-1.1}$	3.6 $^{+2.4}_{-1.2}$	4.0 $^{+2.7}_{-1.3}$	4.5 $^{+3.0}_{-1.5}$	5.0 $^{+3.3}_{-1.7}$	5.6 $^{+3.7}_{-1.9}$
	2.5 $^{+1.7}_{-0.8}$	2.8 $^{+1.9}_{-0.9}$	3.2 $^{+2.1}_{-1.1}$	3.6 $^{+2.4}_{-1.2}$	4.0 $^{+2.7}_{-1.3}$	4.5 $^{+3.0}_{-1.5}$	5.0 $^{+3.3}_{-1.7}$	5.6 $^{+3.7}_{-1.9}$	6.3 $^{+4.2}_{-2.1}$
	2.8 $^{+1.9}_{-0.9}$	3.2 $^{+2.1}_{-1.1}$	3.6 $^{+2.4}_{-1.2}$	4.0 $^{+2.7}_{-1.3}$	4.5 $^{+3.0}_{-1.5}$	5.0 $^{+3.3}_{-1.7}$	5.6 $^{+3.7}_{-1.9}$	6.3 $^{+4.2}_{-2.1}$	7.0 $^{+4.7}_{-2.3}$
	3.2 $^{+2.1}_{-1.1}$	3.6 $^{+2.4}_{-1.2}$	4.0 $^{+2.7}_{-1.3}$	4.5 $^{+3.0}_{-1.5}$	5.0 $^{+3.3}_{-1.7}$	5.6 $^{+3.7}_{-1.9}$	6.3 $^{+4.2}_{-2.1}$	7.0 $^{+4.7}_{-2.3}$	8.0 $^{+5.3}_{-2.7}$
	3.6 $^{+2.4}_{-1.2}$	4.0 $^{+2.7}_{-1.3}$	4.5 $^{+3.0}_{-1.5}$	5.0 $^{+3.3}_{-1.7}$	5.6 $^{+3.7}_{-1.9}$	6.3 $^{+4.2}_{-2.1}$	7.0 $^{+4.7}_{-2.3}$	8.0 $^{+5.3}_{-2.7}$	9.0 $^{+6.0}_{-3.0}$
	4.0 $^{+2.7}_{-1.3}$	4.5 $^{+3.0}_{-1.5}$	5.0 $^{+3.3}_{-1.7}$	5.6 $^{+3.7}_{-1.9}$	6.3 $^{+4.2}_{-2.1}$	7.0 $^{+4.7}_{-2.3}$	8.0 $^{+5.3}_{-2.7}$	9.0 $^{+6.0}_{-3.0}$	10.0 $^{+6.7}_{-3.3}$
		5.0 $^{+3.3}_{-1.7}$	5.6 $^{+3.7}_{-1.9}$	6.3 $^{+4.2}_{-2.1}$	7.0 $^{+4.7}_{-2.3}$	8.0 $^{+5.3}_{-2.7}$	9.0 $^{+6.0}_{-3.0}$	10.0 $^{+6.7}_{-3.3}$	11.0 $^{+7.3}_{-3.7}$
			6.3 $^{+4.2}_{-2.1}$	7.0 $^{+4.7}_{-2.3}$	8.0 $^{+5.3}_{-2.7}$	9.0 $^{+6.0}_{-3.0}$	10.0 $^{+6.7}_{-3.3}$	11.0 $^{+7.3}_{-3.7}$	12.0 $^{+8.0}_{-4.0}$
			7.0 $^{+4.7}_{-2.3}$	8.0 $^{+5.3}_{-2.7}$	9.0 $^{+6.0}_{-3.0}$	10.0 $^{+6.7}_{-3.3}$	11.0 $^{+7.3}_{-3.7}$	12.0 $^{+8.0}_{-4.0}$	13.0 $^{+8.7}_{-4.3}$
			8.0 $^{+5.3}_{-2.7}$	9.0 $^{+6.0}_{-3.0}$	10.0 $^{+6.7}_{-3.3}$	11.0 $^{+7.3}_{-3.7}$	12.0 $^{+8.0}_{-4.0}$	13.0 $^{+8.7}_{-4.3}$	14.0 $^{+9.3}_{-4.7}$

锻件的高度或台阶尺寸及中心到边缘尺寸公差按±1/2 的比例分配，长度、宽度尺寸的上、下偏差按+2/3、-1/3 比例分配。

内表面尺寸的允许偏差，其正负符号与表中相反。

注：锻件质量 6 kg，材质系数为 M₁，形状复杂系数为 S₂，尺寸为 160 mm，平直分模线时各类公差查法。

表 2　锻件的长度、宽度、高度及错差、残留飞边公差(精密级)

单位为毫米

错差	残留飞边公差	分模线 非对称	分模线 平直或对称	锻件质量 kg 大于	锻件质量 kg 至	锻件材质系数 M_1	M_2	形状复杂系数 S_1	S_2	S_3	S_4	锻件基本尺寸 大于 0 至 30	大于 30 至 80	大于 80 至 120	大于 120 至 180	大于 180 至 315	大于 315 至 500	大于 500 至 800	大于 800 至 1 250	大于 1 250 至 2 500
												公差值及极限偏差								
0.3	0.3			0	0.4							$0.7^{+0.5}_{-0.2}$	$0.8^{+0.5}_{-0.3}$	$0.9^{+0.6}_{-0.3}$	$1.0^{+0.7}_{-0.3}$	$1.2^{+0.8}_{-0.4}$	—	—	—	—
0.4	0.4			0.4	1.0							$0.8^{+0.5}_{-0.3}$	$0.9^{+0.6}_{-0.3}$	$1.0^{+0.7}_{-0.3}$	$1.2^{+0.8}_{-0.4}$	$1.4^{+0.9}_{-0.5}$	$1.6^{+1.1}_{-0.5}$	—	—	—
0.5	0.5			1.0	1.8							$0.9^{+0.6}_{-0.3}$	$1.0^{+0.7}_{-0.3}$	$1.2^{+0.8}_{-0.4}$	$1.4^{+0.9}_{-0.5}$	$1.6^{+1.1}_{-0.5}$	$1.8^{+1.2}_{-0.6}$	$2.0^{+1.3}_{-0.7}$	—	—
0.6	0.6			1.8	3.2							$1.0^{+0.7}_{-0.3}$	$1.2^{+0.8}_{-0.4}$	$1.4^{+0.9}_{-0.5}$	$1.6^{+1.1}_{-0.5}$	$1.8^{+1.2}_{-0.6}$	$2.0^{+1.3}_{-0.7}$	$2.2^{+1.5}_{-0.7}$	$2.5^{+1.7}_{-0.8}$	—
0.7	0.7			3.2	5.6							$1.2^{+0.8}_{-0.4}$	$1.4^{+0.9}_{-0.5}$	$1.6^{+1.1}_{-0.5}$	$1.8^{+1.2}_{-0.6}$	$2.0^{+1.3}_{-0.7}$	$2.2^{+1.5}_{-0.7}$	$2.5^{+1.7}_{-0.8}$	$2.8^{+1.9}_{-0.9}$	$3.2^{+2.1}_{-1.1}$
0.8	0.8			5.6	10.0							$1.4^{+0.9}_{-0.5}$	$1.6^{+1.1}_{-0.5}$	$1.8^{+1.2}_{-0.6}$	$2.0^{+1.3}_{-0.7}$	$2.2^{+1.5}_{-0.7}$	$2.5^{+1.7}_{-0.8}$	$2.8^{+1.9}_{-0.9}$	$3.2^{+2.1}_{-1.1}$	$3.6^{+2.4}_{-1.2}$
1.0	1.0			10.0	20.0							$1.6^{+1.1}_{-0.5}$	$1.8^{+1.2}_{-0.6}$	$2.0^{+1.3}_{-0.7}$	$2.2^{+1.5}_{-0.7}$	$2.5^{+1.7}_{-0.8}$	$2.8^{+1.9}_{-0.9}$	$3.2^{+2.1}_{-1.1}$	$3.6^{+2.4}_{-1.2}$	$4.0^{+2.7}_{-1.3}$
1.2	1.2			20.0	50.0							$1.8^{+1.2}_{-0.6}$	$2.0^{+1.3}_{-0.7}$	$2.2^{+1.5}_{-0.7}$	$2.5^{+1.7}_{-0.8}$	$2.8^{+1.9}_{-0.9}$	$3.2^{+2.1}_{-1.1}$	$3.6^{+2.4}_{-1.2}$	$4.0^{+2.7}_{-1.3}$	$4.5^{+3.0}_{-1.5}$
1.2	1.2			50.0	120.0							$2.0^{+1.3}_{-0.7}$	$2.2^{+1.5}_{-0.7}$	$2.5^{+1.7}_{-0.8}$	$2.8^{+1.9}_{-0.9}$	$3.2^{+2.1}_{-1.1}$	$3.6^{+2.4}_{-1.2}$	$4.0^{+2.7}_{-1.3}$	$4.5^{+3.0}_{-1.5}$	$5.0^{+3.3}_{-1.7}$
1.4	1.4			120.0	250.0							$2.2^{+1.5}_{-0.7}$	$2.5^{+1.7}_{-0.8}$	$2.8^{+1.9}_{-0.9}$	$3.2^{+2.1}_{-1.1}$	$3.6^{+2.4}_{-1.2}$	$4.0^{+2.7}_{-1.3}$	$4.5^{+3.0}_{-1.5}$	$5.0^{+3.3}_{-1.7}$	$5.6^{+3.7}_{-1.9}$
1.4	1.7			250.0	500.0							$2.5^{+1.7}_{-0.8}$	$2.8^{+1.9}_{-0.9}$	$3.2^{+2.1}_{-1.1}$	$3.6^{+2.4}_{-1.2}$	$4.0^{+2.7}_{-1.3}$	$4.5^{+3.0}_{-1.5}$	$5.0^{+3.3}_{-1.7}$	$5.6^{+3.7}_{-1.9}$	$6.3^{+4.2}_{-2.1}$
1.6	2.0											$2.8^{+1.9}_{-0.9}$	$3.2^{+2.1}_{-1.1}$	$3.6^{+2.4}_{-1.2}$	$4.0^{+2.7}_{-1.3}$	$4.5^{+3.0}_{-1.5}$	$5.0^{+3.3}_{-1.7}$	$5.6^{+3.7}_{-1.9}$	$6.3^{+4.2}_{-2.1}$	$7.0^{+4.7}_{-2.3}$
												$3.2^{+2.1}_{-1.1}$	$3.6^{+2.4}_{-1.2}$	$4.0^{+2.7}_{-1.3}$	$4.5^{+3.0}_{-1.5}$	$5.0^{+3.3}_{-1.7}$	$5.6^{+3.7}_{-1.9}$	$6.3^{+4.2}_{-2.1}$	$7.0^{+4.7}_{-2.3}$	$8.0^{+5.3}_{-2.7}$
												$3.6^{+2.4}_{-1.2}$	$4.0^{+2.7}_{-1.3}$	$4.5^{+3.0}_{-1.5}$	$5.0^{+3.3}_{-1.7}$	$5.6^{+3.7}_{-1.9}$	$6.3^{+4.2}_{-2.1}$	$7.0^{+4.7}_{-2.3}$	$8.0^{+5.3}_{-2.7}$	$9.0^{+6.0}_{-3.0}$
												—	$4.5^{+3.0}_{-1.5}$	$5.0^{+3.3}_{-1.7}$	$5.6^{+3.7}_{-1.9}$	$6.3^{+4.2}_{-2.1}$	$7.0^{+4.7}_{-2.3}$	$8.0^{+5.3}_{-2.7}$	$9.0^{+6.0}_{-3.0}$	$10.0^{+6.7}_{-3.3}$
												—	—	$5.6^{+3.7}_{-1.9}$	$6.3^{+4.2}_{-2.1}$	$7.0^{+4.7}_{-2.3}$	$8.0^{+5.3}_{-2.7}$	$9.0^{+6.0}_{-3.0}$	$10.0^{+6.7}_{-3.3}$	$11.0^{+7.3}_{-3.7}$

锻件的高度或台阶尺寸及中心到边缘尺寸公差按±1/2 的比例分配，长度、宽度尺寸的上、下偏差按+2/3、−1/3 比例分配。

内表面尺寸的允许偏差，其正负符号与表中相反。

注：锻件质量 3 kg，材质系数为 M_1，形状复杂系数为 S_3，尺寸为 120 mm，平直分模线时各类公差查法。

单位为毫米

表3 模锻件厚度、顶料杆压痕公差及允许偏差（普通级）

顶料杆压痕

+（凸）	-（凹）
0.8	0.4
1.0	0.5
1.2	0.6
1.5	0.8
1.8	0.9
2.2	1.2
2.8	1.5
3.5	2.0
4.5	2.5
6.0	3.0
8.0	3.6

锻件质量 kg

大于	至
0	0.4
0.4	1.0
1.0	1.8
1.8	3.2
3.2	5.6
5.6	10.0
10.0	20.0
20.0	50.0
50.0	120.0
120.0	250.0
250.0	500.0

锻件材质系数 M_1 M_2 ；形状复杂系数 S_1 S_2 S_3 S_4

公差值及极限偏差 —— 上、下偏差按 +3/4、-1/4 比例分配，若有需要也可按 +2/3、-1/3 比例分配。

锻件基本尺寸（大于/至）及公差值、极限偏差：

大于 0 / 至 18	18 / 30	30 / 50	50 / 80	80 / 120	120 / 180	180 / 315
1.0 +0.8/-0.2	1.1 +0.8/-0.3	1.2 +1.0/-0.3	1.4 +1.1/-0.4	1.6 +1.2/-0.4	1.8 +1.4/-0.4	2.0 +1.5/-0.5
1.1 +0.8/-0.3	1.2 +0.9/-0.3	1.4 +1.1/-0.4	1.6 +1.2/-0.4	1.8 +1.4/-0.4	2.0 +1.5/-0.5	2.2 +1.7/-0.5
1.2 +0.9/-0.3	1.4 +1.0/-0.4	1.6 +1.2/-0.4	1.8 +1.4/-0.4	2.0 +1.5/-0.5	2.2 +1.7/-0.5	2.5 +1.9/-0.6
1.4 +1.0/-0.4	1.6 +1.2/-0.4	1.8 +1.4/-0.4	2.0 +1.5/-0.5	2.2 +1.7/-0.5	2.5 +1.9/-0.6	2.8 +2.1/-0.7
1.6 +1.2/-0.4	1.8 +1.4/-0.4	2.0 +1.5/-0.5	2.2 +1.7/-0.5	2.5 +1.9/-0.6	2.8 +2.1/-0.7	3.2 +2.4/-0.7
1.8 +1.4/-0.4	2.0 +1.5/-0.5	2.2 +1.7/-0.5	2.5 +1.9/-0.6	2.8 +2.1/-0.6	3.2 +2.4/-0.8	3.6 +2.7/-0.9
2.0 +1.5/-0.5	2.2 +1.7/-0.5	2.5 +1.9/-0.6	2.8 +2.1/-0.7	3.2 +2.4/-0.8	3.6 +2.7/-0.9	4.0 +3.0/-1.0
2.2 +1.7/-0.5	2.5 +1.9/-0.6	2.8 +2.1/-0.7	3.2 +2.4/-0.8	3.6 +2.7/-0.9	4.0 +3.0/-1.0	4.5 +3.4/-1.1
2.5 +1.9/-0.6	2.8 +2.1/-0.7	3.2 +2.4/-0.8	3.6 +2.7/-0.9	4.0 +3.0/-1.0	4.5 +3.4/-1.1	5.0 +3.8/-1.2
2.8 +2.1/-0.7	3.2 +2.4/-0.8	3.6 +2.7/-0.9	4.0 +3.0/-1.0	4.5 +3.4/-1.1	5.0 +3.8/-1.2	5.6 +4.2/-1.4
3.2 +2.4/-0.8	3.6 +2.7/-0.9	4.0 +3.0/-1.0	4.5 +3.4/-1.1	5.0 +3.8/-1.2	5.6 +4.2/-1.4	6.3 +4.8/-1.5
3.6 +2.7/-0.9	4.0 +3.0/-1.0	4.5 +3.4/-1.1	5.0 +3.8/-1.2	5.6 +4.2/-1.4	6.3 +4.8/-1.5	7.0 +5.3/-1.7
4.0 +3.0/-1.0	4.5 +3.4/-1.1	5.0 +3.8/-1.2	5.6 +4.2/-1.4	6.3 +4.8/-1.5	7.0 +5.3/-1.7	8.0 +6.0/-2.0
4.5 +3.4/-1.1	5.0 +3.8/-1.2	5.6 +4.2/-1.4	6.3 +4.8/-1.5	7.0 +5.3/-1.7	8.0 +6.0/-2.0	9.0 +6.8/-2.0
5.0 +3.8/-1.2	5.6 +4.2/-1.4	6.3 +4.8/-1.5	7.0 +5.3/-1.7	8.0 +6.0/-2.0	9.0 +6.8/-2.2	10.0 +7.5/-2.5
5.6 +4.2/-1.4	6.3 +4.8/-1.5	7.0 +5.3/-1.7	8.0 +6.0/-2.0	9.0 +6.8/-2.2	10.0 +7.5/-2.5	11.0 +8.3/-2.7

注：锻件质量 3 kg、材质系数为 M_1、形状复杂系数为 S_3、最大厚度尺寸为 45 mm 时各类公差查法。

单位为毫米

表 4 模锻件厚度、顶料杆压痕公差及允许偏差（精密级）

顶料杆压痕 +（凸）	顶料杆压痕 −（凹）	锻件质量 kg 大于	锻件质量 kg 至	锻件材质系数 M_1 M_2	形状复杂系数 S_1 S_2 S_3 S_4	锻件基本尺寸（公差值及极限偏差） 大于0 至18	大于18 至30	大于30 至50	大于50 至80	大于80 至120	大于120 至180	大于180 至315
0.6	0.3	0	0.4			$0.6^{+0.5}_{-0.1}$	$0.8^{+0.6}_{-0.2}$	$0.9^{+0.7}_{-0.2}$	$1.0^{+0.8}_{-0.2}$	$1.2^{+0.9}_{-0.3}$	$1.4^{+1.0}_{-0.4}$	$1.6^{+1.2}_{-0.4}$
0.8	0.4	0.4	1.0			$0.8^{+0.6}_{-0.2}$	$0.9^{+0.7}_{-0.2}$	$1.0^{+0.8}_{-0.2}$	$1.2^{+0.9}_{-0.3}$	$1.4^{+1.0}_{-0.4}$	$1.6^{+1.2}_{-0.4}$	$1.8^{+1.4}_{-0.4}$
1.0	0.5	1.0	1.8			$0.9^{+0.7}_{-0.2}$	$1.0^{+0.8}_{-0.2}$	$1.2^{+0.9}_{-0.3}$	$1.4^{+1.0}_{-0.4}$	$1.6^{+1.2}_{-0.4}$	$1.8^{+1.4}_{-0.4}$	$2.0^{+1.5}_{-0.5}$
1.2	0.6	1.8	3.2			$1.0^{+0.8}_{-0.2}$	$1.2^{+0.9}_{-0.3}$	$1.4^{+1.0}_{-0.4}$	$1.6^{+1.2}_{-0.4}$	$1.8^{+1.4}_{-0.4}$	$2.0^{+1.5}_{-0.5}$	$2.2^{+1.7}_{-0.5}$
1.6	0.8	3.2	5.6			$1.2^{+0.9}_{-0.3}$	$1.4^{+1.0}_{-0.4}$	$1.6^{+1.2}_{-0.4}$	$1.8^{+1.4}_{-0.4}$	$2.0^{+1.5}_{-0.5}$	$2.2^{+1.7}_{-0.5}$	$2.5^{+1.9}_{-0.6}$
1.8	1.0	5.6	10.0			$1.4^{+1.0}_{-0.4}$	$1.6^{+1.2}_{-0.4}$	$1.8^{+1.4}_{-0.4}$	$2.0^{+1.5}_{-0.5}$	$2.2^{+1.7}_{-0.5}$	$2.5^{+1.9}_{-0.6}$	$2.8^{+2.1}_{-0.7}$
2.2	1.2	10.0	20.0			$1.6^{+1.2}_{-0.4}$	$1.8^{+1.4}_{-0.4}$	$2.0^{+1.5}_{-0.5}$	$2.2^{+1.7}_{-0.5}$	$2.5^{+1.9}_{-0.6}$	$2.8^{+2.1}_{-0.7}$	$3.2^{+2.4}_{-0.8}$
2.8	1.5	20.0	50.0			$1.8^{+1.4}_{-0.4}$	$2.0^{+1.5}_{-0.5}$	$2.2^{+1.7}_{-0.5}$	$2.5^{+1.9}_{-0.6}$	$2.8^{+2.1}_{-0.7}$	$3.2^{+2.4}_{-0.8}$	$3.6^{+2.7}_{-0.9}$
3.5	2.0	50.0	120.0			$2.0^{+1.5}_{-0.5}$	$2.2^{+1.7}_{-0.5}$	$2.5^{+1.9}_{-0.6}$	$2.8^{+2.1}_{-0.7}$	$3.2^{+2.4}_{-0.8}$	$3.6^{+2.7}_{-0.9}$	$4.0^{+3.0}_{-1.0}$
4.5	2.5	120.0	250.0			$2.2^{+1.7}_{-0.5}$	$2.5^{+1.9}_{-0.6}$	$2.8^{+2.1}_{-0.7}$	$3.2^{+2.4}_{-0.8}$	$3.6^{+2.7}_{-0.9}$	$4.0^{+3.0}_{-1.0}$	$4.5^{+3.4}_{-1.1}$
6.0	3.0	250.0	500.0			$2.5^{+1.9}_{-0.6}$	$2.8^{+2.1}_{-0.7}$	$3.2^{+2.4}_{-0.8}$	$3.6^{+2.7}_{-0.9}$	$4.0^{+3.0}_{-1.0}$	$4.5^{+3.4}_{-1.1}$	$5.0^{+3.8}_{-1.2}$
						$2.8^{+2.1}_{-0.7}$	$3.2^{+2.4}_{-0.8}$	$3.6^{+2.7}_{-0.9}$	$4.0^{+3.0}_{-1.0}$	$4.5^{+3.4}_{-1.1}$	$5.0^{+3.8}_{-1.2}$	$5.6^{+4.2}_{-1.4}$
						$3.2^{+2.4}_{-0.8}$	$3.6^{+2.7}_{-0.9}$	$4.0^{+3.0}_{-1.0}$	$4.5^{+3.4}_{-1.1}$	$5.0^{+3.8}_{-1.2}$	$5.6^{+4.2}_{-1.4}$	$6.3^{+4.8}_{-1.5}$
						$3.6^{+2.7}_{-0.9}$	$4.0^{+3.0}_{-1.0}$	$4.5^{+3.4}_{-1.1}$	$5.0^{+3.8}_{-1.2}$	$5.6^{+4.2}_{-1.4}$	$6.3^{+4.8}_{-1.5}$	$7.0^{+5.3}_{-1.7}$
						$4.0^{+3.0}_{-1.0}$	$4.5^{+3.4}_{-1.1}$	$5.0^{+3.8}_{-1.2}$	$5.6^{+4.2}_{-1.4}$	$6.3^{+4.8}_{-1.5}$	$7.0^{+5.3}_{-1.7}$	$8.0^{+6.0}_{-2.0}$
						$4.5^{+3.4}_{-1.1}$	$5.0^{+3.8}_{-1.2}$	$5.6^{+4.2}_{-1.4}$	$6.3^{+4.8}_{-1.5}$	$7.0^{+5.3}_{-1.7}$	$8.0^{+6.0}_{-2.0}$	$9.0^{+6.8}_{-2.2}$

上、下偏差按 +3/4、−1/4 比例分配，若有需要也可按 +2/3、−1/3 比例分配。

注：锻件质量 3 kg，材质系数为 M_1，形状复杂系数为 S_3，最大厚度尺寸为 45 mm 时各类公差查法。

3.2.7 平锻件杆部长度、宽度(直径)尺寸公差

3.2.7.1 局部成形的平锻件,当一端镦锻时只计入镦锻部分质量(图9)。两端均镦锻时,分别计算镦锻部分质量。当不成形部分长度小于该部直径2倍时应视为完整锻件(图10)。

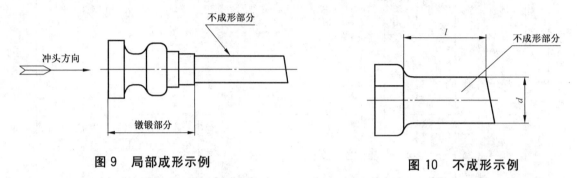

| 图 9 局部成形示例 | 图 10 不成形示例 |

3.2.7.2 杆部长度指镦锻部分的内侧(含台阶部分)至锻件另一端端面之间的距离(图11中 l_1 或 l_2)。其公差根据杆部长度由表1确定。在确定此类公差时,材质系数取 M_1,形状复杂系数取 S_1,锻件质量按直径为 d_0、长度为 l_1 或 l_2 的棒料质量计算。

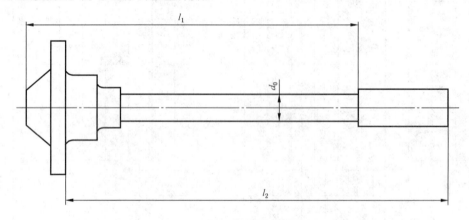

图 11 杆部长度

3.2.7.3 宽度(直径)尺寸公差由表1确定。对凹模成形的镦锻部分所有宽度(直径)尺寸取相同公差,其值由最大宽度(直径)尺寸确定。

3.2.8 平锻件台阶及厚度尺寸公差

3.2.8.1 台阶尺寸公差

台阶尺寸是指镦锻成形部分沿轴线方向的尺寸 p(图12),其尺寸公差由表1确定。

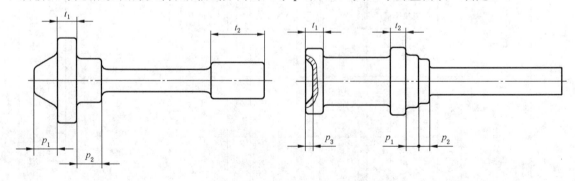

图 12 厚度尺寸

3.2.8.2 厚度尺寸公差

厚度尺寸是指从凸模越过分模线到凹模间的尺寸 t（图 12），其公差值根据最大厚度尺寸由表 3 确定。

3.2.9 平锻件同轴度公差

平锻件的同轴度公差是指凸模成形部分的轴线对凹模成形外径的轴线所允许的偏移值。

同轴度公差由表 1 确定，数值为错差的 2 倍。冲孔件同轴度公差（图 13）由表 5 确定，孔深小于或等于孔径的 1.5 倍时（$h/d_1 \leqslant 1.5$），不采用同轴度公差。

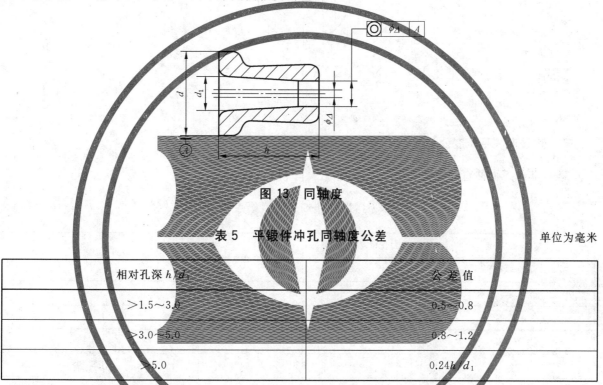

图 13 同轴度

表 5 平锻件冲孔同轴度公差

单位为毫米

相对孔深 h/d_1	公差值
>1.5～3.0	0.5～0.8
>3.0～5.0	0.8～1.2
>5.0	$0.24h/d_1$

在特殊情况下，不能应用本标准规定时，供需双方可协商确定，并在锻件图中注明。

3.2.10 平锻件局部变形公差

锻件不成形杆部与镦锻部分相连处，允许局部变形呈圆锥形（图 14），其长度在 $l \leqslant 1.5d$ 且不大于 100 mm 之内。局部变形公差由镦锻部分最大直径 D 确定。

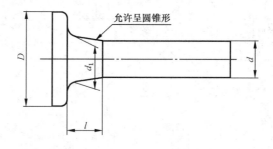

允许呈圆锥形

图 14 局部变形

3.2.11 壁厚差公差

壁厚差是带孔锻件在同一横剖面内量得的壁厚最大尺寸和最小尺寸的差值(图15),其公差为表1或表2中错差的2倍。

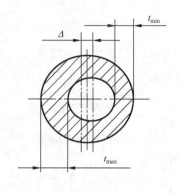

图 15 壁厚差

3.2.12 直线度和平面度公差

锻件非加工面的直线度公差由表6确定。

表 6 锻件非加工面直线度公差　　　　　　　单位为毫米

锻件最大长度 l		公 差 值
大于	至	
0	120	0.7
120	250	1.1
250	400	1.4
400	630	1.8
630	1 000	2.2
1 000	—	0.22% l

锻件加工面的直线度和平面度公差由表7确定。但不得大于该表面机械加工余量的2/3。

表 7 锻件加工表面直线度、平面度公差　　　　　　　单位为毫米

锻件外轮廓尺寸	大于	0	30	80	120	180	250	315	400	500	630	800	1 000	1 250	1 600	2 000
	至	30	80	120	180	250	315	400	500	630	800	1 000	1 250	1 600	2 000	2 500
正火锻件 调质锻件																
公差值	普通级	0.6	0.6	0.7	0.8	1.0	1.1	1.2	1.4	1.6	1.8	2.0	2.2	2.5	2.8	3.2
	精密级	0.4	0.4	0.5	0.6	0.7	0.7	0.8	0.9	1.0	1.1	1.2	1.4	1.6	1.8	2.0
注：当锻件长度为240 mm,热处理为调质时,直线度和平面度公差值：普通级为1.2 mm,精密级为0.8 mm。																

3.2.13　中心距公差

对于平面直线分模且位于同一块模具内的中心距(图16)公差由表8确定。

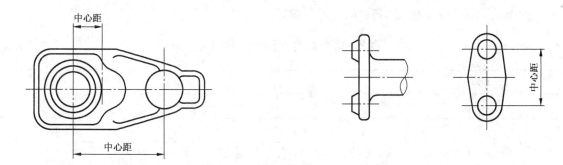

图 16　平面直线分模中心距

表 8　锻件的中心距公差　　　　　　　　　　　　　　　　　　单位为毫米

中心距	大于	0	30	80	120	180	250	315	400	500	630	800	1 000	1 250	1 600	2 000
	至	30	80	120	180	250	315	400	500	630	800	1 000	1 250	1 600	2 000	2 500
一般锻件 有一道校正或精压工序 同时有校正及精压工序																
极限偏差	普通级	±0.3	±0.3	±0.4	±0.5	±0.6	±0.8	±1.0	±1.2	±1.6	±2.0	±2.5	±3.2	±4.0	±5.0	±6.0
	精密级	±0.25	±0.25	±0.3	±0.4	±0.5	±0.6	±0.8	±1.0	±1.2	±1.6	±2.0	±2.5	±3.2	±4.0	±5.0

注：当锻件中心距尺寸为 300 mm,有一道校正或精压工序,查得中心距极限偏差为普通级 ±1.0 mm,精密级 ±0.8。

弯曲轴线(图17)及其他类型锻件的中心距公差由供需双方商定。

中心距公差与其他公差无关。

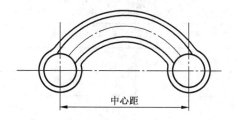 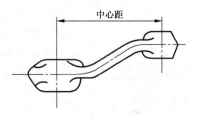

图 17　弯曲轴线中心距

3.2.14　表面缺陷深度

表面缺陷深度是指锻件表面的凹陷、麻点、碰伤、折叠和裂纹的实际深度,其规定如下:

a)　加工表面:若锻件实际尺寸等于基本尺寸时,其深度为单边加工余量之半;若实际尺寸大于或小于基本尺寸时,其深度为单边加工余量之半加或减单边实际偏差值;对内表面尺寸取相反值;

b)　非加工表面:其深度为厚度尺寸公差的1/3。

3.2.15 其他公差

3.2.15.1 内外圆角半径公差

一般情况下,不作要求和检查,需要时由表9确定。

表 9　锻件的内外圆角半径公差

单位为毫米

基本尺寸		圆角半径	上偏差	下偏差
大于	至		（＋）	（－）
—	10	R	0.60R	0.30R
		r	0.40r	0.20r
10	50	R	0.50R	0.25R
		r	0.30r	0.15r
50	120	R	0.40R	0.20R
		r	0.25r	0.12r
120	180	R	0.30R	0.15R
		r	0.20r	0.10r
180	—	R	0.25R	0.12R
		r	0.20r	0.10r

注:r 为外圆角半径;R 为内圆角半径。

3.2.15.2 模锻斜度公差

一般情况下,不作要求和检查,需要时由表10确定。

表 10　锻件的模锻斜度公差

锻件高度尺寸 mm		公差值	
大于	至	普通级	精密级
0	6	5°00′	3°00′
6	10	4°00′	2°30′
10	18	3°00′	2°00′
18	30	2°30′	1°30′
30	50	2°00′	1°15′
50	80	1°30′	1°00′
80	120	1°15′	0°50′
120	180	1°00′	0°40′
180	260	0°50′	0°30′
260	—	0°40′	0°30′

3.2.15.3　角度公差

锻件各部分之间成一定角度时,其角度公差按夹角部分的短边长度 l_1,由表 11 确定。

表 11　锻件角度公差

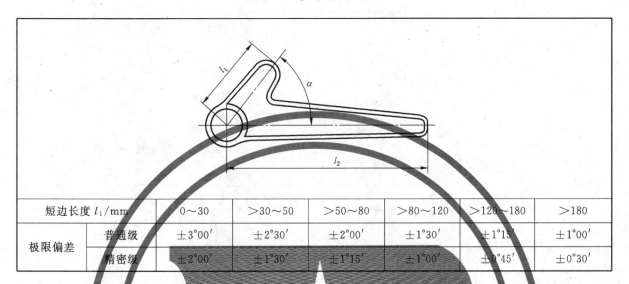

短边长度 l_1/mm		0～30	>30～50	>50～80	>80～120	>120～180	>180
极限偏差	普通级	±3°00′	±2°30′	±2°00′	±1°30′	±1°15′	±1°00′
	精密级	±2°00′	±1°30′	±1°15′	±1°00′	±0°45′	±0°30′

3.2.15.4　纵向毛刺及冲孔变形公差

切边或冲孔后,需经加工的锻件边缘允许存在少量残留毛刺和冲孔变形,其公差根据锻件质量由表 12 确定,位置在锻件图中标明,其应用与其他公差无关。

表 12　锻件切边冲孔纵向毛刺及局部变形公差　　　　　单位为毫米

锻件质量 kg	纵向毛刺公差		变形 c 公差
	高度 h	宽度 b	
≤1	1.0	0.5	0.5
>1～5	1.6	0.8	0.8
>5～30	2.5	1.2	1.0
>30～55	3.0	2.0	1.5
>55	4.0	2.5	2.0

3.2.15.5　冲孔偏移公差

冲孔偏移指在冲孔连皮处孔中心对理论中心的偏移。其公差由表 13 确定。

表 13　锻件冲孔偏移公差　　　　　　　　　　　单位为毫米

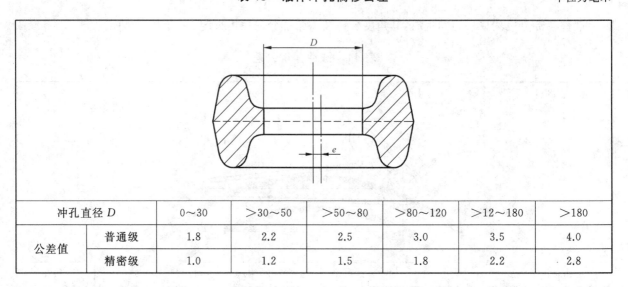

冲孔直径 D		0～30	>30～50	>50～80	>80～120	>12～180	>180
公差值	普通级	1.8	2.2	2.5	3.0	3.5	4.0
	精密级	1.0	1.2	1.5	1.8	2.2	2.8

3.2.15.6　剪切端变形公差

坯料剪切时杆部产生局部变形。其公差由表 14 确定。

表 14　锻件剪切端变形公差　　　　　　　　　　　单位为毫米

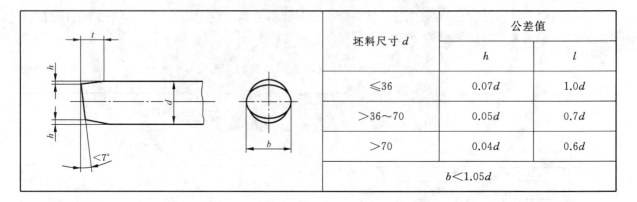

坯料尺寸 d	公差值	
	h	l
≤36	0.07d	1.0d
>36～70	0.05d	0.7d
>70	0.04d	0.6d
b<1.05d		

3.3　机械加工余量

锻件机械加工余量根据估算锻件质量、零件表面粗糙度及形状复杂系数由表 15、表 16 确定。对于扁薄截面或锻件相邻部位截面变化较大的部分应适当增大局部余量(图 18)。

在特殊情况下,不能应用表中余量或需要附加工序的锻件,其余量值由供需双方协商确定。

表 15　锻件内孔直径的单面机械加工余量　　　　　　　　　　　单位为毫米

孔　径		孔　深					
大于	至	大于	0	63	100	140	200
		至	63	100	140	200	280
—	25	2.0	—	—	—	—	
25	40	2.0	2.6	—	—	—	

表 15（续）

单位为毫米

孔 径		孔 深				
大于	至	大于	0	63	100	140	200
		至	63	100	140	200	280
40	63	2.0		2.6	3.0	—	—
63	100	2.5		3.0	3.0	4.0	—
100	160	2.6		3.0	3.4	4.0	4.6
160	250	3.0		3.0	3.4	4.0	4.6
250	—	3.4		3.4	4.0	4.6	5.2

表 16 锻件内外表面加工余量

单位为毫米

锻件质量 kg 大于	至	零件表面粗糙度 Ra μm ≥1.6	<1.6	形状复杂系数 S_1 S_2 S_3 S_4	单边余量 厚度方向	水平方向 0~315	315~400	400~630	630~800	800~1250	1250~1600	1600~2500
0	0.4				1.0~1.5	1.0~1.5	1.5~2.0	2.0~2.5	—	—	—	—
0.4	1.0				1.5~2.0	1.5~2.0	1.5~2.0	2.0~2.5	2.0~3.0	—	—	—
1.0	1.8				1.5~2.0	1.5~2.0	1.5~2.0	2.0~2.7	2.0~3.0	2.5~3.5	—	—
1.8	3.2				1.7~2.2	1.7~2.2	2.0~2.5	2.0~2.7	2.0~3.0	2.5~4.0	—	—
3.2	5.6				1.7~2.2	1.7~2.2	2.0~2.5	2.0~2.7	2.5~3.5	2.7~4.0	3.0~4.5	—
5.6	10.0				2.0~2.5	2.0~2.5	2.0~2.5	2.3~3.0	2.5~3.5	2.7~4.0	3.0~4.5	—
10.0	20.0				2.0~2.5	2.0~2.5	2.0~2.7	2.3~3.0	2.5~3.5	3.0~4.5	3.0~4.5	—
20.0	50.0				2.3~3.0	2.3~3.0	2.5~3.0	2.5~3.5	2.7~4.0	3.0~4.5	3.5~4.5	4.0~5.5
50.0	120.0				3.0~4.0	2.5~3.5	2.5~3.5	2.7~3.5	2.7~4.0	3.0~5.0	3.5~4.5	4.0~5.5
120.0	250.0				4.0~5.5	2.7~3.5	2.7~3.5	3.0~4.0	3.0~4.5	3.5~5.0	4.0~5.0	4.5~6.0
250.0	500.0				4.5~6.5	3.0~4.0	3.0~4.0	3.5~4.5	3.5~5.0	4.0~5.0	4.5~6.0	5.0~6.5

注：当锻件质量 3 kg，零件表面粗糙度参数 Ra=3.2，形状复杂系数为 S_3，长度为 480 mm 时，查出该锻件余量是：厚度方向为 1.7 mm~2.2 mm，水平方向为 2.0 mm~2.7 mm。

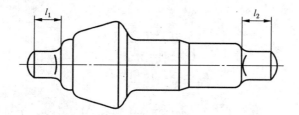

图 18　截面变化较大锻件

附　录　A

（资料性附录）

锻件公差应用示例

图 A.1 和表 A.1 给出了连杆锻件公差示例。图 A.2 和表 A.2 给出了半轴锻件公差示例。

单位为毫米

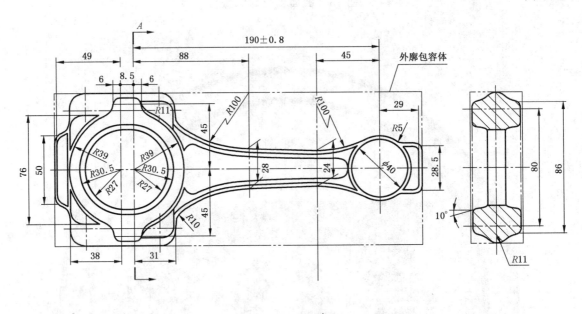

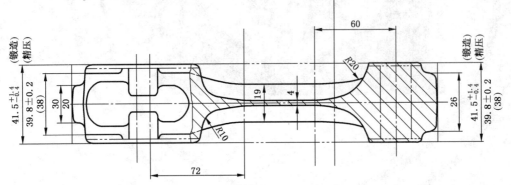

图 A.1　连杆

表 A.1 连杆及连杆盖

锻件质量 kg	包容体质量 kg	形状复杂系数	材质系数	公差等级
2.5	9.133	S_3	M_1(40MnB)	普通

项目	公差、极限偏差或余量值 mm	根据
长度 276.5 mm	$+2.1$ -1.1	表1
长度	—	—
宽度 102 mm	$+1.7$ -0.8	表1
宽度	—	—
厚度 41.5 mm	$+1.4$ -0.4	表4(精密级)
落差	—	—
中心距 190 mm	$+0.8$ -0.8	表8(精密级)
错差	0.8	表1
残留飞边及切入深度	0.8	表1
直线度	0.9	表7(精密级)
平面度	—	—
单面加工余量(精压后)	0.9	—

单位为毫米

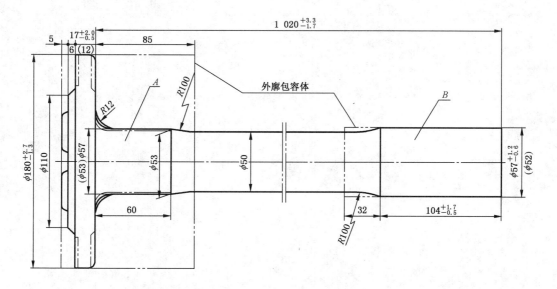

图 A.2 半轴

表 A.2 半轴

锻件质量 kg	包容体质量 kg	形状复杂系数	材质系数	公差等级
5.6/2.6	22.56/2.68	S_4/S_1	M_1(40MnB)	普通

项目	公差、极限偏差或余量值 mm	根据
长度 1 020 mm	$+3.3$ -1.7	表1(按 M_1，S_1，15.7 kg)
长度	—	—
直径 ϕ180 mm	$+2.7$ -1.3	表 1(S_4)
ϕ57 mm	$+1.2$ -0.6	表 1(S_1)
厚度 17 mm	$+2.0$ -0.5	表 3(S_4)
104 mm	$+1.7$ -0.5	表 3(S_1)
错差	—	—
残留飞边及切入深度	—	—
纵向毛刺	2.5	表 12
直线度	2.2	表 7
平面度	—	—
单面加工余量	2.5	表 16

ICS 25.020
J 32

中华人民共和国国家标准

GB/T 13914—2013
代替 GB/T 13914—2002

冲压件尺寸公差

Tolerance of dimensions for stamping parts

2013-06-09 发布

2014-03-01 实施

中华人民共和国国家质量监督检验检疫总局
中国国家标准化管理委员会 发布

前　言

本标准按照 GB/T 1.1—2009 给出的规则起草。

本标准代替 GB/T 13914—2002《冲压件尺寸公差》,与 GB/T 13914—2002 相比,除编辑性修改外,主要技术变化如下:

——增加了平冲压件和成形冲压件的图例(见图 1 和图 2);

——增加了平冲压件的基本尺寸 0.5(见表 1);

——增加了成形冲压件的基本尺寸 0.5(见表 2);

——修改了标准名称的英文翻译(见封面,2002 年版的封面);

——修改了极限偏差(见第 1 章、第 4 章、4.1、4.2、4.3,2002 年版的第 1 章、第 4 章、4.1、4.2、4.3);

——修改了名词的英文翻译(见 2.1、2.2,2002 年版的 2.1、2.2);

——修改了 3.3 内容,对选用本标准规定的表示方法进行了具体规定(见 3.3,2002 年版的 3.3);

——修改了附表 A.1 中加工方法的内容(见附表 A.1,2002 年版的表 A.1)。

本标准由全国锻压标准化技术委员会(SAC/TC 74)提出并归口。

本标准主要起草单位:一拖(洛阳)福莱格车身有限公司。

本标准主要起草人:游海、李丽春、仝敬泽。

本标准所代替标准的历次版本发布情况为:

——GB/T 13914—1992;

——GB/T 13914—2002。

冲压件尺寸公差

1 范围

本标准规定了金属冲压件的尺寸公差等级、代号、公差数值及偏差数值。

本标准适用于金属板材平冲压件和成形冲压件。

2 术语和定义

下列术语和定义适用于本文件。

2.1

平冲压件 blanking parts

经平面冲裁工序加工而成的冲压件。

2.2

成形冲压件 stamping parts

经弯曲、拉深及其他成形方法加工而成的冲压件。

3 冲压件尺寸公差等级、代号及数值

3.1 平冲压件尺寸公差分 11 个等级，即：ST 1 至 ST 11。ST 表示平冲压件尺寸公差，公差等级代号用阿拉伯数字表示。从 ST 1 至 ST 11 等级依次降低。平冲压件尺寸公差适用于平冲压件，也适用于成形冲压件上经过冲裁工序加工而成的尺寸。平冲压件尺寸公差数值按表 1 规定。基本尺寸 B、D、L 选用示例见图 1。

表 1 平冲压件尺寸公差

单位为毫米

基本尺寸 B、D、L		板材厚度		公差等级										
大于	至	大于	至	ST 1	ST 2	ST 3	ST 4	ST 5	ST 6	ST 7	ST 8	ST 9	ST 10	ST 11
0.5	1	—	0.5	0.008	0.010	0.015	0.020	0.030	0.040	0.060	0.080	0.120	0.160	—
		0.5	1	0.010	0.015	0.020	0.030	0.040	0.060	0.080	0.120	0.160	0.240	—
		1	1.5	0.015	0.020	0.030	0.040	0.060	0.080	0.120	0.160	0.240	0.340	—
1	3	—	0.5	0.012	0.018	0.026	0.036	0.050	0.070	0.100	0.140	0.200	0.280	0.400
		0.5	1	0.018	0.026	0.036	0.050	0.070	0.100	0.140	0.200	0.280	0.400	0.560
		1	3	0.026	0.036	0.050	0.070	0.100	0.140	0.200	0.280	0.400	0.560	0.780
		3	4	0.034	0.050	0.070	0.090	0.130	0.180	0.260	0.360	0.500	0.700	0.980
3	10	—	0.5	0.018	0.026	0.036	0.050	0.070	0.100	0.140	0.200	0.280	0.400	0.560
		0.5	1	0.026	0.036	0.050	0.070	0.100	0.140	0.200	0.280	0.400	0.560	0.780
		1	3	0.036	0.050	0.070	0.100	0.140	0.200	0.280	0.400	0.560	0.780	1.100
		3	6	0.046	0.060	0.090	0.130	0.180	0.260	0.360	0.480	0.680	0.980	1.400
		6		0.060	0.080	0.110	0.160	0.220	0.300	0.420	0.600	0.840	1.200	1.600

表 1（续）
单位为毫米

基本尺寸 B、D、L		板材厚度		公差等级										
大于	至	大于	至	ST 1	ST 2	ST 3	ST 4	ST 5	ST 6	ST 7	ST 8	ST 9	ST 10	ST 11
10	25	—	0.5	0.026	0.036	0.050	0.070	0.100	0.140	0.200	0.280	0.400	0.560	0.780
		0.5	1	0.036	0.050	0.070	0.100	0.140	0.200	0.280	0.400	0.560	0.780	1.100
		1	3	0.050	0.070	0.100	0.140	0.200	0.280	0.400	0.560	0.780	1.100	1.500
		3	6	0.060	0.090	0.130	0.180	0.260	0.360	0.500	0.700	1.000	1.400	2.000
		6		0.800	0.120	0.160	0.220	0.320	0.440	0.600	0.880	1.200	1.600	2.400
25	63	—	0.5	0.036	0.050	0.070	0.100	0.140	0.200	0.280	0.400	0.560	0.780	1.100
		0.5	1	0.050	0.070	0.100	0.140	0.200	0.280	0.400	0.560	0.780	1.100	1.500
		1	3	0.070	0.100	0.140	0.200	0.280	0.400	0.560	0.780	1.100	1.500	2.100
		3	6	0.090	0.120	0.180	0.260	0.360	0.500	0.700	0.980	1.400	2.000	2.800
		6		0.110	0.160	0.220	0.300	0.440	0.600	0.860	1.200	1.600	2.200	3.000
63	160	—	0.5	0.040	0.060	0.090	0.120	0.180	0.260	0.360	0.500	0.700	0.980	1.400
		0.5	1	0.060	0.090	0.120	0.180	0.260	0.360	0.500	0.700	0.980	1.400	2.000
		1	3	0.090	0.120	0.180	0.260	0.360	0.500	0.700	0.980	1.400	2.000	2.800
		3	6	0.120	0.160	0.240	0.320	0.460	0.640	0.900	1.300	1.800	2.500	3.600
		6		0.140	0.200	0.280	0.400	0.560	0.780	1.100	1.500	2.100	2.900	4.200
160	400	—	0.5	0.060	0.090	0.120	0.180	0.260	0.360	0.500	0.700	0.980	1.400	2.000
		0.5	1	0.090	0.120	0.180	0.260	0.360	0.500	0.700	1.000	1.400	2.000	2.800
		1	3	0.120	0.180	0.260	0.360	0.500	0.700	1.000	1.400	2.000	2.800	4.000
		3	6	0.160	0.240	0.320	0.460	0.640	0.900	1.300	1.800	2.600	3.600	4.800
		6		0.200	0.280	0.400	0.560	0.780	1.100	1.500	2.100	2.900	4.200	5.800
400	1 000	—	0.5	0.090	0.120	0.180	0.240	0.340	0.480	0.660	0.940	1.300	1.800	2.600
		0.5	1	—	0.180	0.240	0.340	0.480	0.660	0.940	1.300	1.800	2.600	3.600
		1	3	—	0.240	0.340	0.480	0.660	0.940	1.300	1.800	2.600	3.600	5.000
		3	6	—	0.320	0.450	0.620	0.880	1.200	1.600	2.400	3.400	4.600	6.600
		6		—	0.340	0.480	0.700	1.000	1.400	2.000	2.800	4.000	5.600	7.800
1 000	6 300	—	0.5	—	—	0.260	0.360	0.500	0.700	0.980	1.400	2.000	2.800	4.000
		0.5	1	—	—	0.360	0.500	0.700	0.980	1.400	2.000	2.800	4.000	5.600
		1	3	—	—	0.500	0.700	0.980	1.400	2.000	2.800	4.000	5.600	7.800
		3	6	—	—	—	0.900	1.200	1.600	2.200	3.200	4.400	6.200	8.000
		6		—	—	—	1.000	1.400	1.900	2.600	3.600	5.200	7.200	10.000

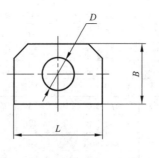

图 1

3.2 成形冲压件尺寸公差分 10 个等级，即：FT 1 至 FT 10。FT 表示成形冲压件尺寸公差，公差等级代号用阿拉伯数字表示。从 FT 1 至 FT 10 等级依次降低。成形冲压件尺寸公差数值按表 2 规定。基本尺寸 D、H、L 选用示例见图 2。

表 2 成形冲压件尺寸公差 单位为毫米

基本尺寸 D、H、L		板材厚度		公差等级									
大于	至	大于	至	FT 1	FT 2	FT 3	FT 4	FT 5	FT 6	FT 7	FT 8	FT 9	FT 10
0.5	1	—	0.5	0.010	0.016	0.026	0.040	0.060	0.100	0.160	0.260	0.400	0.600
		0.5	1	0.014	0.022	0.034	0.050	0.090	0.140	0.220	0.340	0.500	0.900
		1	1.5	0.020	0.030	0.050	0.080	0.120	0.200	0.320	0.500	0.900	1.400
1	3	—	0.5	0.016	0.026	0.040	0.070	0.110	0.180	0.280	0.440	0.700	1.000
		0.5	1	0.022	0.036	0.060	0.090	0.140	0.240	0.380	0.600	0.900	1.400
		1	3	0.032	0.050	0.080	0.120	0.200	0.340	0.540	0.860	1.200	2.000
		3	4	0.040	0.070	0.110	0.180	0.280	0.440	0.700	1.100	1.800	2.800
3	10	—	0.5	0.022	0.036	0.060	0.090	0.140	0.240	0.380	0.600	0.960	1.400
		0.5	1	0.032	0.050	0.080	0.120	0.200	0.340	0.540	0.860	1.400	2.200
		1	3	0.050	0.070	0.110	0.180	0.300	0.480	0.760	1.200	2.000	3.200
		3	6	0.060	0.090	0.140	0.240	0.380	0.600	1.000	1.600	2.600	4.000
		6	—	0.070	0.110	0.180	0.280	0.440	0.700	1.100	1.800	2.800	4.400
10	25	—	0.5	0.030	0.050	0.080	0.120	0.200	0.320	0.500	0.800	1.200	2.000
		0.5	1	0.040	0.070	0.110	0.180	0.280	0.460	0.720	1.100	1.800	2.800
		1	3	0.060	0.100	0.160	0.260	0.400	0.640	1.000	1.600	2.600	4.000
		3	6	0.080	0.120	0.200	0.320	0.500	0.800	1.200	2.000	3.200	5.000
		6	—	0.100	0.140	0.240	0.400	0.620	1.000	1.600	2.600	4.000	6.400
25	63	—	0.5	0.040	0.060	0.100	0.160	0.260	0.400	0.640	1.000	1.600	2.600
		0.5	1	0.060	0.090	0.140	0.220	0.360	0.580	0.900	1.400	2.200	3.600
		1	3	0.080	0.120	0.200	0.320	0.500	0.800	1.200	2.000	3.200	5.000
		3	6	0.100	0.160	0.260	0.400	0.660	1.000	1.600	2.600	4.000	6.400
		6	—	0.110	0.180	0.280	0.460	0.760	1.200	2.000	3.200	5.000	8.000
63	160	—	0.5	0.050	0.080	0.140	0.220	0.360	0.560	0.900	1.400	2.200	3.600
		0.5	1	0.070	0.120	0.190	0.300	0.480	0.780	1.200	2.000	3.200	5.000
		1	3	0.100	0.160	0.260	0.420	0.680	1.100	1.300	2.800	4.400	7.000
		3	6	0.140	0.220	0.340	0.540	0.880	1.400	2.200	3.400	5.600	9.000
		6	—	0.150	0.240	0.380	0.620	1.000	1.600	2.600	4.000	6.600	10.000
160	400	—	0.5	—	0.100	0.160	0.260	0.420	0.700	1.100	1.800	2.800	4.400
		0.5	1	—	0.140	0.240	0.380	0.620	1.000	1.600	2.600	4.000	6.400
		1	3	—	0.220	0.340	0.540	0.880	1.400	2.200	3.400	5.600	9.000
		3	6	—	0.280	0.440	0.700	1.100	1.800	2.800	4.400	7.000	11.000
		6	—	—	0.340	0.540	0.880	1.400	2.200	3.400	5.600	9.000	14.000

表 2（续）

单位为毫米

基本尺寸 D、H、L		板材厚度		公差等级									
大于	至	大于	至	FT 1	FT 2	FT 3	FT 4	FT 5	FT 6	FT 7	FT 8	FT 9	FT 10
400	1 000	—	0.5	—	—	0.240	0.380	0.620	1.000	1.600	2.600	4.000	6.600
		0.5	1	—	—	0.340	0.540	0.880	1.400	2.200	3.400	5.600	9.000
		1	3	—	—	0.440	0.700	1.100	1.800	2.800	4.400	7.000	11.000
		3	6	—	—	0.560	0.900	1.400	2.200	3.400	5.600	9.000	14.000
		6		—	—	0.620	1.000	1.600	2.600	4.000	6.400	10.000	16.000

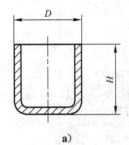

a)

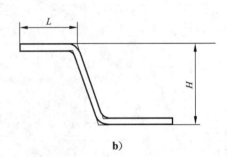

b)

图 2

3.3 采用本标准规定的未注尺寸公差，应在相应的图样、技术文件中用本标准号和公差等级符号表示。例如选用本标准 ST 6 级公差等级时，表示为：GB/T 13914-ST 6；选用本标准 FT 6 级公差等级时，表示为：GB/T 13914-FT 6。

4 冲压件尺寸偏差

4.1 孔（内形）尺寸的偏差数值取表 1、表 2 中给出的公差数值，冠以"＋"号作为上偏差，下偏差为"0"。

4.2 轴（外形）尺寸的偏差数值取表 1、表 2 中给出的公差数值，冠以"－"号作为下偏差，上偏差为"0"。

4.3 孔中心距、孔边距、弯曲、拉深及其他成形冲压件的长度、高度及未注尺寸公差的偏差数值，取表 1、表 2 中给出的公差数值的一半，冠以"±"号分别作为上、下偏差。

5 公差等级选用

本标准给出的平冲压件、成形冲压件尺寸公差等级选用见附录 A。

附 录 A

（规范性附录）

公差等级选用

A.1 平冲压件尺寸公差等级选用按表 A.1 规定。

表 A.1 平冲压件尺寸公差等级

加工方法	尺寸类型	公差等级										
		ST 1	ST 2	ST 3	ST 4	ST 5	ST 6	ST 7	ST 8	ST 9	ST 10	ST 11
精密冲裁	外形											
	内形											
	孔中心距											
	孔边距											
普通平面冲裁	外形											
	内形											
	孔中心距											
	孔边距											
成形冲压冲裁	外形											
	内形											
	孔中心距											
	孔边距											

A.2 成形冲压件尺寸公差等级选用按表 A.2 规定。

表 A.2 成形冲压件尺寸公差等级

加工方法	尺寸类型	公差等级									
		FT 1	FT 2	FT 3	FT 4	FT 5	FT 6	FT 7	FT 8	FT 9	FT 10
拉深	直径										
	高度										
带凸缘拉深	直径										
	高度										
弯曲	长度										
其他成形方法	直径										
	高度										
	长度										

ICS 25.020
J 32

中华人民共和国国家标准

GB/T 13915—2013
代替 GB/T 13915—2002

冲压件角度公差

Tolerance of angles for stamping parts

2013-06-09 发布　　　　　　　　　　　　2014-03-01 实施

中华人民共和国国家质量监督检验检疫总局
中国国家标准化管理委员会　发布

前　言

本标准按照 GB/T 1.1—2009 给出的规则起草。

本标准代替 GB/T 13915—2002《冲压件角度公差》，与 GB/T 13915—2002 相比，除编辑性修改外，主要技术变化如下：

——增加了冲压件冲裁角度和弯曲角度的图例(见 3.1 和 3.2)；

——修改了标准名称的英文翻译(见封面，2002 年版的封面)；

——修改了名词的英文翻译(见 2.1、2.2，2002 年版的 2.1、2.2)；

——修改了 3.3 中选用本标准规定的表示方法(见 3.3，2002 年版的 3.3)；

——修改了极限偏差(见第 1 章、第 4 章、4.2，2002 年版的第 1 章、第 4 章、4.2)；

——修改了 4.1 中冲压件角度偏差选用范围(见 4.1，2002 年版的 3.3)；

——修改了公差等级选用表格中的厚度区间及选用公差(见附录 A，2002 年版的附录 A)。

本标准由全国锻压标准化技术委员会(SAC/TC 74)提出并归口。

本标准主要起草单位:一拖(洛阳)福莱格车身有限公司。

本标准主要起草人:戴路、祝晶、柳南。

本标准所代替标准的历次版本发布情况为:

——GB/T 13915—1992；

——GB/T 13915—2002。

冲 压 件 角 度 公 差

1 范围

本标准规定了金属冲压件的角度公差等级代号、公差数值及偏差数值。

本标准适用于金属板材冲裁与弯曲的零件。

2 术语和定义

下列术语和定义适用于本文件。

2.1

冲压件冲裁角度 blanking angle for stamping parts

在平冲压件或成形冲压件的平面部分,经冲裁工序加工而成的角度。

2.2

冲压件弯曲角度 bending angle for stamping parts

经弯曲工序加工而成的冲压件的角度。

3 冲压件角度公差等级、代号及数值

3.1 冲压件冲裁角度公差分 6 个等级,即:AT 1 至 AT 6。AT 表示冲压件冲裁角度公差,公差等级代号用阿拉伯数字表示。从 AT 1 至 AT 6 等级依次降低。冲压件冲裁角度公差数值按表 1 规定。冲压件冲裁角度公差应选择较短的边作为主参数。短边尺寸 L 选用示例见图 1。

表 1 冲压件冲裁角度公差

公差等级	短边尺寸 L mm						
	≤10	>10~25	>25~63	>63~160	>160~400	>400~1 000	>1 000
AT 1	0°40′	0°30′	0°20′	0°12′	0°5′	0°4′	—
AT 2	1°	0°40′	0°30′	0°20′	0°12′	0°6′	0°4′
AT 3	1°20′	1°	0°40′	0°30′	0°20′	0°12′	0°6′
AT 4	2°	1°20′	1°	0°40′	0°30′	0°20′	0°12′
AT 5	3°	2°	1°20′	1°	0°40′	0°30′	0°20′
AT 6	4°	3°	2°	1°20′	1°	0°40′	0°30′

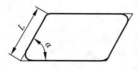

图 1

3.2 冲压件弯曲角度等级分 5 个等级,即:BT 1 至 BT 5。BT 表示冲压件弯曲角度公差,公差等级代

号用阿拉伯数字表示。从 BT 1 至 BT 5 等级依次降低。冲压件弯曲角度公差数值按表 2 规定。冲压件弯曲角度公差应选择较短的边作为主参数。短边尺寸 L 选用示例见图 2。

表 2 冲压件弯曲角度公差

公差等级	短边尺寸 L mm						
	≤10	>10～25	>25～63	>63～160	>160～400	>400～1 000	>1 000
BT 1	1°	0°40′	0°30′	0°16′	0°12′	0°10′	0°8′
BT 2	1°30′	1°	0°40′	0°20′	0°16′	0°12′	0°10′
BT 3	2°30′	2°	1°30′	1°15′	1°	0°45′	0°30′
BT 4	4°	3°	2°	1°30′	1°15′	1°	0°45′
BT 5	6°	4°	3°	2°30′	2°	1°30′	1°

图 2

3.3 采用本标准规定的未注角度公差,应在相应的图样、技术文件中用本标准号和公差等级符号表示。例如选用本标准 BT 4 级公差等级时,表示为:GB/T 13915-BT 4。

4 冲压件角度偏差

4.1 依据使用的需要选用单向或双向偏差。

4.2 未注公差的角度偏差数值,取表1、表2中给出的公差值的一半,冠以"±"号分别作为上下偏差。

5 公差等级选用

本标准给出的冲压件角度公差等级选用见附录 A。

附 录 A

（规范性附录）

公差等级选用

A.1 冲压件冲裁角度公差等级按表 A.1 选用。

表 A.1 冲压件冲裁角度选用表

材料厚度 t mm	公差等级					
	AT 1	AT 2	AT 3	AT 4	AT 5	AT 6
≤2						
>2～4						
>4						

A.2 冲压件弯曲角度公差等级按表 A.2 选用。

表 A.2 冲压件弯曲角度选用表

材料厚度 t mm	公差等级				
	BT 1	BT 2	BT 3	BT 4	BT 5
≤2					
>2～4					
>4					

ICS 25.020
J 32

中华人民共和国国家标准

GB/T 13916—2013
代替 GB/T 13916—2002

冲压件形状和位置未注公差

Unnoted tolerance of shape and position for stamping parts

2013-06-09 发布

2014-03-01 实施

中华人民共和国国家质量监督检验检疫总局
中国国家标准化管理委员会　发布

前　言

本标准按照 GB/T 1.1—2009 给出的规则起草。

本标准代替 GB/T 13916—2002《冲压件形状和位置未注公差》,与 GB/T 13916—2002 相比,除编辑性修改外,主要技术变化如下:

——修改了标准名称的英文翻译(见封面,2002 年版的封面);

——修改了公差等级(见第 2 章,2002 年版的第 2 章);

——修改了图形标注(见 3.2 中图 2,2002 年版的图 2);

——修改了圆柱度未注公差(见 3.4,2002 年版的 3.4);

——修改了平行度未注公差(见 3.5,2002 年版的 3.5);

——删除了一组公差数值(见 2002 年版的 3.1 公差等级 5);

——增加了采用本标准的表示方法(见第 4 章)。

本标准由全国锻压标准化技术委员会(SAC/TC 74)提出并归口。

本标准主要起草单位:一拖(洛阳)福莱格车身有限公司。

本标准主要起草人:戴路、祝晶、李俊英、李高欣。

本标准所代替标准的历次版本发布情况为:

——GB/T 13916—1992、GB/T 13916—2002。

冲压件形状和位置未注公差

1 范围

本标准规定了金属冲压件的直线度、平面度、同轴度、对称度的未注公差等级和数值,规定了金属冲压件的圆度、圆柱度、平行度、垂直度、倾斜度的未注公差。

本标准适用于金属板材冲压件。

2 公差等级

冲压件的直线度、平面度、同轴度、对称度未注公差均分为 f(精密级)、m(中等级)、c(粗糙级)、v(最粗级)四个公差等级,冲压件的圆度、圆柱度、平行度、垂直度、倾斜度未注公差不分公差等级。

3 公差数值

3.1 直线度、平面度未注公差

直线度、平面度未注公差值按表 1 规定,平面度未注公差应选择较长的边作为主参数。主参数 D、H、L 选用示例见图 1。

表 1 直线度、平面度未注公差   单位为毫米

公差等级	主参数 D、H、L						
	≤10	>10~25	>25~63	>63~160	>160~400	>400~1 000	>1 000
f	0.06	0.10	0.15	0.25	0.40	0.60	0.90
m	0.12	0.20	0.30	0.50	0.80	1.20	1.80
c	0.25	0.40	0.60	1.00	1.60	2.50	4.00
v	0.50	0.80	1.20	2.00	3.20	5.00	8.00

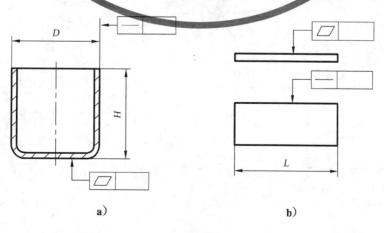

a)   b)

图 1

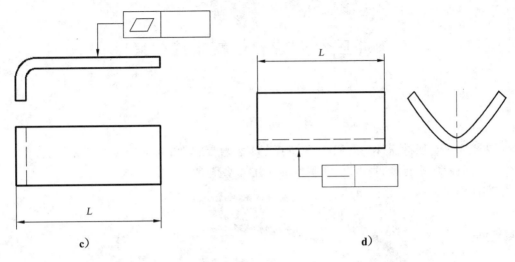

c)   d)

图 1（续）

3.2 同轴度、对称度未注公差

同轴度、对称度未注公差值按表 2 规定。主参数 B、D、d、L 选用示例见图 2。

表 2　同轴度、对称度未注公差　　　　　　　　单位为毫米

公差等级	主参数 B、D、d、L							
	≤3	>3~10	>10~25	>25~63	>63~160	>160~400	>400~1 000	>1 000
f	0.12	0.20	0.30	0.40	0.50	0.60	0.80	1.00
m	0.25	0.40	0.60	0.80	1.00	1.20	1.60	2.00
c	0.50	0.80	1.20	1.60	2.00	2.50	3.20	4.00
v	1.00	1.60	2.50	3.20	4.00	5.00	6.50	8.00

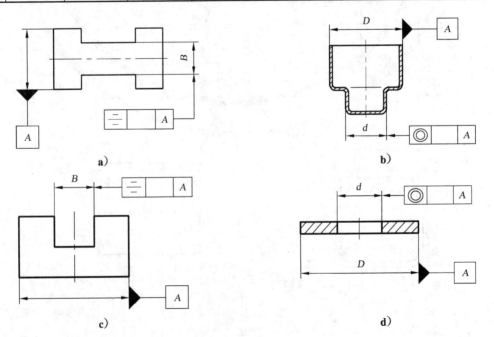

a)   b)

c)   d)

图 2

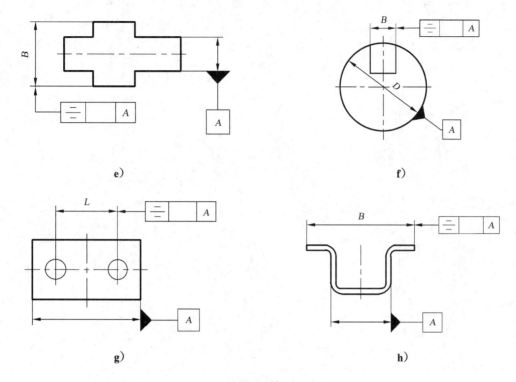

图 2（续）

3.3 圆度未注公差

圆度未注公差值应不大于相应尺寸公差值。

3.4 圆柱度未注公差

圆柱度未注公差由三部分组成：圆度、直线度和相对素线的平行度公差，而每一项公差均由其标注公差或未注公差控制，采用包容要求。

3.5 平行度未注公差

平行度未注公差值等于尺寸公差值或平面（直线）度公差值，两者以较大值为准。

3.6 垂直度、倾斜度未注公差

垂直度、倾斜度未注公差值由角度公差值和直线度公差值分别控制。

4 采用本标准的表示方法

采用本标准规定的未注公差，应在相应的图样、技术文件中用本标准号和公差等级符号表示。例如，选用本标准 m 级公差等级时，表示为：GB/T 13916-m。

ICS 77.140.85
J 32

中华人民共和国国家标准

GB/T 29532—2013

钢质精密热模锻件 通用技术条件

General specification for steel precision hot die forgings

2013-06-09 发布   2014-03-01 实施

中华人民共和国国家质量监督检验检疫总局
中国国家标准化管理委员会   发 布

前　言

本标准按照 GB/T 1.1—2009 给出的规则起草。

本标准由全国锻压标准化技术委员会(SAC/TC 74)提出并归口。

本标准主要起草单位:江苏太平洋精锻科技股份有限公司、江苏森威精锻有限公司、江苏飞船股份有限公司、北京机电研究所、广东省韶铸集团有限公司热精锻分厂。

本标准主要起草人:夏汉关、陶立平、黄泽培、赵红军、徐祥龙、黄廷波、金红、廖春惠、周林。

钢质精密热模锻件　通用技术条件

1　范围

本标准规定了钢质精密热模锻件（以下简称"热精锻件"）的要求、试验方法、检验规则和交付条件。

本标准适用于采用高精度模具、专用模架及设备生产的、质量在 18 kg 以下且外径尺寸不大于 230 mm 的回转体热模锻件。

2　规范性引用文件

下列文件对于本文件的应用是必不可少的。凡是注日期的引用文件，仅注日期的版本适用于本文件。凡是不注日期的引用文件，其最新版本（包括所有的修改单）适用于本文件。

GB/T 224　钢的脱碳层深度测定法

GB/T 231　金属材料　布氏硬度试验（所有部分）

GB/T 699　优质碳素结构钢

GB/T 700　碳素结构钢

GB/T 2828.1　计数抽样检验程序　第 1 部分:按接收质量限（AQL）检索的逐批检验抽样计划

GB/T 3077　合金结构钢

GB/T 5216　保证淬透性结构钢

GB/T 6394　金属平均晶粒度测定法

GB/T 12362—2003　钢质模锻件　公差及机械加工余量

GB/T 13299　钢的显微组织评定方法

GB/T 13320　钢质模锻件　金相组织评级图及评定方法

3　术语和定义

下列术语和定义适用于本文件。

3.1

钢质精密热模锻件　steel precision hot forgings

在热锻工艺温度范围内，通过高精度模具、专用模架及设备获得高尺寸精度，并满足质量公差要求的热模锻件。

4　要求

4.1　验收依据

经供、需双方共同签署的锻件图、技术协议、检查方法清单和供货合同为热精锻件成品检验、交付的主要依据。

4.2　原材料

4.2.1　热精锻件所选用的钢材应符合 GB/T 699、GB/T 700 和 GB/T 3077、GB/T 5216 的规定。

4.2.2 热精锻件所用钢材除按 4.2.1 的规定外,对不同的锻件生产厂可以采用企业标准或与钢材供货商所签订的专门技术协议作为附加要求。

4.2.3 所选用钢材需经复验合格后方可投入生产。复验项目按钢材检验标准确定。

4.3 工艺要求

4.3.1 一般要求

坯料推荐采用感应加热,有条件的可加装气氛保护装置,温度能自动控制,且有温度检测和分选功能。不应出现过热、过烧。坯料的直径应与加热炉的炉膛直径相匹配,以减少氧化。

为保证热精锻件的最终质量,坯料应进行剥皮或磨削处理,以确保完全去除钢材表面轧制缺陷,控制坯料直径公差±0.1 mm;长度公差±0.1 mm。

4.3.2 模具

热精锻的凸模、凹模应具有导向长度不小于 15 mm 的导向结构,以减小模具错差。

热精锻模具可进行氮化等表面处理,以减缓模具产生热疲劳、塌角、磨损等缺陷,提高热精锻件表面质量。

4.3.3 模架

生产热精锻件使用的模架应具备导向机构,其导柱导套配合间隙宜控制在 0.15 mm～0.20 mm 之间。

4.3.4 设备

4.3.4.1 热精锻设备导轨间隙按表 1 规定。

4.3.4.2 热精锻设备的滑块下平面对工作台面的平行度按表 2 规定。

表 1 热精锻设备导轨间隙控制范围 单位为毫米

导轨间距	≤1 000	>1 000～1 600	>1 600～2 500	>2 500
双边间隙	≤0.15	≤0.20	≤0.25	≤0.33

表 2 滑块下平面对工作台面的平行度 单位为毫米

工作台面尺寸	≤1 000	>1 000～1 600	>1 600～2 500	>2 500
平行度	≤0.08	≤0.12	≤0.17	≤0.23

4.3.4.3 热精锻设备的滑块运动轨迹对工作台面的垂直度小于 $0.02+0.05\,L/1\,000$ mm,其中 L 为测定长度。

4.4 质量

4.4.1 热精锻件结构要素

4.4.1.1 模锻斜度及其数值按附录 A 中 A.2 的规定确定。

4.4.1.2 圆角半径及其公差按附录 A 中 A.5 的规定确定。

4.4.2 尺寸公差及形状和位置公差

热精锻件尺寸公差、形状和位置公差应符合附录 A 中的规定。

4.4.3 热精锻件错差

热精锻件错差按附录 A 表 A.7 规定。

4.4.4 表面质量

4.4.4.1 经后续加工的热精锻件表面,其允许的表面缺陷应不超过 GB/T 12362—2003 规定的一半,非加工表面不应存在折叠、裂纹。

4.4.4.2 顶料杆压痕位置原则上设计在加工面上。

4.4.4.3 生产流转过程中,应采取有效措施防止锻件碰撞,避免产生磕碰伤。

4.4.5 热精锻件热处理

4.4.5.1 热精锻件热处理采用带气氛保护的等温正火时,正火金相组织≤3 级、魏氏组织≤1 级,带状组织≤3 级,脱碳层深度小于 0.2 mm。

4.4.5.2 热精锻件正火后的硬度值波动范围应符合表 3 规定,但同一零件上硬度散差≤15 HBW,同一炉硬度散差≤15 HBW,同一批次硬度散差≤30 HBW,其他未列出的材料硬度与客户协商确定。

表 3 热精锻件硬度

材质	布氏硬度 HBW
20CrMnTiH	156~207
20CrMoH	150~200
20CrNiMoH	153~200
SAE8620H	153~200
SAE4320H	156~207
16MnCr5	152~180
20NiCrMoS6-4	152~180

4.4.5.3 热精锻件硬度检测的部位应在锻件图上标明。

4.4.6 热精锻件表面清理

热精锻件表面氧化皮应予清理。表面清理采用抛丸或喷砂。

4.5 其他规定

4.5.1 质量公差

热精锻件的质量公差应不超过锻件计算质量的 1.2%,偏差值通常采用正负对称分布。

4.5.2 特殊要求

如有特殊要求,经供、需双方协商,应在锻件图、技术协议中注明。

5 试验方法和检验规则

5.1 模锻斜度可用三坐标检测。

5.2 圆角半径可用 R 规或轮廓仪检测。

5.3 表面质量可目测或采用辅助工具。

5.4 尺寸、形状及位置公差可用通用量具或专用量检具测量。

5.5 组织、硬度、脱碳层深度的检测按照表 4 所列标准进行。

5.6 错差可使用百分表,借助专用检具测量。

5.7 可按需进行抽检。抽检方法可按 GB/T 2828.1 的规定执行。

表 4 组织、硬度、脱碳层深度的检测

检验项目	试验方法标准
脱碳层深度测定	GB/T 224
金属布氏硬度测定	GB/T 231
金属平均晶粒度测定	GB/T 6394
带状组织、魏氏组织评定	GB/T 13299
金相组织评定	GB/T 13320

6 交付条件

6.1 标识

锻件应做标识,无需作标记时供方与顾客双方商定。

6.2 质量合格证书

锻件质量合格证书应包括以下内容:
a) 供方名称或代号;
b) 零件号;
c) 材料牌号、数量、出厂日期;
d) 对特殊要求进行补充检验的结论;
e) 质量检验及合格标记。

6.3 包装和运输

锻件的防锈、防磕碰、包装及运输方法应在技术协议或合同中规定。

附　录　A

（规范性附录）

热精锻件尺寸公差、形状和位置公差及其他公差

A.1　热精锻件尺寸公差及极限值

A.1.1　热精锻件形状复杂系数 S 值的确定

A.1.1.1　圆形热精锻件（图 A.1）

热精锻件形状复杂系数 S 是热精锻件质量 m_f 与其外廓包容体质量 m_N 之比，见式（A.1）。

$$S = m_f / m_N \qquad\cdots\cdots\cdots\cdots\cdots\cdots\cdots\text{（ A.1 ）}$$

圆形热精锻件外廓包容质量 m_N 为以包容热精锻件最大轮廓的圆柱体作为实体的计算质量，按式（A.2）计算：

$$m_N = 1/4 \cdot \pi \cdot d^2 \cdot h \cdot \rho \qquad\cdots\cdots\cdots\cdots\cdots\cdots\text{（ A.2 ）}$$

式中：

ρ ——材料密度；

h ——高度；

d ——直径。

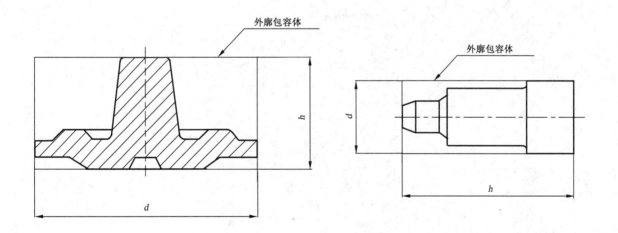

图 A.1

A.1.1.2　特殊形状热精锻件（图 A.2）

当热精锻件形状为薄型圆盘或法兰件，且圆盘厚度和直径之比 $t/d \leqslant 0.2$ 时，采用 S_4 级；当平锻件 $t/d \leqslant 0.2$ 或 $t/d \geqslant 4$ 时，采用 S_4 级（图 A.2）；当平锻件冲孔深度大于直径 1.5 倍时，形状系数提高一级。

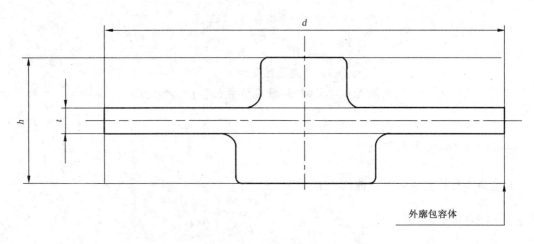

图 A.2

A.1.2 材质系数 M

热精锻件材质系数分以下两级：

a) M_1 级 ——最高含碳量小于 0.65%的碳素钢或合金元素总含量小于 3%的合金钢；

b) M_2 级 ——最高含碳量大于或等于 0.65%的碳素钢或合金元素总含量大于或等于 3%的合金钢。

A.1.3 尺寸公差

热精锻件的长度、宽度和高度的尺寸公差按表 A.1 确定。

表 A.1　热精锻件的直径、长度、宽度和高度的尺寸公差

单位为毫米

锻件质量 /kg	材料加工难易程度		形状复杂度				锻件基本尺寸						
	M_1	M_2	S_1	S_2	S_3	S_4	0~16	16~30	30~50	50~80	80~120	120~160	160~230
							公差及极限偏差						
≤0.4							$0.4^{+0.3}_{-0.1}$	$0.5^{+0.3}_{-0.2}$	$0.6^{+0.4}_{-0.2}$	$0.7^{+0.5}_{-0.2}$	$0.8^{+0.5}_{-0.3}$	$0.9^{+0.6}_{-0.3}$	$1.0^{+0.7}_{-0.3}$
>0.4~1.0							$0.5^{+0.3}_{-0.2}$	$0.6^{+0.4}_{-0.2}$	$0.7^{+0.5}_{-0.2}$	$0.8^{+0.5}_{-0.3}$	$0.9^{+0.6}_{-0.3}$	$1.0^{+0.7}_{-0.3}$	$1.1^{+0.7}_{-0.4}$
>1.0~1.8							$0.6^{+0.4}_{-0.2}$	$0.7^{+0.5}_{-0.2}$	$0.8^{+0.5}_{-0.3}$	$0.9^{+0.6}_{-0.3}$	$1.0^{+0.7}_{-0.3}$	$1.1^{+0.7}_{-0.4}$	$1.2^{+0.8}_{-0.4}$
>1.8~3							$0.7^{+0.5}_{-0.2}$	$0.8^{+0.5}_{-0.3}$	$0.9^{+0.6}_{-0.3}$	$1.0^{+0.7}_{-0.3}$	$1.1^{+0.7}_{-0.4}$	$1.2^{+0.8}_{-0.4}$	$1.4^{+0.9}_{-0.5}$
>3~5							$0.8^{+0.5}_{-0.3}$	$0.9^{+0.6}_{-0.3}$	$1.0^{+0.7}_{-0.3}$	$1.1^{+0.7}_{-0.4}$	$1.2^{+0.8}_{-0.4}$	$1.4^{+0.9}_{-0.5}$	$1.6^{+1.1}_{-0.5}$
>5~10							$0.9^{+0.6}_{-0.3}$	$1.0^{+0.7}_{-0.3}$	$1.1^{+0.7}_{-0.4}$	$1.2^{+0.8}_{-0.4}$	$1.4^{+0.9}_{-0.5}$	$1.6^{+1.1}_{-0.5}$	$1.8^{+1.2}_{-0.6}$
>10~18							$1.0^{+0.7}_{-0.3}$	$1.1^{+0.7}_{-0.4}$	$1.2^{+0.8}_{-0.4}$	$1.4^{+0.9}_{-0.5}$	$1.6^{+1.1}_{-0.5}$	$1.8^{+1.2}_{-0.6}$	$2.0^{+1.3}_{-0.7}$
							$1.1^{+0.7}_{-0.4}$	$1.2^{+0.8}_{-0.4}$	$1.4^{+0.9}_{-0.5}$	$1.6^{+1.1}_{-0.5}$	$1.8^{+1.2}_{-0.6}$	$2.0^{+1.3}_{-0.7}$	$2.2^{+1.5}_{-0.7}$
							$1.2^{+0.8}_{-0.4}$	$1.4^{+0.9}_{-0.5}$	$1.6^{+1.1}_{-0.5}$	$1.8^{+1.2}_{-0.6}$	$2.0^{+1.3}_{-0.7}$	$2.2^{+1.5}_{-0.7}$	$2.5^{+1.7}_{-0.8}$
							$1.4^{+0.9}_{-0.5}$	$1.6^{+1.1}_{-0.5}$	$1.8^{+1.2}_{-0.6}$	$2.0^{+1.3}_{-0.7}$	$2.2^{+1.5}_{-0.7}$	$2.5^{+1.7}_{-0.8}$	$2.8^{+1.9}_{-0.9}$
							$1.6^{+1.1}_{-0.5}$	$1.8^{+1.2}_{-0.6}$	$2.0^{+1.3}_{-0.7}$	$2.2^{+1.5}_{-0.7}$	$2.5^{+1.7}_{-0.8}$	$2.8^{+1.9}_{-0.9}$	$3.2^{+2.1}_{-1.1}$
							$1.8^{+1.1}_{-0.6}$	$2.0^{+1.3}_{-0.7}$	$2.2^{+1.5}_{-0.7}$	$2.5^{+1.5}_{-0.8}$	$2.8^{+1.9}_{-0.9}$	$3.2^{+2.1}_{-1.1}$	$3.6^{+2.4}_{-1.2}$

A.2 模锻斜度

A.2.1 外模锻斜度

热精锻件在冷缩时趋向离开模壁的部分,用 α 表示(见表 A.2)。

A.2.2 内模锻斜度

热精锻件在冷缩时趋向贴紧模壁的部分,用 β 表示(见表 A.2)。

A.2.3 模锻斜度

模锻斜度及数值按表 A.2 确定。

表 A.2 热精锻件模锻斜度

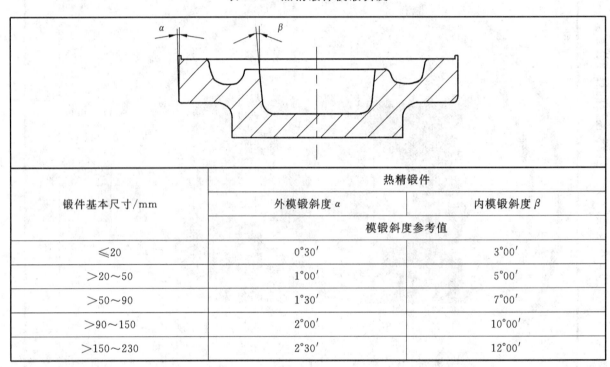

锻件基本尺寸/mm	热精锻件	
	外模锻斜度 α	内模锻斜度 β
	模锻斜度参考值	
≤20	0°30′	3°00′
>20~50	1°00′	5°00′
>50~90	1°30′	7°00′
>90~150	2°00′	10°00′
>150~230	2°30′	12°00′

A.3 飞边厚度

热精锻件飞边厚度按表 A.3 确定。

表 A.3 热精锻件飞边厚度　　　　　　　　　　　　　　　单位为毫米

高度	外径			
	≤30	>30~50	>50~120	>120~230
	飞边厚度 t			
≤18	1.0	1.5	2.0	3.0
>18~50	2.0	2.5	3.0	3.5
>50~120	3.0	3.5	4.0	5.0
>120~230	4.0	4.5	5.0	6.0

A.4 加工表面形状和位置公差

热精锻件平面度不大于 0.2/100 mm。

A.5 圆角半径及其公差

A.5.1 圆角半径

外圆角半径 r 按表 A.4 确定;内圆角半径 R 按表 A.5 确定。

表 A.4 热精锻件外圆角半径 r 单位为毫米

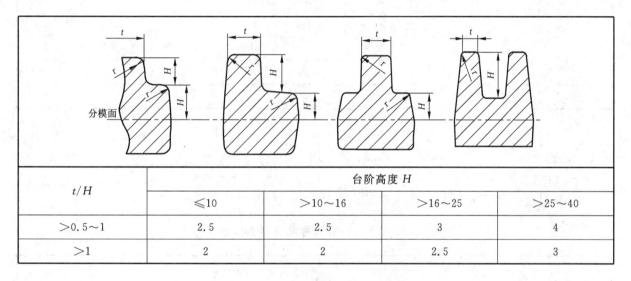

t/H	台阶高度 H			
	≤10	>10~16	>16~25	>25~40
>0.5~1	2.5	2.5	3	4
>1	2	2	2.5	3

表 A.5 热精锻件内圆角半径 R 单位为毫米

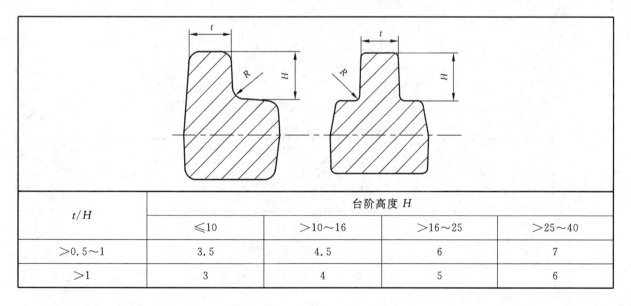

t/H	台阶高度 H			
	≤10	>10~16	>16~25	>25~40
>0.5~1	3.5	4.5	6	7
>1	3	4	5	6

A.5.2 圆角半径的公差

热精锻件圆角半径的公差按表 A.6 确定。

表 A.6　热精锻件的内外圆角半径公差　　　　　　单位为毫米

基本尺寸	圆角半径	上偏差（＋）	下偏差（－）
≤10	R	0.60R	0.30R
	r	0.40r	0.20r
>10～50	R	0.50R	0.25R
	r	0.30r	0.15r
>50～120	R	0.4R	0.2R
	r	0.25r	0.12r
>120～180	R	0.30R	0.15R
	r	0.20r	0.10r
>180～230	R	0.25R	0.12R
	r	0.20r	0.10r
注：R ——内圆角半径，r ——外圆角半径。			

A.6　错差

热精锻件允许错差值 g 按表 A.7 确定。

表 A.7　热精锻件允许错差值 g　　　　　　单位为毫米

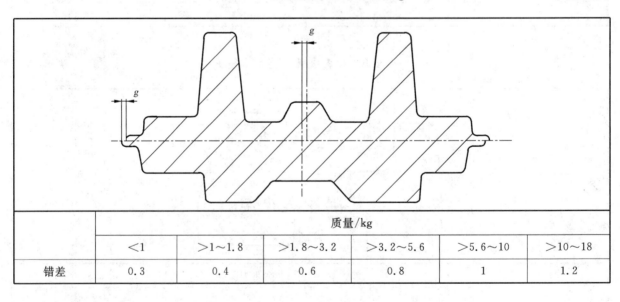

	质量/kg					
	<1	>1～1.8	>1.8～3.2	>3.2～5.6	>5.6～10	>10～18
错差	0.3	0.4	0.6	0.8	1	1.2

ICS 77.140.85
J 32

中华人民共和国国家标准

GB/T 29533—2013

钢质模锻件材料消耗工艺定额编制方法

Compiling method of technological norm for steel die forging
material consumption

2013-06-09 发布

2014-03-01 实施

中华人民共和国国家质量监督检验检疫总局
中国国家标准化管理委员会 发布

前　言

本标准按照 GB/T 1.1—2009 给出的规则起草。

本标准由全国锻压标准化技术委员会(SAC/TC 74)提出并归口。

本标准起草单位:第一拖拉机股份有限公司锻造厂、北京机电研究所。

本标准主要起草人:王云飞、于宜洛、赵怀波、阮艳静、韩秀琴、夏占雪、金红、魏巍。

钢质模锻件材料消耗工艺定额编制方法

1 范围

本标准规定了钢质模锻件材料消耗工艺定额的编制方法。

本标准适用于批量生产钢质模锻件的材料消耗工艺定额确定。用钢锭在液压机上进行模锻的,可参照使用。

2 规范性引用文件

下列文件对于本文件的应用是必不可少的。凡是注日期的引用文件,仅注日期的版本适用于本文件。凡是不注日期的引用文件,其最新版本(包括所有的修改单)适用于本文件。

GB/T 702 热轧钢棒尺寸、外形、重量及允许偏差

GB/T 8541 锻压术语

3 术语和定义

GB/T 8541 界定的以及下列术语和定义适用于本文件。

3.1

材料消耗工艺定额 technological norm for materials consumed

材料消耗工艺定额是指在一定的生产和技术条件下制造锻件需要消耗的材料,由锻件质量和制造过程中的各种工艺性损耗构成。

3.2

工艺性损耗 technological loss

按照工艺规定,模锻件制造过程中必须的材料消耗。

3.3

非工艺性损耗 non-technological loss

在制造过程中,工艺性损耗规定以外可能产生的损耗。

4 编制方法

4.1 材料消耗构成

材料实际消耗量构成见图1。

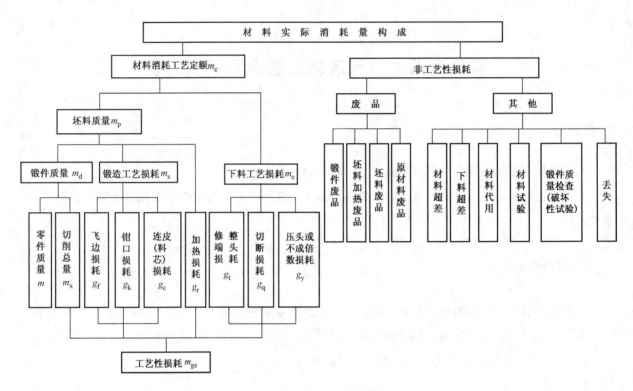

图 1 材料实际消耗量构成

4.2 编制原则

4.2.1 应在保证产品质量的前提下,结合生产条件,最经济合理地使用材料,使定额先进合理,切合实际。

4.2.2 材料消耗工艺定额应按零件编制,并按产品型号、材料类别、规格进行汇总。

4.2.3 材料消耗工艺定额应随锻件图和工艺更改而及时修改,以保持与工艺文件相符。

4.2.4 工艺损耗应分摊到各锻件的材料消耗定额,非工艺性损耗不计入材料消耗工艺定额。

4.2.5 应充分利用料头、钳口、连皮(料芯)直接或改制后作其他锻件的坯料。

4.2.5.1 锻件 A 的钳口或连皮(料芯)用作锻件 B 的坯料时,锻件 B 不再计算材料消耗定额。
套锻件的计算方法同上。

4.2.5.2 可利用的料头和平锻坯的钳口应作为新坯料计入对应锻件的材料消耗定额。

4.3 编制材料消耗工艺定额的基础材料

材料消耗工艺定额是在工艺设计、生产准备、生产调整、试生产后确定编制的。所需基础资料包括:

a) 零件图、零件质量和技术条件;

b) 工艺路线、锻件图和锻造工艺卡;

c) 材料的各种标准、规范、协议和有关资料;

d) 锻造用钢特殊技术要求。

4.4 材料工艺性损耗量计算

4.4.1 棒料平均长度定额数值

按 GB/T 702 中规定长度取平均值,按式(1)计算:

$$L = \frac{L_{max} + L_{min}}{2}(1 - \lambda) + \frac{L_{min} + L_0}{2}\lambda \quad\quad\quad\quad (1)$$

式中:

L ——棒料平均长度,单位为毫米(mm);

L_{max} ——GB/T 702 规定的钢材最大长度,单位为毫米(mm);

L_{min} ——GB/T 702 规定的钢材最小长度,单位为毫米(mm);

L_0 ——GB/T 702 规定的钢材允许短尺长度,单位为毫米(mm);

λ ——GB/T 702 规定的钢材允许短尺的百分数。

企业与钢厂签订有协议,按定尺或倍尺长度供应的,按协议确定长度。

4.4.2 材料利用率(%)

4.4.2.1 零件材料利用率,按式(2)计算:

$$K = \frac{m}{m_c} \times 100\%$$ ································(2)

式中:

m ——单件零件质量;

m_c ——单件材料消耗。

4.4.2.2 锻件材料利用率,按式(3)计算:

$$K_d = \frac{m_d}{m_c} \times 100\%$$ ································(3)

式中:

m_d ——单件锻件质量。

4.4.2.3 坯料锻造利用率,按式(4)计算:

$$K_p = \frac{m_d}{m_p} \times 100\%$$ ································(4)

式中:

m_p ——单件坯料质量。

4.4.2.4 材料下料利用率,按式(5)计算:

$$K_s = \frac{m_p}{m_c} \times 100\%$$ ································(5)

4.4.2.5 锻件精化程度,按式(6)计算:

$$K_j = \frac{m}{m_d} \times 100\%$$ ································(6)

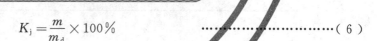

4.4.3 质量的确定

4.4.3.1 锻件质量:尺寸按锻件图的公称尺寸加上偏差的1/2计算(内表面尺寸,加下偏差的1/2计算)。

4.4.3.2 坯料质量:指锻坯的下料质量。当一个坯料能做多个零件时,坯料质量均摊到各零件。

4.4.3.3 模锻锤上钢质模锻件的钳口质量:需要钳口的锻件,按式(7a)、式(7b)确定:

$$L_k = (0.4 \sim 0.8)D \quad (< 10 \text{ kg 的锻件})$$ ·······················(7a)

$$L_k = (1.0 \sim 1.2)D \quad (\geqslant 10 \text{ kg 的锻件})$$ ·······················(7b)

式中:

L_k ——钳口长度,单位为毫米(mm);

D ——锻件坯料直径,单位为毫米(mm);

A ——当采用方坯时,公式中 D 以方坯边长 A 替代,单位为毫米(mm)。

4.4.3.4 金属加热损耗质量

金属加热损耗质量按式(8)计算:

$$g_r = m_p \delta$$ ································(8)

式中：

δ ——加热的烧损率，%。

第一次加热烧损率为：

a) 燃煤加热炉：2.5%～3.5%；

b) 燃油加热炉：2%～3%；

c) 燃气加热炉：1.5%～2.5%；

d) 电阻炉：1%～1.5%；

e) 电接触加热和感应加热：<0.5%。

重复加热的烧损率按以上数值的1/2计算。

4.4.4 下料工艺损耗量

坯料下料工艺损耗见图2。下料工艺损耗量按式（9）、式（10）计算：

$$m_e = g_t + g_q + g_y \qquad\qquad\qquad (9)$$
$$L = nl + l_t + (n+1)l_q + l_y \qquad\qquad (10)$$

式中：

m_e ——下料损耗；

L ——平均长度，单位为毫米（mm）；

n ——一根棒料可切取的坯料数；

l ——每个坯料的长度，单位为毫米（mm）；

l_t、l_q、l_y ——相应的下料损耗长度，单位为毫米（mm）。

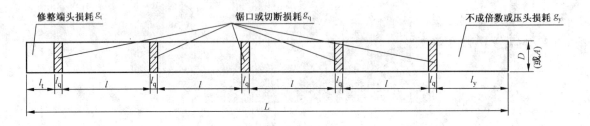

图 2　坯料下料工艺损耗示意图

4.4.4.1 端头损失质量分摊

未利用的端头和料头要分摊到每个锻件。

4.4.4.2 修整端头长度

在剪切机、压力机上切断修整端头最大长度按表1规定。

表 1　修整端头长度[a]

单位为毫米

棒料直径 D（或边长 A）	大于	0	20	30	40	60	90	125
	至	20	30	40	60	90	125	—
修整端头长度 l_t		20	30	40	45	50	60	0.5D(0.5A)
[a] 当原材料经倒棱处理后，可根据实际情况取消修整端头长度。								

在锯床上切断修整端头长度,按式(11)计算:

$$l_t = b + (0.1 \sim 0.15)D + 5 \qquad \cdots\cdots\cdots\cdots\cdots\cdots (11)$$

式中:

b ——锯片厚度,单位为毫米(mm);

A ——当采用方坯时,公式中 D 以方坯边长 A 替代,单位为毫米(mm)。

原棒料直接模锻修整端头长度,按式(12)计算:

$$l_t = l/2 \qquad \cdots\cdots\cdots\cdots\cdots\cdots (12)$$

4.4.4.3 不成倍数或压头损耗长度

坯料长度小于最短压紧长度,按式(13)计算:

$$l_y = l_{min} + l/2 \qquad \cdots\cdots\cdots\cdots\cdots\cdots (13)$$

式中:

l_{min} ——为剪切机、压力机和锯床夹持部分最短压紧长度,单位为毫米(mm)(依设备类型、规格和压紧头设计而定)。

坯料长度大于最短压紧长度,按式(14)计算:

$$l_y = l/2 \qquad \cdots\cdots\cdots\cdots\cdots\cdots (14)$$

4.4.4.4 切断损耗长度

剪切机上切断,按式(15)计算:

$$l_q = \Delta l/2 \qquad \cdots\cdots\cdots\cdots\cdots\cdots (15)$$

式中:

Δl ——下料长度上偏差,单位为毫米(mm)。

锯床上切断,按式(16)计算:

$$l_q = b + \Delta l/2 \qquad \cdots\cdots\cdots\cdots\cdots\cdots (16)$$

式中:

b ——锯片厚度,单位为毫米(mm)。

定尺和倍尺材料长度上偏差损耗长度,按式(17)计算:

$$l_q = \frac{2\Delta\beta}{3n} \qquad \cdots\cdots\cdots\cdots\cdots\cdots (17)$$

式中:

$\Delta\beta$ ——定尺或倍尺材料长度上偏差,单位为毫米(mm)。

4.5 材料消耗工艺定额计算步骤

材料消耗工艺定额计算步骤如下:

a) 确定零件质量 m;

b) 确定锻件质量 m_d;

c) 按式(18)计算锻造工艺损耗质量 m_s

$$m_s = g_f + g_k + g_c \qquad \cdots\cdots\cdots\cdots\cdots\cdots (18)$$

d) 按式(19)计算坯料质量 m_P

$$m_P = \frac{m_d + m_s}{1 - \delta} \quad \cdots\cdots\cdots\cdots\cdots\cdots\cdots\cdots\cdots\cdots\cdots\cdots (19)$$

e) 确定坯料尺寸：$D \times L$；

f) 按式(9)计算下料工艺损耗质量 m_e；

g) 按式(3)求出锻件材料利用率 K_d。

5 钢质模锻件材料消耗工艺定额明细表示例

钢质模锻件材料消耗工艺定额明细表示例见表2。

表 2 钢质模锻件材料消耗工艺定额明细表

工厂、车间名称																					计量单位 kg mm
产品名称、型号																					共 页 第 页

模锻件材料消耗工艺定额明细表　年　月

序号	零件号	零件名称	工艺要求的原材料 来料规格					坯料		下料工艺必需的损耗				单件质量				材料利用率/%			利用哪个零件的废料及可利用百分数	允许代用的材料	备注
			钢号	断面尺寸 D/A	长度尺寸 L	标准编号	特殊要求	长度尺寸 l	可制锻件数 n	修整端头损耗 g_r	下料或切断损耗 g_d	成倍数锻件损耗	零件损耗合计 Σg	零件 m_c	锻件 m_d	坯料 m_s	消耗定额 m_c	零件 K	锻件 K_d	下料 K_s			
1	2	3	4	5	6	7	8	9	10	11	12	13	14	15	16	17	18	19	20	21	22	23	24

修改标记		编制		标准化		校对		审核
修改通知单号			批准					

ICS 77.140.85
J 32

中华人民共和国国家标准

GB/T 29534—2013

温锻冷锻联合成形锻件　通用技术条件

General specifications of combined warm-cold forging parts

2013-06-09 发布
2014-03-01 实施

中华人民共和国国家质量监督检验检疫总局
中国国家标准化管理委员会 发布

前　言

本标准按照 GB/T 1.1—2009 给出的规则起草。

本标准由全国锻压标准化技术委员会(SAC/TC 74)提出并归口。

本标准起草单位:上海交通大学、江苏太平洋精锻科技股份有限公司、江苏森威精锻有限公司、北京机电研究所。

本标准主要起草人:赵震、庄新村、董义、黄泽培、徐祥龙、龚爱军、金红、魏巍。

温锻冷锻联合成形锻件 通用技术条件

1 范围

本标准规定了温锻冷锻联合成形锻件(以下简称"锻件")的技术要求、检验规则和交付条件。

本标准适用于经温锻冷锻联合成形的钢质锻件。

2 规范性引用文件

下列文件对于本文件的应用是必不可少的。凡是注日期的引用文件,仅注日期的版本适用于本文件。凡是不注日期的引用文件,其最新版本(包括所有的修改单)适用于本文件。

GB/T 699 优质碳素结构钢

GB/T 700 碳素结构钢

GB/T 1220 不锈钢棒

GB/T 1591 低合金高强度结构钢

GB/T 2828.1 计数抽样检验程序 第 1 部分:按接收质量限(AQL)检索的逐批检验抽样计划

GB/T 3077 合金结构钢

GB/T 5216 保证淬透性结构钢

GB/T 6478 冷镦和冷挤压用钢

JB/T 9180.1 钢质冷挤压件 公差

3 技术要求

3.1 原材料

3.1.1 锻件所选用的原材料应符合 GB/T 699、GB/T 700、GB/T 1220、GB/T 1591、GB/T 3077、GB/T 5216、GB/T 6478 的规定,亦可采用原材料供方与顾客双方商定的材料。

3.1.2 锻件的原材料应有质量保证书,保证材料符合规定的技术要求。锻件生产企业应按顾客需要进行复验。

3.1.3 根据锻件表面质量要求,按需决定是否对原材料进行剥皮处理。

3.2 温锻后冷锻前热处理要求

3.2.1 温锻后冷锻前一般应对工件进行热处理,热处理工艺一般包括退火、正火、等温正火、控温冷却和调质。

3.2.2 温锻后冷锻前一般应在少、无氧化保护气氛中对工件进行软化热处理。

3.3 锻件的形状和尺寸

锻件的形状和尺寸应符合锻件图和技术文件的规定。锻件冷成形部分的公差应符合 JB/T 9180.1 的规定;如有特殊要求,由锻件供方与顾客协商确定。

3.4 锻件质量要求

3.4.1 锻件表面质量应符合锻件图的规定,无裂纹、折叠等缺陷。

3.4.2 锻件硬度及其测量位置等可由供方与顾客双方协商确定,并在技术文件上注明。

3.4.3 锻件的纤维组织在顾客有要求时,可由供方与顾客双方协商确定。

3.4.4 锻件有力学性能试验要求时,需在锻件图中作出规定。

4 检验项目和验收方法

4.1 检验项目

4.1.1 锻件应由质检部门按锻件图和技术文件检查。应附有产品质量合格证书方能出厂。

4.1.2 锻件检验项目包括外观检验、尺寸检验、组织检验和硬度检验。

4.2 验收方法

按需可进行抽检或全检。抽检方法可按 GB/T 2828.1 的规定执行。

5 交付条件

5.1 锻件应做标记,无需作标记时供方与顾客双方商定。

5.2 锻件质量合格证应包括以下内容:

 a) 锻件名称、锻件零件号;

 b) 材料牌号、数量、出厂日期;

 c) 对特殊要求进行补充检验的结论;

 d) 质量检验及合格标记;

 e) 制造企业名称。

5.3 锻件的防锈、包装、运输方法与要求,应与顾客在订货协议或合同中注明。

———————

ICS 77.140.85
J 32

中华人民共和国国家标准

GB/T 29535—2013

温锻冷锻联合成形工艺　工艺编制原则

Technological design principle for combined warm-cold forging process

2013-06-09 发布　　　　　　　　　　　　　　2014-03-01 实施

中华人民共和国国家质量监督检验检疫总局
中国国家标准化管理委员会　发布

前　言

本标准按照 GB/T 1.1—2009 给出的规则起草。

本标准由全国锻压标准化技术委员会(SAC/TC 74)提出并归口。

本标准起草单位：上海交通大学、江苏森威精锻有限公司、江苏太平洋精锻科技股份有限公司、北京机电研究所。

本标准主要起草人：赵震、胡成亮、徐祥龙、龚爱军、赵红军、陶立平、谢谈、周林。

温锻冷锻联合成形工艺　工艺编制原则

1　范围

本标准规定了钢质锻件温锻冷锻联合成形工艺的工艺编制原则,包括工艺编制、工艺参数确定、锻件毛坯的准备和成形设备的选择。

本标准适用于钢质锻件在压力机上的温锻冷锻联合成形。

2　规范性引用文件

下列文件对于本文件的应用是必不可少的。凡是注日期的引用文件,仅注日期的版本适用于本文件。凡是不注日期的引用文件,其最新版本(包括所有的修改单)适用于本文件。

JB/T 6054　冷挤压件　工艺编制原则

3　术语和定义

下列术语和定义适用于本文件。

3.1

温锻冷锻联合成形　combined warm-cold forging process

采用温锻进行预成形,并采用冷锻进行终成形的联合成形工艺。

4　编制原则

4.1　工艺编制

4.1.1　温锻完成锻件的预成形,冷锻完成锻件的终成形。用温锻工艺完成锻件的大变形,形成复杂形状;冷锻工艺完成锻件的局部小变形,保证关键尺寸的精度。

4.1.2　锻造工艺设计时,应避免温锻、冷锻成形缺陷,以及温锻与冷锻工艺衔接部分发生失稳。

4.1.3　温锻采用多工位成形时,各工位变形量应合理分配,前后工位定位可靠,工件放入与取出方便。

4.1.4　应尽量减少冷锻工序的次数,冷锻时锻件一次变形量应在许用变形程度范围内。

4.1.5　在冷锻工序前,应进行软化和表面润滑处理。可利用温锻后余热进行材料软化处理。

4.1.6　工艺编制应利于模具的设计、制造和成本的降低,应利于实现自动化。

4.1.7　可采用有限元模拟等数值计算方法对工艺参数进行优化设计。

4.1.8　冷锻时,应选择合理的变形速度,减少热效应的影响。

4.2　工艺参数确定

4.2.1　变形和加热温度

4.2.1.1　变形温度的选择,应有利于降低变形抗力,提高锻件材料的成形性。

4.2.1.2　加热温度应避开蓝脆区,坯料加热时间以坯料均匀达到始锻温度为依据,且应减少金属氧化和脱碳。

4.2.1.3 温锻温度范围一般选用 600 ℃～900 ℃;如温锻后采用控制冷却工艺,可用的温锻温度范围为 800 ℃～900 ℃。

4.2.2 变形程度

4.2.2.1 多工位温锻成形时,第一工位与最后工位的变形程度一般应小于中间工位。

4.2.2.2 冷锻变形程度应符合 JB/T 6054 规定。

4.2.3 变形力

4.2.3.1 温锻变形力可采用图算法,参见附录 A;也可采用其他方法。

4.2.3.2 冷锻变形力可按 JB/T 6054 计算。

4.2.3.3 可采用有限元模拟等数值计算方法计算各工序变形力。

4.2.3.4 多工位成形时,第一工位与最后工位的变形力一般应小于中间工位,以减小设备偏载。

4.3 坯料准备

4.3.1 坯料可根据锻件形状及技术经济要求选用棒材、线材和管材。

4.3.2 材料可采用热轧或冷拔材料,下料可采用剪切、锯切等方法。需要时应增加去毛刺、整形工序,也可采用剥皮、磨削、冷拉或其他方法改善坯料表面质量。

4.3.3 采用剪切下料时,建议下料长径比大于或等于 1.3。

4.3.4 坯料宜进行抛丸-涂层处理。

4.4 成形设备的选择

4.4.1 温锻成形宜使用自动化锻造生产线。

4.4.2 冷锻设备可按 JB/T 6054 选用。

附　录　A
（资料性附录）
温锻变形力图算法

　　图 A.1 为各种钢温锻时最大凹模单位压力和最大凸模单位压力的计算图。图 A.1 中虚线的方向代表了查图的方法。35 钢在 550 ℃挤压时，首先沿图中 550 ℃向上虚线交到 35 钢对应的曲线上；然后箭头向左标到正挤压断面缩减率为 80%曲线上的一点，该点在水平轴上的投影为 1 900 MPa，该值即为 35 钢在 550 ℃正挤压、断面缩减率为 80%时的单位挤压力，再乘以正挤压凸模的面积，即可得到相应的温锻变形力。

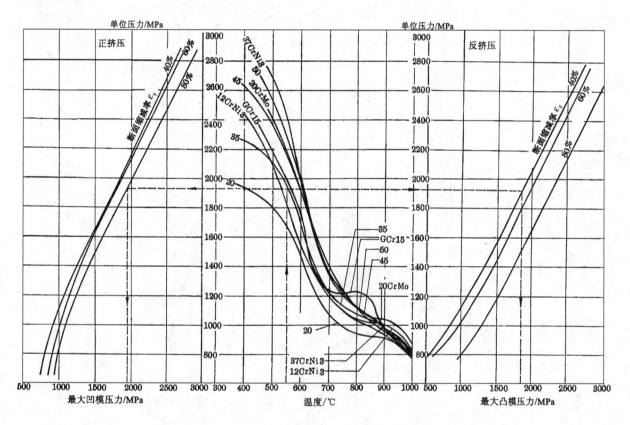

图 A.1　各种钢温锻时最大凹模单位压力和最大凸模单位压力的计算图

ICS 77.040.10
J 32

中华人民共和国国家标准

GB/T 29536—2013

金属管材成形极限图（FLD）试验方法

Testing method for
the forming limit diagram（FLD）of metal tube

2013-06-09 发布

2014-03-01 实施

中华人民共和国国家质量监督检验检疫总局
中国国家标准化管理委员会 发布

前　言

本标准按照 GB/T 1.1—2009 给出的规则起草。

本标准由全国锻压标准化技术委员会(SAC/TC 74)提出并归口。

本标准主要起草单位:宝山钢铁股份有限公司、上海交通大学。

本标准主要起草人:蒋浩民、陈新平、李淑慧、于忠奇。

金属管材成形极限图(FLD)试验方法

1 范围

本标准规定了金属管材成形极限图(Forming Limit Diagram,缩写 FLD)的试验方法。

本标准适用于截面壁厚0.20 mm～4.00 mm、外径20 mm～120 mm 的圆形金属管材(包括无缝管和焊管)。

2 规范性引用文件

下列文件对于本文件的应用是必不可少的。凡是注日期的引用文件,仅注日期的版本适用于本文件。凡是不注日期的引用文件,其最新版本(包括所有的修改单)适用于本文件。

GB/T 15825.2　金属薄板成形性能与试验方法　第2部分:通用试验规程

GB/T 24171.2—2009　金属材料　薄板和薄带　成形极限曲线的测定　第2部分:实验室成形极限曲线的测定

GB/T 25134　锻压制件及其模具三维几何量光学检测规范

3 试验原理

3.1 金属管材成形极限图的试验通常采用在管材内部充压的加载方式进行。

3.2 将外表面印有网格的管材放置在下模内,将上模压下,完成合模;向管材内部充填低压介质(液体或气体),并采用端部冲头实现密封;向密封的管材内部充入高压的介质(液体或气体),使管材在模具型腔内产生变形;同时,通过对端部冲头位移的控制,实现不同的应变路径(见图1);当管材局部产生颈缩或破裂时,停止试验。

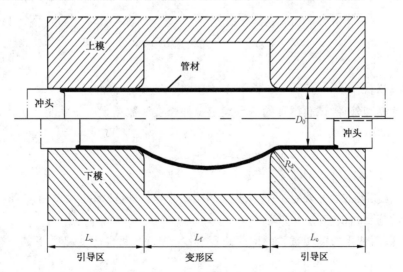

图1　管材成形极限试验原理示意图

3.3 测量试样表面产生变形后的网格尺寸,计算主、次应变,绘制成形极限图。

4 符号、名称和单位

本标准所采用的符号、名称和单位见表1。

表 1 符号、名称和单位

符 号	名 称	单 位
FLD	成形极限图	
FLC	成形极限曲线	
D_0	管材外径	mm
R_d	模具圆角半径	mm
p_i	内压力	MPa
t_0	管材壁厚	mm
F	轴向进给力	N
F_t	合模力	N
e_1、e_2	表面工程主应变	%
ε_1、ε_2	表面真实主应变	
R_m	抗拉强度	MPa
d_0	网格圆初始直径	mm
d_1	变形后的网格圆长轴尺寸	mm
d_2	变形后的网格圆短轴尺寸	mm
L_f	变形区长度	mm
L	试样长度	mm
L_c	引导区长度	mm

5 试样准备

5.1 试样采用圆形管材。

5.2 根据管材的壁厚和外径、试验模具的特点确定试样长度和数量。

5.2.1 试样长度:由式(1)确定。

$$L = L_f + 2L_c \quad \cdots\cdots\cdots\cdots\cdots\cdots\cdots\cdots\cdots\cdots\cdots\cdots(1)$$

式中:

L_c——根据试验模具的尺寸确定。平面应变路径试验和拉-压变形路径试验时,$L_f \geqslant 2D_0$;拉-拉变形路径试验时,$L_f = (1\sim2)D_0$。

5.2.2 试样数量:每组成形极限图试验的应变路径不少于5种,每种应变路径下的有效试验数量不少于3个。

5.3 试样端部进行去毛刺处理;为了保证端部冲头的密封,端部不宜倒角。

5.4 试样外表面印制网格。

5.4.1 网格尺寸:根据管材的外径,可选择1 mm~2.5 mm尺寸的网格。

5.4.2 网格印制方法:可采用电化学、照相、丝网印刷、网格转印、喷涂等技术印制。具体方法可参见附录 A。

5.4.3 网格类型:通常有方形、圆形、点阵、随机图案(散斑)等类型。网格的排列方式可参考图 2 的图案,也可以自行设计。随机图案(散斑)可按 GB/T 25134 的规定。

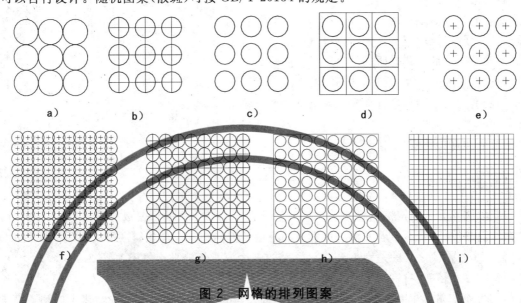

图 2 网格的排列图案

5.5 网格的准确度:原始网格的尺寸偏差不大于其数值的 2%。

6 设备和模具

6.1 试验设备应具备向试样内部提供内压力的装置及控制系统。所提供的内压力 p_i 应满足式(2):

$$p_i \geqslant \frac{2t_0}{D_0} R_m \qquad \qquad (2)$$

6.2 试验设备应能提供足够的合模力。所提供的合模力 F_t 应满足式(3):

$$F_t \geqslant 1.1(D_0 - 2t_0)Lp_i \qquad \qquad (3)$$

6.3 试验设备应能够提供沿试验轴线方向的进给力。所提供的轴向进给力应满足式(4):

$$F \geqslant 1.5\pi \left(\frac{D_0 - 2t_0}{2}\right)^2 p_i \qquad \qquad (4)$$

6.4 试验设备的其他要求,可按 GB/T 15825.2 的规定。

6.5 试验模具应能保证试验原理和试验条件,对于试验模具的结构、形状、尺寸不作具体规定。

7 试验程序和操作方法

7.1 按第 5 章的规定准备试样。

7.2 根据试样直径选择安装合适的端部密封冲头。

7.3 安装相应的试验模具(如适合进行平面应变、拉-压应变、拉-拉应变等变形方式的模具),连接所需要的管路。

7.4 对模具、试验装置和试验设备进行适当的清洗、检查和润滑。

7.5 在空载条件下检查端部密封冲头与模具的对中性。

7.6 将试样放置在下模内。

7.7 合模,施加合模力。

7.8 当采用液体作为充压介质时,需先向试样内部充填低压介质,以排空试样内部的空气,然后使端部密封冲头与试样端部接触,直至实现密封。

7.9 根据试样的材质、厚度和外径,制定各种应变路径下的加载曲线(包括内压力加载曲线和端部密封冲头加载曲线)。

7.10 按制定的加载曲线加载,直至试样上发生局部破裂。

7.11 卸压,开模,退回端部密封冲头,取出试样。

7.12 对模具型腔内的残留介质进行吹扫。

7.13 重复进行 7.6～7.12。

7.14 每种应变路径下至少进行 3 次有效重复试验。

8 试验结果的测量和处理

8.1 人工测量方法

8.1.1 印制以圆形为主的网格图案[图 2 中 a)～h)]的试样成形后圆形变成椭圆形,可手工测量。

8.1.2 在靠近裂纹任一侧,沿着变形前呈直线的主应变方向测量 3 个相邻网格变形后的标距长度。重复测量直到 3 个测量值之间的差别小于 10%。将这 3 个测量值的平均值记为 d_1。

8.1.3 测量这 3 个相邻网格的次应变方向变形后的标距长度,将其平均值记为 d_2。

8.1.4 如果 3 个测量值的差别大于 10%,需要重新取样进行试验后再测量。或者通过测量垂直于裂纹的最大应变位置的椭圆确定"钟形曲线"。"钟形曲线"的测量方法可按 GB/T 24171.2—2009 中的第 5 章和附录 C 的规定。

8.1.5 根据式(5)计算工程(或真实)主、次应变:

$$e_1 = \frac{d_1 - d_0}{d_0} \times 100\%$$

$$e_2 = \frac{d_2 - d_0}{d_0} \times 100\%$$

$$\varepsilon_1 = \ln\left(\frac{d_1}{d_0}\right)$$

$$\varepsilon_2 = \ln\left(\frac{d_2}{d_0}\right)$$ ······(5)

8.1.6 工程上常采用附录 B 的方法直接测量工程主、次应变。

8.2 光学测量方法

8.2.1 可使用计算机控制的数字化网格应变分析扫描系统检测临界网格圆,并自动计算其应变数值,但系统设置的计算方法和判定有效试验的依据也应分别符合 8.1.2、8.1.3 和 8.1.4 的规定。

8.2.2 光学测量系统可按 GB/T 25134 的规定。

8.2.3 测量方法可按 GB/T 24171.2—2009 的规定。

8.3 成形极限图和成形极限曲线

8.3.1 以次应变 e_2 为横坐标、主应变 e_1 为纵坐标,将试验测定的应变(e_1,e_2)标绘在此应变坐标系中,即为试验所获得的成形极限图(FLD)(见图 3)。

8.3.2 根据工程主应变 e_1 和次应变 e_2 的分布特征,将它们连成适当的曲线,即成形极限曲线(FLC)(见图 4)。

8.3.3 也可使用数学回归方法建立成形极限曲线,并要求在试验报告中说明回归方程和置信度。

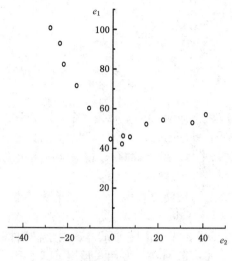

图 3　成形极限图（FLD）

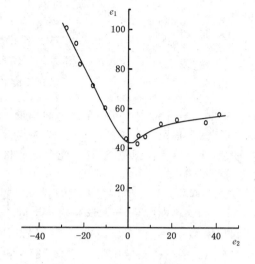

图 4　成形极限曲线（FLC）

9　试验报告

9.1　试验报告格式可自行设计。

9.2　试验报告需包括下述主要内容：

a)　试验方法：含本标准号及名称；

b)　试样标识；

c)　试样管坯材料的厚度、直径、牌号和状态；

d)　网格圆的初始直径；

e)　试验的测量计算结果：包括 d_1、d_2，(e_1, e_2) 或 $(\varepsilon_1, \varepsilon_2)$；

f)　成形极限图(FLD)和/或拟合的成形极限曲线(FLC)；

g)　试验日期。

9.3　试验报告还可包括下述内容：

a)　试样的化学成分；

b)　试样的材料性能；

c)　试验过程描述；

d)　应变网格图案(局部)及网格圆直径的统计偏差；

e)　试验中的其他说明。

附　录　A

（资料性附录）

网格印制方法

A.1　冲孔标记——使用冲孔标记是最简单的方法，它在主应变方向设置两个标距，在与主应变垂直的方向设置第三个标距。为了测量应变，需要测量变形前、后两个网格的长度，然后根据标距计算出在每个方向的应变。冲孔标记很浅，它可能会造成材料早期的成形失败。因此，冲孔标记只能应用于成形性能很好的材料中。

A.2　正方形网格——在使用板料拉伸分析应变的早期，正方形网格使用较多。为了能精确获得FLC，关键区域内的网格都应测量，其测量方法类同于冲孔标记的测量方法。

A.3　圆形网格——在测量小应变水平时经常使用金属圆规在需要测试应变的试样表面绘制网格。一般用1.25 mm的网格测量5%以下的应变。与它类似的2.5 mm的网格一般用来预测FLC。

A.4　感光腐蚀——金属表面感光腐蚀的方法是以网目底板为模板，进行曝光、显影后，未感光的部分被洗掉露出钢板表面，已感光的部分附着在钢板上，在钢板表面上留下网孔，再对感光后的板材进行腐蚀处理。这种方法可以获得线宽很好的网格。但是存在一个问题，就是当应变较大时，网格可能会脱落从而导致错误的结果。

A.5　丝印——通过丝印可以印制圆形、方形各种符合要求的网格。在圆形网格早期的使用中，这种印制方法经常使用。但是存在一个问题，就是当网格标距小于25 mm时，测量结果不太精确。

A.6　电化学腐蚀——这是丝印的一种升级方法，用于为金属零件印制标记和信息。在被浸蚀的薄板与浸有电解液的毡垫之间有带孔眼的蜡纸，板材与毡垫之间通以低压电流并紧压在蜡纸上。电流仅在蜡纸上有孔眼的地方通过，使带着电流的电解液流至薄钢板，与蜡纸同样的印痕就浸蚀到金属板上。

A.6.1　印制网格的工具：

　　a)　早期是使用一个很宽的压盘在化学溶液中印制，现在使用较多的毡垫是滚筒和压盘。

　　b)　不同供应商的蜡纸需要使用不同的电压和腐蚀方法。各种不同形式的蜡纸可以用在各种不同的材料上，以满足客户的需求。对于预测FLC，要求具备好的线宽的网格。

　　c)　在不同的试样表面要使用不同的腐蚀剂，对于普通钢、不锈钢、铝、铜、锌等不同的材料需要使用不同的腐蚀剂。

A.6.2　印制网格的步骤：

　　a)　让蜡纸上面浸有腐蚀剂，覆盖在需要腐蚀的材料上；

　　b)　用浸有同种腐蚀剂的压盘压在蜡纸上；

　　c)　打开开关，用滚筒在带有蜡纸的压盘上慢慢滚过；

　　d)　当把压盘和蜡纸从试样表面拿开后，相同宽度和深度的网格线就会被印制在金属表面。

A.6.3　印制网格时的注意事项：

　　a)　如果网格太浅，则需在压盘上浸上更多的腐蚀液；如果网格太深或者太宽，则需要调整电压。

　　b)　在压盘上应有足够的腐蚀液，但是腐蚀液也不宜太多，建议压盘厚度为3 mm左右。

　　c)　避免压盘来回滚动，否则因蜡纸移动而产生印制的网格发生重影。

　　d)　滚筒和材料不能接触，否则可能会对操作者产生轻微的电击。只有在腐蚀过程中才能打开电流，同时手应握住滚筒。

A.6.4　在试验前，印制的网格应烘干，否则可能会使网格变浅，以至在试验时难以测量。并且随机抽检网格尺寸，确定网格尺寸没有受蜡纸移动的影响。

A.6.5　由于腐蚀剂的腐蚀性，在腐蚀完毕后，需清洗干净或者用其他腐蚀液中和金属表面的腐蚀剂，但是暴露在空气中一段时间之后就会使板料生锈。可以通过减小压盘上多余腐蚀液的方法来尽量减少这种损失。有些腐蚀液是含有防锈剂的，另外在材料表面涂润滑油也可以防止生锈。

附　录　B
（资料性附录）
软尺测量应变的方法

B.1 软尺是指在柔软的、透明的塑料或聚脂类薄膜,表面印制有标准刻度、可用于测量的工具。

B.2 用于测量圆形网格的变形量的软尺,如图 B.1 所示。

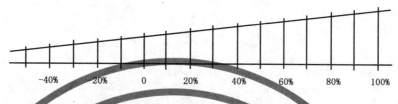

图 B.1　应变测量用软尺

B.2.1 应变测量用软尺上的 0 刻度线的长度,等于变形前的初始圆形网格的直径 d_0,误差不超过 1%。

B.2.2 应变测量用软尺上其他刻度线的长度,等于(1+刻度线所标示的百分比)$\times d_0$。

B.3 软尺测量应变的方法:将软尺覆盖在产生变形的网格上,移动软尺使刻度线与变形后的椭圆的主轴(长轴或短轴)重合,此时可直接读取应变量,如图 B.2 所示。

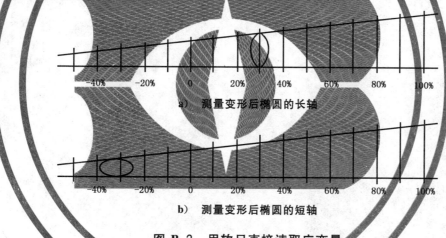

a)　测量变形后椭圆的长轴

b)　测量变形后椭圆的短轴

图 B.2　用软尺直接读取应变量

B.4 将长轴应变量记为主应变 e_1,短轴应变量记为次应变 e_2。

ICS 49.025.15
J 32

中华人民共和国国家标准

GB/T 30566—2014

GH4169 合金棒材、锻件和环形件

GH4169 alloy bars，forgings and rings

2014-05-06 发布

2014-12-01 实施

中华人民共和国国家质量监督检验检疫总局
中国国家标准化管理委员会 发布

前　　言

本标准按照 GB/T 1.1—2009 给出的规则起草。

本标准由全国锻压标准化技术委员会(SAC/TC 74)提出并归口。

本标准起草单位:贵州安大航空锻造有限责任公司、北京机电研究所。

本标准主要起草人:陈祖祥、魏志坚、金红、魏巍、周林。

GH4169 合金棒材、锻件和环形件

1 范围

本标准规定了 GH4169 合金棒材、锻件、闪光焊环形件的技术要求、质量保证规定、交付条件、确认、拒收、采购订单及质量证明书等。

本标准适用于 GH4169 合金棒材、锻件和闪光焊环形件。

2 规范性引用文件

下列文件对于本文件的应用是必不可少的。凡是注日期的引用文件,仅注日期的版本适用于本文件。凡是不注日期的引用文件,其最新版本(包括所有的修改单)适用于本文件。

GB/T 14999.2 高温合金试验方法 第 2 部分:横向低倍组织及缺陷酸浸检验

AMS 2261 镍、镍合金和钴合金棒材、杆材及线材的公差(Tolerances, Nickel, Nickel Alloy, and Cobalt Alloy Bars, Rods, and Wire)

AMS 2269 镍、镍合金和钴合金的化学成分范围(Chemical Check Analysis Limits, Nickel, Nickel Alloy, and Cobalt Alloy)

AMS 2371 耐腐蚀和耐热钢及合金锻造产品和锻坯取样和测试的质量保证(Quality Assurance Sampling and Testing, Corrosion and Heat-Resistant Steels and Alloys, Wrought Products and Forging Stock)

AMS 2374 耐腐蚀和耐热钢及合金锻件取样和测试质量保证(Quality Assurance Sampling and Testing, Corrosion and Heat-Resistant Steel and Alloy Forgings)

AMS 2750 高温测定方法(Pyrometry)

AMS 2806 碳钢、合金钢、耐腐蚀及耐热钢和合金棒材、线材、机械管形件和挤压件标识(Identification, Bars, Wire, Mechanical Tubing, and Extrusions, Carbon and Alloy Steels and Corrosion and Heat-Resistant Steels and Alloys)

AMS 2808 锻件标识(Identification, Forgings)

AMS 7490 奥氏体钢、奥氏体型铁、镍或钴合金、或沉淀硬化合金耐腐蚀和耐热闪光焊接环件(Rings, Flash Welded, Corrosion and Heat-Resistant Austenitic Steels, Austenitic-Type Iron, Nickel, or Cobalt Alloys, or Precipitation-Hardenable Alloys)

ARP 1313 高温合金中微量元素的测定(Determination of Trace Elements in High-Temperature Alloys)Test Methods for Tension Testing of Metallic Materials

ASTM E8/E8M 金属材料拉伸试验方法[Test Methods Tension Testing of Metallic Materials/(Metric)]

ASTM E10 金属材料布氏硬度(Brinell Hardness of Metallic Materials)

ASTM E21 金属材料高温拉伸试验(Elevated Temperature Tension Tests of Metallic Materials)

ASTM E103 金属材料压痕硬度快速测试方法(Rapid Indentation Hardness Testing of Metallic Materials)

ASTM E112 平均晶粒度的测定(Determining Average Grain Size)

ASTM E139 金属材料蠕变,蠕变断裂和持久强度测试的试验方法(Conducting Creep, Creep-

Rupture, and Stress-Rupture Tests of Metallic Materials)

ASTM E292 材料缺口拉伸试验 测试断裂时间的方法(Conducting Time-for-Rupture Notch Tension Tests of Materials)

ASTM E 354 高温钢、电工钢、磁钢和其他类似的铁、镍和钴合金化学分析(Chemical Analysis of High-Temperature, Electrical, Magnetic, and Other Similar Iron, Nickel, and Cobalt Alloy)

3 要求

3.1 化学成分

3.1.1 合金熔炼化学成分应符合表1的规定。

表 1 化学成分 质量分数(%)

元素	C	Cr	Mo	Nb	Ti	Al	Ni	Pb	Bi	Se
含量	≤0.08	17.00~21.00	2.80~3.30	4.75~5.50	0.65~1.15	0.20~0.80	50.00~55.00	≤0.000 5	≤0.000 03	≤0.000 3
元素	Ta	Co	Mn	Si	S	P	Mg	B	Cu	Fe
含量	≤0.05	≤1.00	≤0.35	≤0.35	≤0.015	≤0.015	≤0.01	≤0.006	≤0.30	余

3.1.2 成品分析偏差应符合 AMS 2269 的要求。

3.2 冶炼方法

合金采用真空感应熔炼+真空电弧重熔、非真空+真空电弧重熔+电渣重熔或真空感应熔炼+电渣重熔。

3.3 供应状态

3.3.1 棒材:用于精加工的棒材除了按 3.3.1.1 和 3.3.1.2 规定外,应进行固溶热处理。
3.3.1.1 热加工圆棒经磨光或车光供应;其他形状不经加工供应。
3.3.1.2 冷加工圆棒经磨光或冷加工供应;其他形状不经加工供应。
3.3.2 锻件和闪光焊接环:固溶处理,并经粗加工供应。当需方允许或零件图上有规定时,可供应闪光焊接环,闪光焊接环制造应符合 AMS 7490 的要求。
3.3.3 锻坯、闪光焊接环或顶镦件:按锻件,闪光焊接环或顶镦锻件产品订货合同要求。

3.4 热处理

3.4.1 棒材、锻件和闪光焊接环固溶加热温度范围 940 ℃~1 010 ℃,在选定温度±14 ℃内保温,保温时间按横截面厚度,然后空冷或按更快的速度冷却。热处理过程应符合 AMS 2750 的要求。
3.4.2 当锻件存在非加工面时,热处理应在保护气氛中进行。当需方同意时,可以在锻件表面涂覆适当的保护层代替保护气氛。

3.5 性能要求

3.5.1 棒材、锻件和闪光焊接环

3.5.1.1 固溶热处理

3.5.1.1.1 硬度:HBS≤277。

3.5.1.1.2 平均晶粒度应符合以下要求：

    a) 横截面积小于 58 cm² 的棒材和闪光焊接环达到 5 级及以上。当存在非再结晶组织时，产品不超过 20% 的区域，平均晶粒度允许 3 级～5 级。

    b) 横截面积 58 cm²～323 cm² 的棒材、锻件和闪光焊接环达到 4 级及以上。当存在非再结晶组织时，产品不超过 20% 的区域，平均晶粒度允许 2 级～4 级。

3.5.1.1.3 显微组织：产品不应存在 Laves 相，针状相（δ 相）的形态和数量应符合需方的标准要求。

3.5.1.2 时效处理

公称直径或两平行面间的最小距离不大于 127 mm 时，产品时效处理后应符合 3.5.1.2.1，3.5.1.2.2 和 3.5.1.2.3 的要求。时效处理加热温度 (720 ± 8)℃，保温不少于 8 h，以每小时 (55 ± 8)℃ 的速率冷却至 (620 ± 8)℃，保温不少于 8 h，空冷。或以随炉冷却代替以每小时 56 ℃ 的速率冷却至 (620 ± 8)℃，但应调整在 (620 ± 8)℃ 的保温时间，使时效处理总时间不小于 18 h。

3.5.1.2.1 拉伸性能

3.5.1.2.1.1 室温拉伸性能应符合表 2 的规定。

表 2　室温拉伸性能

试样方向	R_m MPa	$R_{p0.2}$ MPa	A %	Z %
纵向	≥1 276	≥1 034	≥12	≥15
长横向（锻件）	≥1 241	≥1 034	≥10	≥12
横向（棒材）	≥1 241	≥1 034	≥6	≥8

3.5.1.2.1.2 650 ℃ 拉伸性能应符合表 3 的规定，拉伸时，试样 (650 ± 3)℃ 保温时间不少于 20 min。

表 3　650 ℃ 拉伸性能

试样方向	R_m MPa	$R_{p0.2}$ MPa	A %	Z %
纵向	≥1 000	≥862	≥12	≥15
长横向（锻件）	≥965	≥862	≥10	≥12
横向（棒材）	≥965	≥862	≥6	≥8

3.5.1.2.1.3 纵向指试样的轴线接近平行晶粒流线，环形件指环向，其他均为横向。

3.5.1.2.1.4 横向拉伸性能适用于可取得长度不小于 63.5 mm 拉伸试样的产品。

3.5.1.2.1.5 锻件和闪光焊接环上取样位置由供需双方协商。

3.5.1.2.2 硬度

产品硬度 HB≥331。拉伸性能合格时，在相同或相似位置进行硬度试验不合格，不做拒收依据。

3.5.1.2.3 650 ℃ 持久性能

3.5.1.2.3.1 光滑-缺口联合试样的轴向初始应力不小于 690 MPa，持续时间不小于 23 h，直至拉断，断裂应在光滑部位。公称直径或平行面间距不大于 127 mm 的产品，断后延伸率不小于 4%。

3.5.1.2.3.2 光滑、缺口独立试样,试样取自相邻位置,轴向初始应力不小于 690 MPa,试样断裂时间不得小于 23 h,断后延伸率应符合 3.5.1.2.3.1 的规定。缺口试样的断裂时间不应低于光滑试样的断裂时间,但可不拉断。

3.5.1.2.3.3 增载:按 3.5.1.2.3.1 和 3.5.1.2.3.2 试验达到 23 h 后,最少每隔 8 h 可增加载荷 34.5 MPa,断裂时间、断裂部位和要求的延伸率应符合 3.5.1.2.3.1 的要求。

3.5.2 锻坯

锻坯的性能在锻制试块上检查,试块按 3.4 和 3.5.1.2 进行热处理,取自热处理后试块的试样应符合 3.5.1.2.1、3.5.1.2.2 和 3.5.1.2.3 的要求。

3.5.3 闪光焊接环件用坯料或顶镦坯

按 3.4 和 3.5.1.2 热处理之后的试样应符合 3.5.1.2.1、3.5.1.2.2 和 3.5.1.2.3 的要求。

3.6 质量

3.6.1 同批次产品质量和工艺状态应一致,内部完好,无影响产品使用的外来物和有害缺陷。

3.6.2 除流线末端外,模锻件的晶粒应沿锻件外形流动,无涡流。

3.7 公差

棒材尺寸公差应符合 AMS 2261 的要求。

4 质量保证规定

4.1 检验的职责

供方应提供全部要求的试验结果,并对试验结果负责。产品符合本标准要求,需方可进行验证性试验。

4.2 组批原则

每批由同一规格或图号、同一投产批、同一炉号、同一热处理批的产品组成。

4.3 试验分类

4.3.1 验收试验

4.3.1.1 验收试验按炉/批进行。

4.3.1.2 每炉进行化学成分试验。

4.3.1.3 每批棒材、锻件和闪光焊接环固溶热处理后进行硬度和平均晶粒度试验。

4.3.1.4 每批棒材、锻件和闪光焊接环时效热处理后进行室温拉伸性能、硬度和持久性能试验。

4.3.1.5 每批锻件进行低倍组织检查。

4.3.1.6 每支棒材进行公差检查。

4.3.2 周期试验

4.3.2.1 周期试验按 4.3.2.2~4.3.2.5 要求进行。试验周期按需方规定,需方未规定试验周期时,供方可自行决定试验周期。

4.3.2.2 棒材、锻件和闪光焊接环时效处理之后的 650 ℃的高温拉伸性能。

4.3.2.3 棒材、锻件和闪光焊接环固溶和时效处理之后的室温拉伸性能、硬度和持久性能。

4.3.2.4 锻坯和闪光焊接环件用坯料或顶镦锻坯性能达到要求。

4.3.2.5 模锻件的晶粒流线。

4.4 抽样试验

4.4.1 棒材、闪光焊接环件和锻坯、闪光焊接环件用坯料或顶镦锻坯应符合 AMS 2371 的要求。

4.4.2 锻件应符合 AMS 2374 的要求。

4.5 重复试验

4.5.1 棒材、闪光焊接环件和锻坯、闪光焊接环件用坯料或顶镦锻坯应符合 AMS 2371 的要求。

4.5.2 锻件应符合 AMS 2374 的要求。

4.6 试验方法及检验要求

4.6.1 化学成分分析按 ASTM E354 中的湿法或光化学测定法进行，Pb、Bi、Se 按 ARP 1313 或需方批准的其他方法进行。检验要求按 3.1 执行。

4.6.2 硬度试验按 ASTM E10 或 ASTM E103 进行，检验要求按 3.5.1.1.1、3.5.1.2.2.2 执行。

4.6.3 平均晶粒度试验按 ASTM E112 中比较法进行，仲裁时采用截距法，检验要求按 3.5.1.1.2 执行。

4.6.4 低倍组织试验按 GB/T 14999.2 进行。检验要求按 3.6 执行。

4.6.5 显微组织试验按附录 A 进行，检验要求按 3.5.1.1.3 执行。

4.6.6 室温拉伸试验按 ASTM E8 或 ASTM E8M 进行。检验要求按 3.5.1.2.1.1 执行。

4.6.7 高温拉伸试验按 ASTM E21 进行。检验要求按 3.5.1.2.1.2 执行。

4.6.8 高温持久：缺口持久和光滑-缺口持久联合试验按 ASTM E292 进行；光滑持久按 ASTM E139 进行。检验要求按 3.5.1.2.3 执行。

4.6.9 外形尺寸采用适宜的测量工具进行。

5 交付条件

5.1 尺寸

不定尺轧制棒材的交货尺寸应为 1.8 m～7.3 m。长度在 1.8 m～2.7 m 的棒材不超过 25%；当棒材直径超过 75 mm 时，允许棒材长度小于 610 mm 交付。

5.2 标识

5.2.1 棒材应符合 AMS 2806 的要求。

5.2.2 锻件应符合 AMS 2808 的要求。

5.2.3 闪光焊环形件和锻件、顶镦件或闪光焊环形件的坯料：由供需双方商定。

5.3 包装

产品应按商业惯例装卸、包装和运输的有关规定进行包装，以保证安全运输。

6 拒收

下列产品应拒收：

　　a) 不符合本标准要求；

　　b)　不符合需方批准的修订条款。

7　采购订单及质量证明书

7.1　采购订单的一般规定

　　需方文件中应至少规定下列内容：

　　a)　本标准编号；

　　b)　所需产品的品种、尺寸或零件号；

　　c)　所需产品的数量。

7.2　质量证明书

7.2.1　每批交货的棒材、锻件和闪光焊接环件应附有质量证明书，其上应注明：

　　a)　合同号；

　　b)　炉号；

　　c)　批号；

　　d)　本标准编号；

　　e)　棒材尺寸和数量；

　　f)　锻件图号、尺寸；

　　g)　每炉的化学成分；

　　h)　按本标准、合同或协议规定的各项检验结果。

7.2.2　锻坯、闪光焊接环件用坯料和顶镦锻坯应附有质量证明书，其上应注明：

　　a)　合同号；

　　b)　炉号；

　　c)　本标准编号；

　　d)　尺寸和数量；

　　e)　每炉的化学成分。

附　录　A

（资料性附录）

Laves 相和针状相的检查方法

A.1　Laves 相检查方法

A.1.1　试样经机械抛光,腐蚀后进行检查。

A.1.2　腐蚀剂由下列两种溶液等量混合后稀释到 50%。

溶液 1:HNO₃　　　　20 mL

　　　　HCl　　　　　100 mL

　　　　FeCl₃　　　　7 g

　　　　CuCl₂　　　　5 g

　　　　H₂O　　　　　100 mL

溶液 2:HCl　　　　　120 mL

　　　　CuCl₂　　　　80 g

　　　　H₂O　　　　　100 mL

A.2　针状相检查方法

A.2.1　试样采用标准规定的固溶和时效处理,经机械抛光,腐蚀后进行检查。

A.2.2　试样在下列溶液中用 3 V~5 V 电压电解腐蚀。

　　　　HCl　　　　　100 mL

　　　　CH₃OH　　　100 mL

　　　　H₂O₂　　　　40 mL

ICS 77.140.85
J 32

中华人民共和国国家标准

GB/T 30567—2014

钢质精密热模锻件 工艺编制原则

Technological design principle for steel precision hot forgings

2014-05-06 发布

2014-12-01 实施

中华人民共和国国家质量监督检验检疫总局
中国国家标准化管理委员会 发布

前　言

本标准按照 GB/T 1.1—2009 给出的规则起草。

本标准由全国锻压标准化技术委员会(SAC/TC 74)提出并归口。

本标准起草单位:江苏太平洋精锻科技股份有限公司、江苏森威精锻有限公司、北京机电研究所、江苏飞船股份有限公司、广东省韶铸集团有限公司热精锻分厂。

本标准主要起草人:夏汉关、陶立平、徐祥龙、谢谈、赵红军、黄廷波、金红、黄泽培、魏巍、徐骥、周林、廖春惠。

钢质精密热模锻件 工艺编制原则

1 范围

本标准规定了钢质精密热模锻件(以下简称"热精锻件")的工艺编制原则。

本标准适用于采用高精度模具、专用模架及设备生产的、质量在 18 kg 以下且外径尺寸不大于 230 mm 的回转体热模锻件。

2 规范性引用文件

下列文件对于本文件的应用是必不可少的。凡是注日期的引用文件,仅注日期的版本适用于本文件。凡是不注日期的引用文件,其最新版本(包括所有的修改单)适用于本文件。

GB/T 699 优质碳素结构钢

GB/T 700 碳素结构钢

GB/T 1220 不锈钢棒

GB/T 2828.1 计数抽样检验程序 第1部分:按接收质量限(AQL)检索的逐批检验抽样计划

GB/T 3077 合金结构钢

GB/T 5216 保证淬透性结构钢

GB/T 12362 钢质模锻件 公差及机械加工余量

GB/T 29532 钢质精密热模锻件 通用技术条件

3 术语和定义

下列术语和定义适用于本文件。

3.1

钢质精密热模锻件 steel precision hot forgings

在热锻工艺温度范围内,通过高精度模具、专用模架及设备获得高尺寸精度,并满足质量公差要求的热模锻件。

4 编制原则

4.1 热精锻件锻件图的设计

4.1.1 根据产品图的尺寸、形状和位置公差以及表面质量确定热精锻件锻件图各部位尺寸及公差,其尺寸、形状和位置公差应符合 GB/T 29532 的相关规定。

4.1.2 热精锻件分模面应选择在热精锻件的最大投影面积处,并需考虑模膛易于充填、锻件易于出模和模具易于加工等。

4.1.3 热精锻件的模锻斜度、圆角半径、飞边厚度应符合 GB/T 29532 的相关规定。

4.1.4 热精锻件顶料杆压痕位置宜设计在加工面上。

4.2 主要工艺参数的确定

4.2.1 总则

4.2.1.1 热精锻件工序设计以锻件材料的热态变形抗力及流动应力为基础。

4.2.1.2 热精锻件工序设计应考虑锻件形状复杂程度、表面质量、尺寸精度、形状和位置公差、成形方式、变形程度、设备能力、模具寿命及生产成本等因素。

4.2.1.3 热精锻件采用多工位成形时首先安排易于去除氧化皮的工步,还应考虑前后工位的定位可靠、工件放入与取出、设备允许的偏载等因素。

4.2.1.4 热精锻件工序的流程设计应考虑整个制造流程,便于物料流转,尽可能采用锻后余热热处理工艺方案。热精锻件成形工艺的编制应考虑到模具的设计、制造、寿命、成本等因素。采用闭式锻造工艺成形时建议采用分流工艺以降低成形力及防止闷模。

4.2.1.5 变形和加热温度

4.2.1.5.1 变形温度应在再结晶温度以上的奥氏体区内。

4.2.1.5.2 单工位成形时,热精锻件始锻温度应尽可能接近下限;多工位成形时,热精锻件始锻温度应尽可能接近上限。

4.2.1.6 变形程度

4.2.1.6.1 多工位热精锻成形时,各工位的变形程度应尽量合理分配,避免最终累计变形程度在1%~15%大晶粒区内。

4.2.1.6.2 热精锻件由于各部位形状或终锻的温度不同,导致各部位的收缩率不尽相同,设计时应考虑不同部位的收缩率差异。

4.2.1.6.3 变形程度的选择应考虑热精锻的成形方式,开式锻造、闭式锻造等成形方式的许用变形量应区别对待。同时应考虑成形过程中冷却和润滑介质的影响。

4.2.1.7 变形力的计算原则

4.2.1.7.1 形状简单的锻件,通常采用诺模图或经验公式[式(1)]等计算各工序变形力。以下是选用热模锻压力机的经验公式:

$$P = kF \quad\quad\quad\quad\quad\quad\quad\quad\quad (1)$$

式中:

P ——变形力,单位为牛(N);

k ——平均变形抗力,单位为牛每平方毫米(N/mm²);开式热模锻,k 值为 500~700,闭式热模锻,k 值为 700~900;

F ——包括飞边桥部在内的锻件投影面积,单位为平方毫米(mm²)。

4.2.1.7.2 形状复杂的锻件,应采用数值模拟分析计算各工序变形力。

4.3 设备的选型原则

4.3.1 热精锻设备的力-行程曲线及能量应满足锻件成形的力-行程曲线及变形功的要求。

4.3.2 热精锻设备精度应符合 GB/T 29532 的相关规定。

4.3.3 热精锻设备的选型应考虑到坯料的变形速率及生产节拍。

4.3.4 热精锻设备选型应考虑到锻件的实际产量需求。

4.3.5 热精锻设备的选型还应考虑到多工位成形时,设备所要承受的各工位载荷、弹性变形量及允许的偏心载荷。

4.4 模架及模具的要求

4.4.1 模架应具有导向机构,其双边导向间隙宜控制在 0.15 mm~0.20 mm 之间。

4.4.2 模具的精度应满足热精锻件的尺寸、形状和位置公差等精度要求。

4.4.3 热精锻件的凸模、凹模应具有导向长度不小于 15 mm 的导向结构,双边配合间隙宜控制在 0.15 mm～0.30 mm 之间,以减小模具错差。

4.4.4 热精锻模具可进行氮化等表面处理,以减缓模具产生磨损、塌角、热疲劳等缺陷,提高热精锻件表面质量和模具寿命。

4.5 坯料制备

4.5.1 热精锻件坯料选用的原材料应符合 GB/T 699、GB/T 700 和 GB/T 3077、GB/T 5216、GB/T 1220 等标准的规定。

4.5.2 坯料形状的选择需考虑金属的流动以及锻造时可能产生的缺陷,并保证热精锻件锻造过程中各工位准确定位。

4.5.3 为保证热精锻件的最终质量,坯料应进行剥皮或磨削处理,以确保完全去除钢材表面轧制缺陷,控制坯料直径公差:±0.1 mm;长度公差:±0.1 mm。

4.5.4 选用闭式锻造工艺成形时应预先对坯料进行质量分选,坯料的质量公差应符合表 1 的规定。

表 1 坯料的质量公差

坯料的质量 kg	质量公差 %
≤0.5	1
>0.5～2	0.7
>2～6	0.4
>6～18	0.3

4.6 坯料加热

4.6.1 坯料加热推荐采用感应加热,且有温度检测和分选功能,必要时可加装气氛保护装置。

4.6.2 采用感应加热时,加热炉膛直径的选择要与加热坯料直径相匹配,避免炉膛直径过大造成严重氧化。

4.6.3 坯料加热速度、加热时间的设定要根据加热设备、坯料材质、坯料尺寸、锻造设备、生产节拍等因素综合考虑。以坯料的加热温度均衡达到始锻温度为前提,减少坯料心表温差和表层氧化、避免过热、过烧等缺陷。

4.6.4 坯料加热前应对坯料表面进行清理;坯料加热过程中,应防止氧化皮、熔渣等粘在坯料表面。

4.7 模具预热、冷却和润滑

4.7.1 根据模具材料的不同选择合适的预热温度,应避免加热过快,预热时间不少于 30 min。

4.7.2 成形过程中应对模具表面喷涂润滑剂,以充分冷却和润滑模具表面,避免模具早期磨损和失效。

4.7.3 润滑剂的选择应考虑成形方式、生产节拍、模具温度变化等因素。在热精锻工况下应具有良好的润滑性、冷却性、附着性和化学稳定性,润滑剂在使用过程中应易于清理且能够满足环保排放要求。

4.8 热精锻件的冷却和热处理

4.8.1 为减少热精锻件冷却过程中表面氧化,应采取有效的预防措施。

4.8.2 热精锻件热处理的要求应符合 GB/T 29532 中的相关规定。

4.9 热精锻件的要求

4.9.1 热精锻件表面氧化皮应予清理,表面清理建议采用抛丸或喷砂等方法。必要时,在抛丸或喷砂后应增加清洗、烘干、涂油等防锈措施。

4.9.2 热精锻件表面缺陷的深度应符合 GB/T 12362 的相关规定,非加工表面不允许存在折叠、裂纹等缺陷。

4.9.3 根据工艺验证确定热精锻件的表面质量、尺寸公差、形状和位置公差的要求,制定检验标准。

4.9.4 热精锻件的检验方法按 GB/T 29352 的相关要求执行。

4.9.5 热精锻件可按需进行抽检,抽检方法可按 GB/T 2828.1 的规定执行。

4.9.6 热精锻件在流转过程中应采取有效措施防止锻件碰撞,避免产生磕碰伤。

ICS 77.150.99
J 32

中华人民共和国国家标准

GB/T 30568—2014

锆及锆合金锻件

Zirconium and zirconium alloy forgings

2014-05-06 发布

2014-12-01 实施

中华人民共和国国家质量监督检验检疫总局
中国国家标准化管理委员会 发布

103

前　言

本标准按照 GB/T 1.1—2009 给出的规则起草。

本标准与 ASTM B493/B493M—2008e1《锆及锆合金锻件标准规范》相比,技术内容基本一致。

本标准由全国锻压标准化技术委员会(SAC/TC 74)提出并归口。

本标准起草单位:北京机电研究所、贵州安大航空锻造有限责任公司。

本标准主要起草人:金红、陈祖祥、魏志坚、周林、魏巍。

锆及锆合金锻件

1 范围

本标准规定了 R60702、R60704、R60705 三种锆及锆合金锻件的分类、订货信息、锻件制造、化学成分、工艺与质量、表面状态、拉伸性能、试验和重复试验、试验方法、检验、拒收、质量证明书、仲裁、锻件标识、包装标识等。

本标准适用于 R60702、R60704、R60705 三种材料的锆及锆合金锻件。

2 规范性引用文件

下列文件对于本文件的应用是必不可少的。凡是注日期的引用文件,仅注日期的版本适用于本文件。凡是不注日期的引用文件,其最新版本(包括所有的修改单)适用于本文件。

ASTM E8　金属材料拉伸试验方法(Test Methods for Tension Testing of Metallic Materials)

3 分类

锻件的材料牌号分为以下三种:
a) R60702:纯锆;
b) R60704:锆-锡合金;
c) R60705:锆-铌合金。

4 订货信息

适用本标准时,锻件的订单应包含下列信息:
a) 产品的重量和数量;
b) 材料名称(锆锻件);
c) 表面状态(第 8 章);
d) 尺寸(直径、厚度、长度、宽度或按照图纸的说明);
e) 本标准编号及发行年;
f) 材料牌号(第 3 章);
g) 如果需要,可以补充规范条例,但是不限于以下要求:产品标识(第 16 章)、成分分析(6.3)、检验(12.1)、内部质量(18.1)和表面质量(18.2)。

5 锻件制造

5.1　锻造设备可采用一般锻造黑色及有色金属的常规设备。

5.2　锻件热处理:退火。

6 化学成分

6.1 化学成分应符合表 1 的规定。

表 1 化学成分要求[a]   质量分数(%)

材料牌号	元素								
	Zr+Hf[b]	Hf	Fe+Cr	Sn	H	N	C	Nb	O
R60702	≥99.2	≤4.5	≤0.2	—	≤0.005	≤0.025	≤0.05	—	≤0.16
R60704	≥97.5	≤4.5	0.2~0.4	1.0~2.0	≤0.005	≤0.025	≤0.05	—	≤0.18
R60705	≥95.5	≤4.5	≤0.2	—	≤0.005	≤0.025	≤0.05	2.0~3.0	≤0.18

[a] 当供需双方同意时,化学成分可不按表中的要求。
[b] Zr 含量由 Hf 差异确定。

6.2 化学成分偏差应符合表 2 的要求。

表 2 化学成分允许偏差   质量分数(%)

元素	H	N	C	Hf	Fe+Cr	Sn	Nb	O
允许偏差	±0.002	±0.01	±0.01	±0.1	±0.025	±0.05	±0.05	±0.02

6.3 当需方要求、且在购货单上注明时,应对产品进行成分分析,应包括表 1 中所列的所有元素。如果成分分析数据在表 2 所规定的偏差范围内,则供方的成分分析结果视为有效。

7 表面质量

锻件表面的有害缺陷应清除,在尺寸公差范围内打磨清除,并光滑过渡。

8 表面状态

锻件的表面状态应符合下列之一:
a) 锻态;
b) 机械清理;
c) 机械清理+酸洗。

9 拉伸性能

锻件退火后的拉伸性能应符合表 3 的规定。

表 3 拉伸性能

材料牌号	R_m MPa	R_p MPa	A [a] %
R60702	≥380	≥205	≥16
R60704	≥415	≥240	≥14
R60705	≥485	≥380	≥16
[a] 当使用小试样时,标距长度应符合 ASTM E8 的规定。			

10 试验和重复试验的取样数量

10.1 取样数量

每批取两个拉伸试样进行试验。

10.2 H 和 N 含量试验

应对每批的最终产品进行 H 和 N 含量试验。

10.3 重复试验

10.3.1 当样品或试样上存在明显的表面污染或试样制备不合格时,需重新取替代试样。

10.3.2 当任一试验结果不合格时,应取双倍数量的试样进行复验,复验结果即使有一个试样不合格,该批锻件判为不合格。

11 试验方法

11.1 拉伸试验

拉伸试验方法按 ASTM E8 的要求进行,屈服强度按 0.2% 形变偏移法测定。在达到屈服强度之前,应变速率在 0.003 mm/mm/min～0.007 mm/mm/min 范围内,当超过屈服强度后,十字头的速度可达到 0.05 mm/mm/min 直至失效。

11.2 化学成分测量

化学成分测量按通用的方法进行。

12 检验

12.1 供方在包装前应按照本标准的要求对锻件进行检验。当合同或订单中注明时,需方及其代表可以在供方对锻件检验、试样制备及试验时进行监督。合同或订单应注明检验和试验项目,供方在检验和试验前通知需方,当需方及其代表不能在约定的时间参加检验,供方应将检验和试验推迟。

12.2 供方应为需方的检验人员提供免费的合适的工具,使需方的检验人员可以按本标准进行检验,并保证其检验不受干扰。

13 拒收和重新检验

对需方复验不符合本标准的锻件,可以拒收。拒收报告应通过书面形式发给供方或其代理商。当供需双方的检验和试验结果不一致时,可进行重新试验。

14 仲裁

如果供需双方对锻件的检验和试验结果不一致时,可进行第三方仲裁,以仲裁结果作为锻件是否符合本标准的依据。

15 质量证明书

供方应按批向需方提供质量证明书,内容包括按照本标准生产的锻件其生产、制样、试验和检验符合要求及相关试验结果。

16 产品标识

锻件标识的内容包括供方质量证明标志、本标准名称、材料牌号及批次。除非特别说明,当锻件质量超过 1 kg 时,锻件上应进行标识,锻件质量未超过 1 kg 时,宜标识在包装箱易辨识的位置或用金属标签牢固地系在每个锻件或锻件的包装上。

17 包装

锻件应置于合适的箱子内或固定在垫块上。

18 其他要求

18.1 锻件生产时应进行内部致密性检查,检验方法可用电子检查或 X 射线照相检查,具体采用的方法供需双方应在订单中确认。

18.2 表面质量应该符合供需双方签订的订单规定。

ICS 77.140.85
J 32

中华人民共和国国家标准

GB/T 30569—2014

直齿锥齿轮精密冷锻件　结构设计规范

Structural design specification for precision cold forging of straight bevel gear

2014-05-06 发布

2014-12-01 实施

中华人民共和国国家质量监督检验检疫总局
中国国家标准化管理委员会　发布

前　言

本标准按照 GB/T 1.1—2009 给出的规则起草。

本标准由全国锻压标准化技术委员会(SAC/TC 74)提出并归口。

本标准主要起草单位:江苏太平洋精锻科技股份有限公司、武汉理工大学、北京机电研究所。

本标准主要起草人:夏汉关、黄泽培、华林、金红、董义、谢谈、韩星会、周林、陶立平、张勇、魏巍。

直齿锥齿轮精密冷锻件 结构设计规范

1 范围

本标准规定了齿部为冷精密锻造成形的直齿锥齿轮锻件（以下简称"冷锻件"）的结构要素、尺寸标注及测量；并根据冷精锻工艺的特点，提出了冷精锻直齿锥齿轮的优化结构形式。

本标准适用于在压力机上，齿部最终采用精密冷锻工艺成形的直齿锥齿轮锻件，其大端端面模数≤10，齿部直径≤ϕ180 mm 的锻件。

2 规范性引用文件

下列文件对于本文件的应用是必不可少的。凡是注日期的引用文件，仅注日期的版本适用于本文件。凡是不注日期的引用文件，其最新版本（包括所有的修改单）适用于本文件。

GB/T 11365—1989 锥齿轮和准双曲面齿轮 精度

JB/T 4201—1999 直齿锥齿轮精密热锻件 技术条件

JB/T 9181—1999 直齿锥齿轮精密热锻件 结构设计规范

QC/T 270 汽车钢模锻造零件未注公差尺寸的极限偏差

3 术语和定义

下列术语和定义适用于本文件。

3.1

直齿锥齿轮精密冷锻件 precision cold forging of straight bevel gear

在室温环境下，齿部采用精密冷锻工艺成形得到的直齿锥齿轮冷锻件。其轮齿表面不再进行切削加工，精度不低于 GB/T 11365—1989 所规定的 8 级。

4 结构要素

4.1 分模面

冷锻件的分模面，是一个垂直于轴心线，且包含冷锻件最大直径（如图 1）或大端齿根（如图 2）的一个平面。

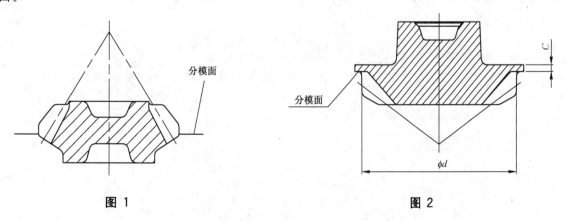

图 1 图 2

4.2 模锻斜度及其公差

冷锻件的内外模锻斜度及其公差,按 JB/T 4201—1999 中 4.3.3 的规定。

4.3 圆角半径及其公差

冷锻件上的圆角半径及其公差,按 JB/T 4201—1999 中 4.3.2 的规定。

4.4 未注锻造尺寸及公差

未注锻造尺寸及公差按 QC/T 270 标准执行。

4.5 飞边或倒角

冷锻件的齿根分模面上,各齿间有飞边相连,呈伞状或齿状,其厚度 C 不应小于 1.0 mm(图2)。

切除飞边后的精锻件,背锥面上具有一个与分模面垂直的倒角(图3)。其切边倒带宽度 h 要求为 0.5 mm~2.0 mm。

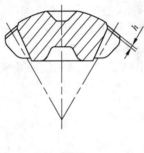

图 3

4.6 盲孔或冲孔

4.6.1 盲孔

盲孔呈截锥体,分单向盲孔(图2)和双向盲孔(图4)两种。盲孔深度 h_1 不应大于截锥体大端直径 D_1 的 0.7 倍。

双向盲孔间的厚度 t_1,不小于 4.0 mm。

4.6.2 冲孔

冲孔直径 D 不小于 15.0 mm(图5)。

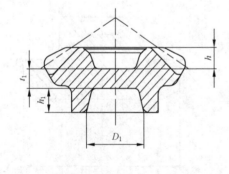

图 4

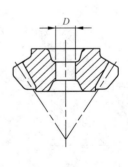

图 5

4.7 标识

根据需要,应在冷锻件齿端面或齿槽内锻出凸起或凹陷标识,标识为公司标志、用户标志或零件图号、代号以及模号等,字体及大小按供需双方协商确定。如可标识区域过小,可与需方协商,采用凸点或凹点标识。应注意使零件待加工表面及齿面不受变形损伤,并保证标志在冷锻件的整个使用期间保持完整,经协商也可采用不标识的方案。

5 冷锻件的尺寸公差和机械加工余量

冷锻件的尺寸公差和机械加工余量,按 JB/T 4201—1999 中 4.2 和 4.3 的规定。

6 冷锻件尺寸的标注及测量

6.1 一般要求

冷锻件尺寸的标注及测量,按 JB/T 9181—1999 中 6.1,6.2.1,6.2.2 的规定,对于锥齿轮大外圆直径 ϕd(图 2),若为偶数齿,其齿顶圆直径可用外径量具直接测量。若为奇数齿,采用三坐标测量仪、奇数沟千分尺测量,或采用齿模定位用样件比较法测量,公差较大的采用极限环规检测。

6.2 冷锻件机械加工余量的测量

冷锻件机械加工余量,应以轮齿为基准进行测量。

6.3 冷锻件齿轮传动精度的测量

冷锻件齿轮传动精度的测量,可以轮齿定位,切削加工出测量基准后进行。

7 冷锻件的优化结构

7.1 垂直倒角结构

按 4.5 的规定,在冷锻件的背锥面上设计出垂直于分模面的倒角,即成为垂直倒角结构。具有背锥面的非端面封闭结构的精锻齿轮,均应采用这种结构。

7.2 齿廓修形和齿向修形结构

冷锻件在成批生产中,可采用齿廓修形和齿向修形结构。

7.3 无前锥面结构

在冷锻件的结构设计中,应尽量采用无前锥面的结构型式(图 2)。

7.4 齿端平面带平台或斜面结构

齿端平面带平台或斜面结构,有利于增加齿轮轴端长度及金属流动(图 6)。

7.5 大端齿根带斜角结构

大端齿根带斜角结构,有利于齿轮大端齿槽处金属流动,提高模具寿命(图 7)。

图 6　　　　　　　　　　　　　　　　图 7

7.6　齿小端带凸台结构

齿小端带凸台结构,有利于冷挤压成形时齿部的金属流动,提高模具寿命,避免拉毛等缺陷(图 8)。

7.7　大外圆带腰鼓形结构

大外圆带腰鼓形结构,利用闭塞冷挤压成形的特点,大外圆自由流动形成腰鼓形,该种成形方案无飞边,省去了车飞边工序,提高了原材料利用率(图 8)。

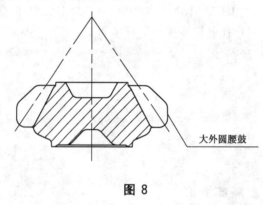

图 8

7.8　齿部半封闭结构

齿部半封闭结构,有利于结构优化,并增强了轮齿部位的疲劳强度(图 9)。

7.9　无背锥结构

外形接近扁球形或接近柱锥状或端面定位的冷锻件,适宜采用这种无背锥结构(图 9)。

7.10　齿大外圆带台阶凸肩结构

齿大外圆带台阶凸肩结构,可以确保定位面直径尺寸的加宽设计,又解决了切齿加工时无法退刀的问题(图 10)。

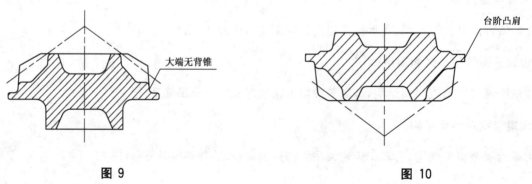

图 9　　　　　　　　　　　　　　　　图 10

GB/T 30569—2014

7.11 大压力角结构

采用锻造工艺,可加工 25°以上大压力角结构的齿轮,大压力角齿轮齿槽宽度非常窄,如用切齿工艺因刀顶宽很小,刀具使用寿命很低,改用锻造工艺,在保证齿轮强度的基础上,又提高了生产效率。

7.12 不对称齿形结构

采用冷精锻工艺,可以完成切齿工艺无法完成的双面压力角不对称齿廓单向传动结构,并使批量生产成为可能,不对称齿廓示例见图 11 中的 A 或 B。

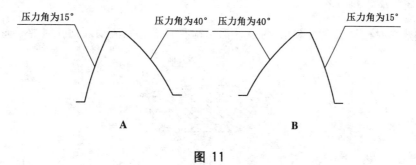

图 11

7.13 齿端带花键槽形结构

齿端设计槽形结构,槽形结构可通过锻造成形实现,通过该结构可以限制冷锻件相对花键轴的相对运动,确保传动的可靠性(图 12)。

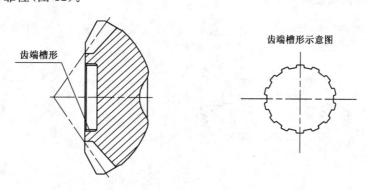

图 12

7.14 冷锻件齿小端长凸台结构

由于差速器壳体结构限制,为避免卡簧脱落问题的发生,齿端需设计内止口,由于配对壳体轴颈长度限制,冷锻件轴端长度无法增加,此时可通过齿小端增加长凸台结构,满足既增加内止口,同时内花键有效长度又能满足使用要求(图 13)。

7.15 冷锻件球面带凸台结构

为改善带球面冷锻件安装时无外圆导向问题,设计带凸台球面结构,解决了装配时径向支撑问题(图 14)。

115

图 13   图 14

7.16 冷锻件球面带反球面结构

带球面结构成形时机加工余量较小,带反球面结构有利于金属流动及钻孔时的导向作用(图 15)。

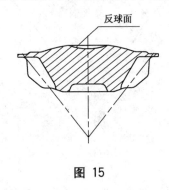

图 15

7.17 冷锻件端面带油槽或齿槽形结构

冷锻件端面带油槽或齿槽形结构,可通过锻造方法直接成形,有利于工作过程中定位面的充分润滑(图 16)。

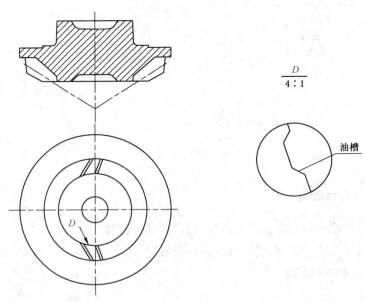

图 16

7.18 冷锻件带前锥结构

对于大模数锥齿轮,根据需要可以设计成带前锥面结构,并可在锻造时直接成形(图 17)。

7.19 冷锻件定位面前置结构

根据特殊应用场合,冷锻件可设计成定位面前置结构(图18)。

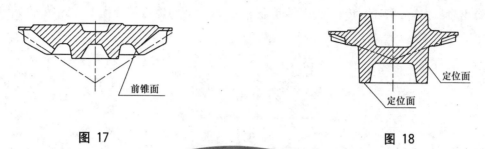

图 17　　　　　　　　　　图 18

7.20 冷锻件带长轴结构

冷锻件可通过带长轴结构满足装配设计的一些特别要求(图19)。

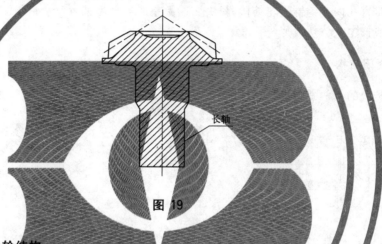

图 19

7.21 防滑差速器锥齿轮结构

冷锻件外圆上锻出半圆弧槽,与差速器壳体上的半圆弧槽通过圆柱固定,解决了差速器冷锻件与壳体在使用过程中的相对运转问题(图20)。

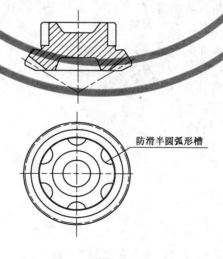

图 20

7.22 内锥齿轮啮合结构

直齿渐开线内锥齿轮传动通过内锥齿轮与外锥齿轮啮合,兼有锥齿轮传动和内啮合传动的综合性能,具有啮合重合度大,可实现大传动比传动,承载能力高,齿侧间隙可调等优点,内锥齿轮见图21。

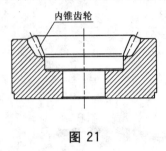

图 21

7.23 带盲孔冷锻件结构

通过设计带盲孔内花键锥齿轮结构,解决变速箱差速器直齿锥齿轮密封漏油问题,盲孔内花键通过金属轴向挤压成形工艺方法成形(图22)。

7.24 背锥全封闭结构

通过改变传统的开放式背锥结构,省去了车背锥及切边工序,提高了锥齿轮大端的强度(图23)。

图 22   **图 23**

7.25 带边槽锥齿轮结构

冷锻件边缘的半圆槽与锥齿轮齿数相同,交错排列,通过压配后固定,形成防转动机构(图24)。

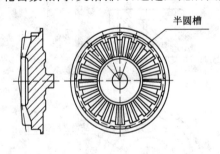

图 24

7.26 齿根过渡曲线优化

冷锻件齿根过渡曲线可由二阶曲线优化为双圆弧结构(图25A)或单圆弧结构(图25B),简化了锥齿轮齿根形状的三维造型。

图 25

7.27 柄部带外花键结构

通过设计柄部带外花键的冷锻件结构,实现了外花键与直齿锥齿轮的一体化成形设计,外花键可以通过塑性成形的方法实现,使设计结构紧凑,节省空间。

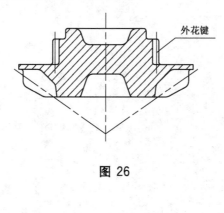

图 26

ICS 25.020
J 32

中华人民共和国国家标准

GB/T 30570—2014

金属冷冲压件 结构要素

Structural main factors of sheet metal stamping parts

2014-05-06 发布   2014-12-01 实施

中华人民共和国国家质量监督检验检疫总局
中国国家标准化管理委员会   发布

前　　言

本标准按照 GB/T 1.1—2009 给出的规则起草。

本标准由全国锻压标准化技术委员会(SAC/TC 74)提出并归口。

本标准主要起草单位：上海交通大学、扬州广菱电子有限公司、北京机电研究所。

本标准主要起草人：庄新村、赵震、王新湧、谢谈、向华、周林、陈文敬。

金属冷冲压件　结构要素

1　范围

本标准规定了金属冷冲裁、弯曲、拉深和翻孔件的结构要素及常用工艺限制数据。

本标准适用于一般结构的冷冲压件。

本标准不适用于特殊结构的冷冲压件和精密冲裁件。

2　规范性引用文件

下列文件对于本文件的应用是必不可少的。凡是注日期的引用文件,仅注日期的版本适用于本文件。凡是不注日期的引用文件,其最新版本(包括所有的修改单)适用于本文件。

JB/T 5109—2001　金属板料压弯工艺设计规范

3　金属冷冲压件结构要素

3.1　一般原则

3.1.1　冷冲压件设计应合理,形状要尽量简单、规则和对称,以节省原材料,减少制造工序,提高模具寿命,降低工件成本。

3.1.2　形状复杂的冷冲压件可考虑分成数个简单的冲压件再用连接方法制成。

3.1.3　本标准给出的结构尺寸限制是根据工件质量和经济效益确定的。

3.2　冲裁件结构要素

3.2.1　圆角半径

采用模具一次冲制完成的冲裁件,其外形和内孔应避免尖锐的清角,宜有适当的圆角。一般圆角半径 R 应大于或等于板厚 t 的 0.5 倍,即 $R \geqslant 0.5t$(见图1)。

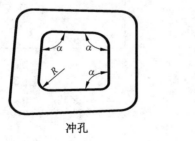
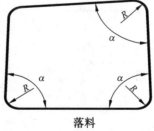

冲孔　　　　　　　　　落料

图 1

3.2.2　冲孔尺寸

优先选用圆形。冲孔的最小尺寸与孔的形状、材料力学性能和材料厚度 t 有关,无保护套凸模冲孔的直径 d 或边宽 a 按表1的规定。

表 1 自由凸模冲孔直径 d 或边宽 a 的参考值

材料	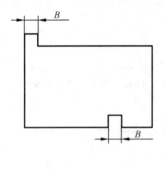 ○ d	□ a, a	□ a, b	○ a, b
钢(R_m>690 MPa)	$d \geqslant 1.5t$	$a \geqslant 1.35t$	$a \geqslant 1.2t$	$a \geqslant 1.1t$
钢(490<R_m≤690 MPa)	$d \geqslant 1.3t$	$a \geqslant 1.2t$	$a \geqslant 1.0t$	$a \geqslant 0.9t$
钢(R_m≤490 MPa)	$d \geqslant 1.0t$	$a \geqslant 0.9t$	$a \geqslant 0.8t$	$a \geqslant 0.7t$
黄铜、铜	$d \geqslant 0.9t$	$a \geqslant 0.8t$	$a \geqslant 0.7t$	$a \geqslant 0.6t$
铝、锌	$d \geqslant 0.8t$	$a \geqslant 0.7t$	$a \geqslant 0.6t$	$a \geqslant 0.5t$

3.2.3 凸出凹入尺寸

冲裁件上应避免窄长的悬臂和凸槽(见图2)。一般凸出和凹入部分的宽度 B 应大于或等于板厚 t 的 1.5 倍,即 $B \geqslant 1.5t$。对高碳钢、合金钢等较硬材料允许值应增加 30%~50%,对黄铜、铝等软材料应减少 20%~25%。

3.2.4 孔边距和孔间距

孔边距 A 应大于或等于板厚 t 的 1.5 倍,即 $A \geqslant 1.5t$(见图3);

孔间距 B 应大于或等于板厚 t 的 1.5 倍,即 $B \geqslant 1.5t$(见图3)。

如采用分工序冲孔或采用连续模冲制,其值可适当减小。

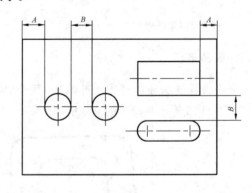

图 2　　　　　　　　　　　　　图 3

3.3 弯曲件结构要素

3.3.1 一般规定

弯曲件在弯曲变形区截面会产生变化,弯曲半径与板厚之比愈小,截面形状变化愈大。

弯曲件的弯曲线宜垂直于轧制方向。弯曲毛坯的光亮带宜作为弯曲件的外沿,以避免外层的拉裂。

弯曲成形时会产生回弹现象,弯曲半径与板厚之比愈大,回弹愈大。

3.3.2 弯曲半径

弯曲半径的标注:弯曲件的弯曲半径 r 标注在内半径上。

弯曲件的弯曲半径应选择适当,不宜过大或过小。常用材料的最小弯曲半径参照 JB/T 5109—2001 中的表 1 选用。

3.3.3 弯曲件直边高度

弯曲直角时,弯曲件直边高度 h 应大于弯曲半径 r 加上板厚 t 的 2 倍(见图 4),即 $h > r + 2t$。

3.3.4 弯曲件孔边距

弯曲件上孔的边缘离弯曲变形区宜有一定距离,以免孔的形状因弯曲而变形。最小孔边距 $L = r + 2t$,(见图 5)。

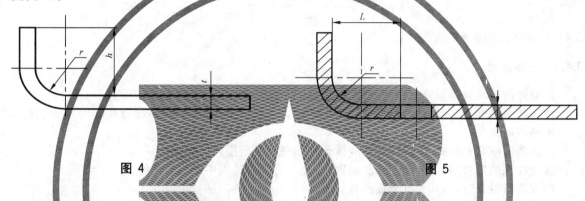

图 4   图 5

3.3.5 其他规定

弯曲件的弯曲线不应位于尺寸突变的位置,离突变处的距离 l 应大于弯曲半径 r,即 $l > r$(见图 6);或切槽或冲工艺孔,将变形区与不变形区分开(见图 7)。

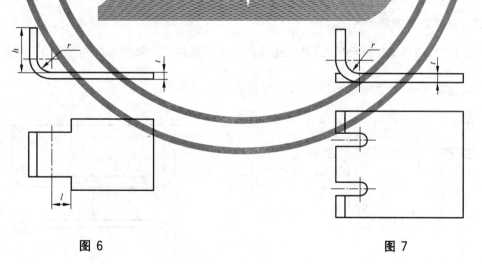

图 6   图 7

3.3.6 工艺切口

直角弯曲件或厚板小圆角弯曲件,为防止弯曲区宽度变化,推荐预先冲制切口(见图 8)。

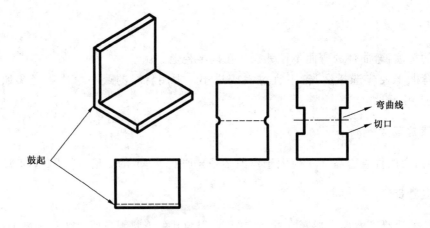

图 8

3.4 拉深件结构要素

3.4.1 一般规定

拉深件的形状应尽量简单、对称。

拉深件各处受力不同,使拉深后厚度发生变化。一般底部厚度不变,底部与壁间圆角处变薄,口部和凸缘处变厚。

拉深件侧壁宜允许有工艺斜度,但应保证一端在公差范围内。

多次拉深的零件,其内外壁上或凸缘表面,允许有拉深过程中产生的印痕。

在无凸缘拉深时,端部允许形成凸耳。

3.4.2 圆筒形拉深件圆角半径

底部圆角半径 r_1 应选择适当,一般为板厚 t 的 $3\sim5$ 倍。凸缘圆角半径 r_2 应选择适当,一般为板厚 t 的 $5\sim8$ 倍(见图9)。

3.4.3 矩形拉深件壁部圆角半径

矩形件拉深时,四角部变形程度大,角的底部容易出现裂纹。一般壁部圆角半径 r_3 应大于或等于板厚 t 的 6 倍(见图10)。

便于一次拉深成形,要求圆角半径 r_3 大于工件高度 h 的 15%。

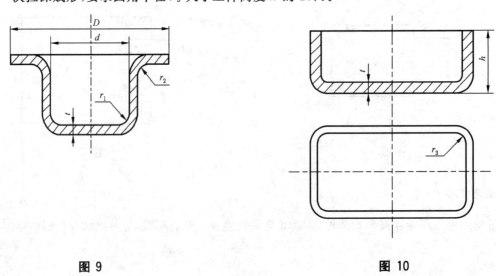

图 9   图 10

3.5 翻孔件结构要素

翻孔件的翻边系数应不小于所用材料的极限翻边系数。

对于螺纹孔的翻边只适用于 M6 以下(含 M6)的螺孔。

螺纹预翻孔的高度 $h=(2\sim2.5)t$。

螺纹预翻孔的外径 $d_1=d+1.3t$(见图 11)。

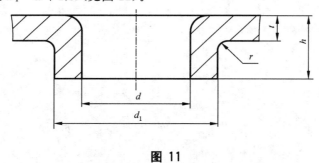

图 11

ICS 25.020
J 32

中华人民共和国国家标准

GB/T 30571—2014

金属冷冲压件 通用技术条件

General specifications of sheet metal stamping parts

2014-05-06 发布

2014-12-01 实施

中华人民共和国国家质量监督检验检疫总局
中国国家标准化管理委员会 发布

前　言

本标准按照 GB/T 1.1—2009 给出的规则起草。

本标准由全国锻压标准化技术委员会(SAC/TC 74)提出并归口。

本标准主要起草单位:上海交通大学、扬州广菱电子有限公司、北京机电研究所。

本标准主要起草人:赵震、庄新村、王新湧、金红、向华、魏巍、陈文敬。

金属冷冲压件 通用技术条件

1 范围

本标准规定了金属冷冲压件的要求、检验项目、验收方法和交付条件。

本标准适用于采用冷冲压方法生产的板料厚度大于 0.1 mm 的金属冷冲压件。型材和管材的冲压件可参照此标准。

本标准不适用于采用精密冲裁方法生产的冲压件。

2 规范性引用文件

下列文件对于本文件的应用是必不可少的。凡是注日期的引用文件,仅注日期的版本适用于本文件。凡是不注日期的引用文件,其最新版本(包括所有的修改单)适用于本文件。

GB/T 228.1 金属材料 拉伸试验 第 1 部分:室温试验方法

GB/T 230.1 金属材料 洛氏硬度试验 第 1 部分:试验方法(A、B、C、D、E、F、G、H、K、N、T 标尺)

GB/T 710 优质碳素结构钢热轧薄钢板和钢带

GB/T 716 碳素结构钢冷轧钢带

GB/T 2040 铜及铜合金板材

GB/T 2521 冷轧取向和无取向电工钢带(片)

GB/T 2828.1 计数抽样检验程序 第 1 部分:按接收质量限(AQL)检索的逐批检验抽样计划

GB/T 3280 不锈钢冷轧钢板和钢带

GB/T 6892 一般工业用铝及铝合金挤压型材

GB/T 15055 冲压件未注公差尺寸极限偏差

GB/T 15825(所有部分) 金属薄板成形性能与试验方法

GB/T 16743 冲裁间隙

GB/T 30570 金属冷冲压件 结构要素

JB/T 4129 冲压件毛刺高度

JB/T 4381 冲压剪切下料 未注公差尺寸的极限偏差

3 要求

3.1 原材料

3.1.1 冲压件所选用的原材料应符合冲压件图样及 GB/T 710、GB/T 716、GB/T 2521、GB/T 6892、GB/T 2040 及 GB/T 3280 的规定,亦可采用冲压件生产企业与顾客双方商定的材料。

3.1.2 冲压件的原材料应有质量保证书,保证材料符合规定的技术要求。冲压件生产企业可按需进行复验,复验的主要项目和内容包括:

    a) 外观检验。检验材料表面缺陷、污痕、外廓尺寸、形状和厚度以及表面粗糙度。

    b) 化学分析、金相检验。分析材料中化学元素的含量;判定材料晶粒度级别和均匀程度;评定材料中游离渗碳体、带状组织和非金属夹杂物的级别;检查材料缩孔、疏松等缺陷。

c) 力学性能检验。检验材料的抗拉强度、屈服强度、屈强比、断后伸长率、断面收缩率及洛氏硬度等。材料拉伸试验按 GB/T 228.1 进行,洛氏硬度试验按 GB/T 230.1 进行。

d) 成形性能试验。可按需对材料进行拉深与拉深载荷试验、扩孔试验、弯曲试验、锥杯试验、凸耳试验以及测定成形极限图。试验方法可按 GB/T 15825 的规定进行。

e) 其他性能要求测定。对材料的电磁性能和对镀层、涂层的附着能力等的测定。

3.2 形状和尺寸

冲压件的形状和尺寸应符合冲压件图样和技术文件的规定。

冲压件的形状和尺寸应注意到工艺限制,设计时应遵循 GB/T 30570 规定的准则。

冲压件的形状和尺寸公差应符合 JB/T 4381 和 GB/T 15055 的规定。

3.3 表面质量

除冲切面外,冲压件表面状况要求与所用的板料一致。冲压件成形过程中产生的表面拉伸纹路、不平度以及滑移线等缺陷根据产品要求由供需双方协商确定。

3.4 毛刺

冲压件毛刺允许高度按 JB/T 4129 的规定。如果不允许有毛刺,则应在后续工序中去除。

3.5 冲切面

冲切面的状况一般不作规定。根据冲裁件的不同要求按 GB/T 16743 选择合理的冲裁间隙值。当需要减小冲切面的塌角和倾斜,消除撕裂和提高平滑程度时,应在技术文件中予以规定,并采用相应的工艺方法予以解决。

3.6 热处理、供货状态

冲压件在冲压成形和焊接后,如要求消除冷作硬化、降低内应力或达到一定力学性能时,应规定热处理供货状态,如去应力退火、正火、调质等。

在规定冲压件的供货状态时,应注意由于冲压成形时材料的冷作硬化,可能出现冲压件的强度超过原材料强度极限值的情况。

4 检验项目和验收方法

4.1 检验项目

4.1.1 冲压件应由质检部门按冲压件图样和技术文件检查。应附有产品质量合格证书方能出厂。

4.1.2 冲压件检验项目包括一般检验和补充检验:

a) 一般检验

指根据冲压件图样和技术文件的规定,对冲压件进行外观检验和尺寸检验。一般检验可按技术文件要求或采用标准样件作为对照判定的依据。

外观检验可用手感、目测、光照反射、粗糙度仪检验等方法对冲压件的外观质量进行检验。

尺寸检验可采用专用检具、影像测量仪、三坐标测量机等设备进行检验。

b) 补充检验

补充检验指一般检验以外的检验,包括硬度检验、磁性裂纹检验、荧光探伤、X 光探伤、电子探针检验、超声波检验等。检验的种类、范围和检验方法由供需双方商定。

4.2 验收方法

可按需进行全检或抽检。抽样方法可按 GB/T 2828.1 的规定执行。

5 交付条件

5.1 冲压件一般不作标记,特殊情况下供需双方对标记可作商定。

5.2 每批冲压件供货时应有合格证,其主要内容为:
   a) 冲压件名称、冲压件零件号;
   b) 材料牌号、冲压件数量、出厂日期;
   c) 生产批次号;
   d) 质量检验及合格标记;
   e) 对特殊要求进行补充检验的结论;
   f) 制造企业名称。

5.3 冲压件的防锈、包装、运输,应由供需双方在订货协议或合同中注明。

ICS 25.010
J 32

中华人民共和国国家标准

GB/T 30572—2014

精密冲裁件 工艺编制原则

Fine blanked parts—Compiling rules of processes

2014-05-06 发布

2014-12-01 实施

中华人民共和国国家质量监督检验检疫总局
中国国家标准化管理委员会 发布

前　言

本标准按照 GB/T 1.1—2009 给出的规则起草。

本标准由全国锻压标准化技术委员会(SAC/TC 74)提出并归口。

本标准负责起草单位:北京机电研究所。

本标准主要起草人:杜贵江、赵彦启、彭群。

精密冲裁件　工艺编制原则

1　范围

本标准规定了金属强力压边精密冲裁件(以下简称"精冲件")的工艺编制原则。

本标准适用于采用强力压边精冲方法生产的金属精冲件。

2　规范性引用文件

下列文件对于本文件的应用是必不可少的。凡是注日期的引用文件,仅注日期的版本适用于本文件。凡是不注日期的引用文件,其最新版本(包括所有的修改单)适用于本文件。

GB/T 30573　精密冲裁件　通用技术条件

JB/T 9175.1　精密冲裁件　结构工艺性

JB/T 9175.2　精密冲裁件　质量

3　工艺规程的编制

3.1　编制工艺的必要条件

3.1.1　精冲件结构工艺性应符合 JB/T 9175.1 的规定。

3.1.2　精冲设备应具有提供冲裁力、压边力和反压力的功能,应满足精冲所需的刚性和精度要求。

3.2　工艺规程编制内容

精冲件工艺规程的编制应包括备料、精冲、去毛刺以及其他后续工序工艺过程的编制。

3.3　常用工艺文件

常用工艺文件包括：

——精冲件图样；

——备料卡；

——精冲工艺参数卡；

——精冲工艺流程卡；

——精冲模具安装、调整规范；

——精冲工艺操作规范；

——精冲工序能力报告单。

4　工艺方案的确定

4.1　精冲件图样的绘制

精冲件图样是编制精冲工艺规范、设计精冲模具、选择精冲设备以及制定后续加工工艺的依据,同时也是精冲件验收的技术文件。图样的绘制应符合以下规定：

——结构工艺性应符合 JB/T 9175.1 的规定；

——质量标注应符合 JB/T 9175.2 的规定；

——在图样中对冲裁方向、纤维方向、塌角面、毛刺面等内容无法表示或不便表示时，可用文字说明。

4.2 精冲材料的选择

4.2.1 优先采用卷料或长条料，尽量避免采用单件坯料。

4.2.2 应根据精冲件质量等级要求选择与之相适用的材料组织，尽量避免在备料时进行球化退火。

4.2.3 材料应符合 GB/T 30573 的规定。

4.3 排样的确定

4.3.1 如果精冲件有纤维方向的要求，则排样应按照纤维方向进行冲裁。如果精冲件无纤维方向的要求，则排样应在保证工艺过程需要和精冲件剪切面质量的前提下使废料最少。

4.3.2 对于外形各部分剪切面质量有不同要求时，排样时应将质量要求高的部分放在进料侧，使精冲时该部分剪切变形区受到充分的约束，如图 1 所示。

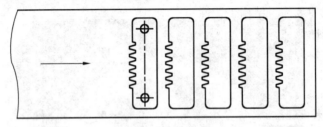

图 1 排样

4.4 搭边的确定

精冲时由于采用了 V 形齿环压边，搭边的宽度比普通冲裁要大。搭边越大，对精冲件剪切面质量越有利，但同时使材料利用率降低，图 2 给出的是精冲件所需的搭边最小值参考范围。

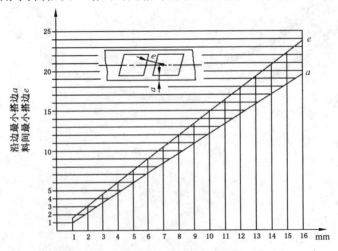

图 2 搭边

对于塑性较差的材料或精冲件外形轮廓剪切面质量要求较高时，可适当加大。

4.5 后续工序的确定

4.5.1 精冲件是高精度的冲裁件,其中的多数可直接装配使用,对于少数达不到或由于精冲结构工艺性需要而加有余量或余块的精冲件,需进行后续加工。

4.5.2 去毛刺是精冲件完成精冲的后续工序。

4.5.3 尽量避免对精冲件进行整体淬火,以防变形。如果需要淬火,应采用变形小的工艺方法;精冲件的剪切面有硬度要求时,推荐采用变形硬化程度高的材料,利用精冲剪切区大塑性变形达到硬度要求。

5 精冲工艺力的计算

5.1 冲裁力 F_1

冲裁力 F_1 按式(1)计算:

$$F_1 = 0.9 L_t t R_m \qquad\qquad\cdots\cdots\cdots\cdots\cdots\cdots(1)$$

式中:

L_t ——精冲件各内、外剪切周边总长度,单位为毫米(mm);

t ——材料厚度,单位为毫米(mm);

R_m ——材料的抗拉强度,单位为兆帕(MPa)。

5.2 压边力 F_2

压边力 F_2 按式(2)计算:

$$F_2 = 4 L_R h R_m \qquad\qquad\cdots\cdots\cdots\cdots\cdots\cdots(2)$$

式中:

L_R ——压边圈 V 形齿环周边长度,单位为毫米(mm);

h ——压边圈 V 形齿环高度,单位为毫米(mm);

R_m ——材料的抗拉强度,单位为兆帕(MPa)。

压边力也可按经验公式(3)计算:

$$F_2 = (0.20 \sim 0.50)F_1 \qquad\qquad\cdots\cdots\cdots\cdots\cdots\cdots(3)$$

5.3 反压力 F_3

反压力 F_3 按经验公式(4)计算:

$$F_3 = (0.10 \sim 0.20)F_1 \qquad\qquad\cdots\cdots\cdots\cdots\cdots\cdots(4)$$

5.4 总压力 F_t

总压力 F_t 按式(5)计算:

$$F_t = F_1 + F'_2 + F_3 \qquad\qquad\cdots\cdots\cdots\cdots\cdots\cdots(5)$$

式中:

F_1 ——冲裁力,单位为牛(N);

F'_2 ——V 形齿环压边保压力,单位为牛(N);一般取 $F'_2 = (0.3 \sim 0.5)F_2$。在压边系统中没有自动卸压保压装置时,取 $F'_2 = F_2$;

F_3 ——反压力,单位为牛(N)。

6 精冲模具结构设计和精冲设备的选择

6.1 精冲模具结构设计

6.1.1 小尺寸的精冲件优先选用活动凸模式模具结构。

6.1.2 大、中型或窄长的、外形复杂的、不对称的精冲件,内孔较多的精冲件和冲压力较大的厚板精冲件,应选用固定凸模式模具结构。

6.1.3 对于带有压扁、压沉孔、弯曲等精冲复合工艺或当采用复合模致使凸凹模的强度太弱时,优先采用连续模。在批量不大时也可采用多工序单工位模具。

6.2 精冲设备的选择

6.2.1 应优先采用精冲压力机。在没有精冲压力机或生产批量不大时,也可采用通用液压机或机械压力机附加压边和反压系统装置。

6.2.2 根据精冲工艺力的计算数据来选择精冲设备的公称压力和进行各工艺力的调整。精冲设备的公称压力应大于总压力 F_t,当采用通用机械压力机作为精冲设备时,其公称压力应大于 $1.3F_t$。

6.2.3 在保证精冲件质量的前提下,尽量选用小的压边力和反压力。

ICS 25.010
J 32

中华人民共和国国家标准

GB/T 30573—2014

精密冲裁件 通用技术条件

Fine blanked parts—General technical requirements

2014-05-06 发布

2014-12-01 实施

中华人民共和国国家质量监督检验检疫总局
中国国家标准化管理委员会 发布

前　言

本标准按照 GB/T 1.1—2009 给出的规则起草。

本标准由全国锻压标准化技术委员会(SAC/TC 74)提出并归口。

本标准负责起草单位:北京机电研究所。

本标准主要起草人:彭群、赵彦启、杜贵江。

精密冲裁件　通用技术条件

1　范围

本标准规定了精密冲裁件(以下简称"精冲件")的要求,试验方法,检验规则,标志、包装与运输。
本标准适用于采用强力压边精冲方法生产的金属精冲件。

2　规范性引用文件

下列文件对于本文件的应用是必不可少的。凡是注日期的引用文件,仅注日期的版本适用于本文件。凡是不注日期的引用文件,其最新版本(包括所有的修改单)适用于本文件。

GB/T 223(所有部分)　钢铁及合金化学分析方法

GB/T 228.1　金属材料　拉伸试验　第1部分:室温试验方法

GB/T 230(所有部分)　金属材料　洛氏硬度试验

GB/T 231(所有部分)　金属材料　布氏硬度试验

GB/T 247　钢板和钢带包装、标志及质量证明书的一般规定

GB/T 699　优质碳素结构钢

GB/T 710　优质碳素结构钢热轧薄钢板和钢带

GB/T 711　优质碳素结构钢热轧厚钢板和钢带

GB/T 1031—2009　产品几何技术规范(GPS)　表面结构　轮廓法　表面粗糙度参数及其数值

GB/T 1800.2—2009　产品几何技术规范(GPS)　极限与配合　第2部分:标准公差等级和孔、轴极限偏差表

GB/T 2828(所有部分)　计数抽样检验程序

GB/T 2829　周期检验计数抽样程序及表(适用于对过程稳定性的检验)

GB/T 2975　钢及钢产品　力学性能试验取样位置及试样制备

GB/T 3077　合金结构钢

GB/T 6892　一般工业用铝及铝合金挤压型材

JB/T 9175.1　精密冲裁件 结构工艺性

JB/T 9175.2—1999　精密冲裁件　质量

GB/T 13298　金属显微组织检验方法

GB/T 13915　冲压件角度公差

GB/T 16923　钢件的正火与退火

GB/T 20975(所有部分)　铝及铝合金化学分析方法

3　要求

3.1　订货条件

3.1.1　需方应提供零件图样和精冲件图样。如只提供零件图样,可由供方按JB/T 9175.1的规定绘制成双方认可的精冲件图样。

3.1.2　规定精冲件检验范围、质量等级和后续加工工序。

3.2 原材料

3.2.1 精冲件用材料,钢材应符合 GB/T 699、GB/T 223、GB/T 710、GB/T 711 或 GB/T 3077 及 GB/T 247 的规定,铝材应符合 GB/T 20975 及 GB/T 6892 的规定,其他金属材料应符合国家相关标准的规定。精冲件用材料应有质量合格证书和材质检验报告。

3.2.2 供方根据需要,按有关标准及质量合格证书对材料的部分或全部项目进行复检。

3.2.3 当材料表面状态不能满足精冲件图样要求时,如材料表面有氧化物、污物或其他缺陷,应采用相应工艺措施将其清除。

3.2.4 对于中、高碳钢和合金钢,碳化物球化率应在 90% 以上,且均匀分布。

3.2.5 当中、高碳钢和合金钢的金相组织不符合 3.2.4 要求时,根据需要,精冲前宜进行球化退火处理,球化退火工艺按 GB/T 16923 的规定执行。

3.2.6 钢材的精冲性能可参见附录 A 中的图 A.1。精冲件常用材料牌号可参见附录 A 中的表 A.1。

3.3 精冲件质量

3.3.1 精冲件质量应符合精冲件图样和订货合同的要求。当精冲件图样未标注、订货合同也无要求时,可按 3.3.2～3.3.3 的规定执行。

3.3.2 尺寸公差应达到 GB/T 1800.2—2009 中的 IT12 级,角度公差应符合 GB/T 13915 规定,塌角应符合 JB/T 9175.2—1999 的规定,剪切面表面完好率等级应达到 JB/T 9175.2—1999 中的 V 级,剪切面允许的撕裂等级应达到 JB/T 9175.2—1999 中的 4 级,剪切面粗糙度应达到 GB/T 1031—2009 中的 $Ra6.3$。

3.3.3 剪切面垂直公差参见附录 B 中图 B.1 的上曲线。非剪切面平面公差参见附录 B 中图 B.2 的上曲线。

4 试验方法

4.1 化学成分分析,钢及合金按 GB/T 223 的规定执行,铝及铝合金按 GB/T 20975 的规定执行,其他材料按相应的标准执行。

4.2 金属的显微组织检验按 GB/T 13298 的规定执行。

4.3 拉伸试验按 GB/T 228.1 及 GB/T 2975 的规定执行。

4.4 硬度检验按 GB/T 230 或 GB/T 231 的规定执行。

4.5 剪切面表面粗糙度检验按 JB/T 9175.2—1999 的规定执行。

4.6 裂纹及伤痕的鉴定,采用目测等方法进行。

5 检验规则

5.1 精冲件外观检验采用手感、目测、光照反射或按照供需双方共同认定的标样进行对比等方法检验。尺寸、尺寸公差、形位公差等采用通用、专用检具或测量仪器检验。

5.2 精冲件的检验分为一般检验和补充检验。

5.2.1 一般检验包括:尺寸公差、剪切面完好率等级、剪切面允许的撕裂等级、剪切面垂直度、塌角、毛刺、非剪切面平面度、非剪切面表面质量等。

5.2.2 补充检验包括:剪切面粗糙度、化学成分、力学性能、金相组织等。检验的项目由供需双方协商确定。

5.2.3 精冲件的检验按 GB/T 2828、GB/T 2829 进行抽检,也可按供需双方约定进行检验。

5.3 剪切面完好率等级和剪切面允许的撕裂等级可采用双方认可的精冲样件作为对照判定的依据。

5.4 精冲件成品的检验和验收由供需双方质量检验部门根据质量合格证书、精冲件图样、订货合同、本标准及 JB/T 9175.2—1999 等,按合同约定或按 GB/T 2828、GB/T 2829 的规定进行。

5.5 完成检验后需及时给出产品检验报告,产品检验报告主要包括尺寸、材料、性能等,报告还应有供需双方名称、零件号、零件名称、用户标记、供货状态、批次号、订单号、检验日期等内容。

6 标记、包装与运输

6.1 精冲件一般不作标记,需作标记时应在精冲件图样中注明。

6.2 每批精冲件发货时应有质量合格证书。其主要内容有:

    a) 供、需双方名称;

    b) 订货合同号、精冲件名称和精冲件零件号;

    c) 批次号;

    d) 精冲件数量;

    e) 材料牌号;

    f) 检验结果;

    g) 生产日期;

    h) 质量检测部门的印章、检验人员的签章和日期。

6.3 精冲件的防锈、包装与运输方法应在订货合同中规定,供方负责编制产品包装规范,以确保精冲件安全、完好运至需方。

附 录 A
（资料性附录）
钢材的精冲性能及精冲件常用材料

精冲件用钢材的精冲性能见图 A.1，图 A.1 中上曲线为钢材可精冲极限。对于易于精冲（形状简单）、且允许剪切面有轻微撕裂的精冲件，当碳化物球化率在 90% 以上并均匀分布时，可达到这个极限。

非合金钢的含碳量或低合金钢的当量含碳量是按质量的百分比计算的，见式（A.1）。

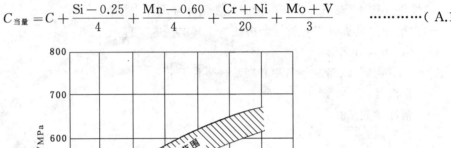

$$C_{当量} = C + \frac{Si - 0.25}{4} + \frac{Mn - 0.60}{4} + \frac{Cr + Ni}{20} + \frac{Mo + V}{3} \quad \cdots\cdots\cdots\cdots（A.1）$$

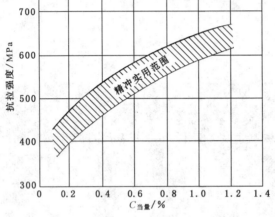

图 A.1 钢材精冲适用范围

精冲件常用材料列于表 A.1。未列入材料的精冲性能可参照表 A.1，按化学成分相接近的材料来判定。

表 A.1 精冲件常用材料

材料	牌 号
钢	08、10、15、20、25、30、35、40、45、50、55、60、65、70 16Mn、15CrMn、20CrMn、20CrMo、42CrMo、65Mn T8A、T10A、GCr15 0Cr13、1Cr13、2Cr13、3Cr13、4Cr13、1Cr18Ni9
铝及铝合金	1070A、1060、1050A、1035、1200、8A06 6061、6063、6070、5A03 5A06、5A02、3A21 2A11、2A12
铜及铜合金	T2、T3、T4 H62、H68、H80、H90、H96 HSn 62-1、Hni 65-5 QSn4-3、QA17、Qbe1.7、Qbe2

附　录　B
（资料性附录）
精冲件剪切面垂直公差和精冲件平面公差

B.1 精冲件可达到的剪切面垂直公差见图 B.1。

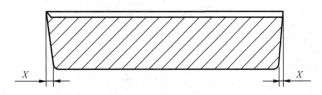

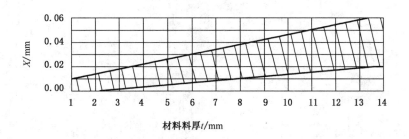

图 B.1　精冲件剪切面垂直公差

B.2 一般条件下精冲件每 100 mm×100 mm 范围内的平面公差见图 B.2。

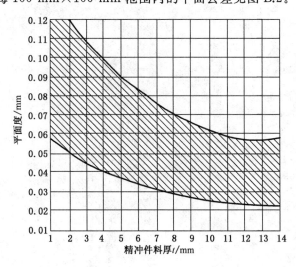

图 B.2　精冲件平面公差

ICS 77.120.40
J 32

中华人民共和国国家标准

GB/T 32246—2015

GH141 合金锻件 通用技术条件

GH 141 alloy forgings—General specification

2015-12-10 发布

2016-07-01 实施

中华人民共和国国家质量监督检验检疫总局
中国国家标准化管理委员会 发布

前　言

本标准按照 GB/T 1.1—2009 给出的规则起草。

本标准由全国锻压标准化技术委员会(SAC/TC 74)提出并归口。

本标准起草单位:贵州安大航空锻造有限责任公司、北京机电研究所、江苏保捷锻压有限公司。

本标准主要起草人:陈祖祥、魏志坚、金红、甘元、陈文敬、陆以春。

GH141合金锻件　通用技术条件

1　范围

本标准规定了GH141合金自由锻件的要求、质量保证规定和交货准备等。

本标准适用于GH141合金自由锻件(以下简称"锻件")。

2　规范性引用文件

下列文件对于本文件的应用是必不可少的。凡是注日期的引用文件,仅注日期的版本适用于本文件。凡是不注日期的引用文件,其最新版本(包括所有的修改单)适用于本文件。

GB/T 222　钢的成品化学成分允许偏差

GB/T 223(所有部分)　钢铁及合金化学分析方法

GB/T 230.1　金属材料　洛氏硬度试验　第1部分:试验方法(A、B、C、D、E、F、G、H、K、N、T标尺)

GB/T 2039　金属材料　单轴拉伸蠕变试验方法

GB/T 4338　金属材料　高温拉伸试验方法

GB/T 6394　金属平均晶粒度测定法

GB/T 6402　钢锻件超声检测方法

GB/T 14999.2　高温合金试验方法　第2部分:横向低倍组织及缺陷酸浸检验

3　要求

3.1　原材料

锻件用原材料采用真空感应熔炼加真空电弧炉重熔或真空感应熔炼加电渣重熔等冶炼方法生产,所采用的冶炼方法应在合同和质量证明书中注明。

3.2　化学成分

3.2.1　合金的化学成分应符合表1的规定。

表 1　合金的化学成分　　　　　　　　　　　　　　　　　　　%(质量分数)

元素	Cr	Mo	Al	Ti	Co	B	Ni
含量	≥18.00～20.00	≥9.00～10.50	≥1.40～1.70	≥3.00～3.30	≥10.00～12.00	≥0.003～0.010	余量
元素	C	Cu	Fe	Si	Mn	P	S	Zr
含量	≤0.12	≤0.50	≤5.00	≤0.50	≤0.10	≤0.015	≤0.015	≤0.07

3.2.2　锻件的化学成分允许偏差应符合 GB/T 222 的规定或按用户规定。

3.3　供货状态

3.3.1　锻件按以下状态之一交付，交货状态应在锻件图样和质量证明书中注明：

　　——A 状态：不热处理；

　　——B 状态：两次固溶处理；

　　——C 状态：两次固溶处理加时效处理。

3.3.2　热处理制度如下：

　　第一次固溶处理：1 080 ℃±10 ℃，快速冷却；

　　第二次固溶处理：1 120 ℃±10 ℃，空冷；

　　时效处理：900 ℃±10 ℃，空冷。

　　注：加热温度为锻件实际达到的温度。

3.4　力学性能

3.4.1　以 C 状态交货的锻件硬度应符合表 2 的规定。

3.4.2　试样沿锻件纵向或切向取样，经两次固溶处理加时效处理后，力学性能应符合表 2 的规定。

表 2　性能要求

室温硬度	760 ℃拉伸性能				900 ℃持久性能	
HRC	R_{m}/MPa	$R_{\mathrm{p0.2}}$/MPa	A/%	Z/%	σ_0/MPa	t_{u}/h
≥30	≥835	≥620	≥12	≥15	170	≥20

3.5　低倍组织

从锻件切取的横向低倍试样上，不应有目视可见的疏松、针孔、裂纹、缩孔和夹杂等冶金缺陷。

3.6　高倍组织

高倍试样应在垂直于流线方向切取，经两次固溶加时效处理后，测定平均晶粒度应为 2 级或更细，允许少量 00 级晶粒，无明显的粗细晶区偏聚。

3.7　超声波检验

锻件应逐件进行超声波检验，形状复杂的锻件可在中间坯上进行超声波检验，验收等级应符合供需双方签订的图样。

3.8　形状、尺寸

锻件的形状、尺寸和公差应符合供需双方签定的图样的规定。

3.9　外观质量

3.9.1　锻件的表面出现过烧裂纹时应报废。

3.9.2 锻件表面上裂纹、折迭、嵌入和成片的氧化皮应全部清除,保证锻件留有不小于三分之一的公称加工余量。

3.9.3 缺陷的清除处应圆滑过渡,清除宽度不得小于深度的 8 倍。

4 质量保证规定

4.1 质量一致性检验

4.1.1 组批规则

锻件应成批提交验收。每批原则上应由同一图号、同一熔炼炉号、同一投产批和同一热处理炉批的锻件组成。当需方同意时,允许不同图号组批。

4.1.2 检验项目

4.1.2.1 检验项目、取样数量应符合表 3 的规定。

表 3 检验要求

序号	检验项目		取样数量
1	化学成分		每炉 1
2	高温拉伸		2
3	高温持久		2
4	硬度	锻件	逐件
		试样	2
5	低倍组织		对称各 1
6	晶粒度		1
7	超声波检验		逐件
8	形状、尺寸		逐件
9	外观质量		逐件

4.1.2.2 锻件的取样部位按锻件图或技术文件的规定。

4.1.2.3 每批取一个锻件进行理化检验,供方在半个试验件上进行理化检验,另半件打上相应标志随同批锻件发往需方复验用。供方可按原材料的分析结果提供化学成分。

4.2 判定与复验规则

4.2.1 化学成分分析结果不合格时,允许重新取样对不合格元素进行复验,复验结果仍不合格时,该炉批判为不合格。

4.2.2 锻件硬度检查不合格时,判单件不合格;力学性能某项检验结果不合格时,允许在同一试验件上切取双倍数量的试样对不合格项目进行检验,检验结果仍不合格时,判整批不合格。允许在本标准规定的范围内重复热处理后,重新提交验收;若仍不合格,该批锻件判为不合格。重复热处理允许进行一次,补充时效不算重复热处理。

4.2.3 超声波检验不合格时,该锻件判为不合格。

4.2.4 形状、尺寸或外观质量检验不合格时,该锻件判为不合格。

4.3　检验方法

4.3.1　化学成分分析

化学成分分析按 GB/T 223 进行。

4.3.2　高温拉伸试验

高温拉伸试验按 GB/T 4338 进行。

4.3.3　高温持久试验

高温持久试验按 GB/T 2039 进行。

4.3.4　硬度试验

洛氏硬度试验按 GB/T 230.1 进行。

4.3.5　低倍组织检验

低倍组织检验按 GB/T 14999.2 进行。

4.3.6　晶粒度检验

晶粒度检验按 GB/T 6394 进行。

4.3.7　超声波检验

超声波检验按 GB/T 6402 或双方约定的其他方法进行。

4.3.8　形状、尺寸检验

形状、尺寸检验采用通用的测量工具进行。

4.3.9　外观质量检验

外观质量采用目视检验。

5　交货准备

5.1　包装

锻件的包装按合同要求进行。

5.2　标识

锻件应按图样标明的位置逐件打上如下标记：

a)　供方质量检验部门的印记；

b)　合金牌号；

c)　锻件图号；

d)　锻件投产批号；

e) 熔炼炉号；

f) 按锭节号管理的应标锭节号；

g) 其他标记。

5.3 质量证明书

每批锻件应附有质量检验部门签发的质量证明书，其上注明：

a) 供方名称；

b) 需方名称；

c) 合同号、本标准编号；

d) 锻件图号和代号、名称、合金牌号、锻件类别；

e) 冶炼方法；

f) 熔炼炉号、锭节号、投产批号、热处理炉批号；

g) 交货状态、数量；

h) 原材料供应商名称；

i) 实际热处理制度及按本标准和协议、合同规定的各项检验结果（如复验,应包括两次检验结果）。

6 订货文件

合同或订单中应注明下列内容：

a) 本标准编号；

b) 产品名称、锻件图号、合金牌号、锻件类别；

c) 交货状态、数量；

d) 冶炼方法；

e) 其他技术要求。

ICS 77.140.85
J 32

中华人民共和国国家标准

GB/T 32248—2015

超高强度合金钢锻件　通用技术条件

Superstrength alloy steel forgings—General specifications

2015-12-10 发布

2016-07-01 实施

中华人民共和国国家质量监督检验检疫总局
中国国家标准化管理委员会　发 布

前　言

本标准按照 GB/T 1.1—2009 给出的规则起草。

本标准由全国锻压标准化技术委员会(SAC/TC 74)提出并归口。

本标准负责起草单位:第一拖拉机股份有限公司锻造厂、北京机电研究所、贵州安大航空锻造有限责任公司。

本标准主要起草人:王云飞、于宜洛、周林、阮艳静、陈祖祥、陈文敬、胡志高、杨孝荣、魏巍。

超高强度合金钢锻件 通用技术条件

1 范围

本标准规定了屈服强度大于965 MPa超高强度合金钢锻件(以下简称"锻件")的订货内容、材料和制造方法、化学成分要求、力学性能、无损检验要求、返修及产品标识等。

本标准适用于超高强度合金钢锻件。

本标准不适合在受蠕变变形限制的情况下使用。

注:本标准涵盖了27个等级,等级的选择基于所要求的设计、使用条件及力学性能。

2 规范性引用文件

下列文件对于本文件的应用是必不可少的。凡是注日期的引用文件,仅注日期的版本适用于本文件。凡是不注日期的引用文件,其最新版本(包括所有的修改单)适用于本文件。

GB/T 6394 金属平均晶粒度测定法

ASTM A255 测定钢的淬硬性的标准试验方法(Standard test methods for determining hardenability of steel)

ASTM A275/275M 钢锻件磁粉检查的标准实施规程(Standard practice for magnetic particle examination of steel forgings)

ASTM A370—2012 钢制品机械测试的标准试验方法和定义(Standard test methods and definitions for mechanical testing of steel products)

ASTM A388/388M 钢锻件超声检验用标准实施规程(Standard practice for ultrasonic examination of steel forgings)

ASTM A788/A788M—2013 普通要求钢锻件的标准规范(Standard specification for steel forgings,general requirements)

ASTM E3 金相试样制备标准指南(Standard guide for preparation of metallographic specimens)

ASTM E21 金属材料升温拉伸试验用标准试验方法(Standard test methods for elevated temperature tension tests of metallic materials)

ASTM E45 钢中杂质含量的标准试验方法(Standard test methods for determining the inclusion content of steel)

ASTM E165 液体渗透检验的标准试验方法(Standard test method for liquid penetrate examination)

3 订货内容和一般要求

3.1 除了ASTM A788/A788M—2013中要求的订单信息外,需方的询价单和订货单还应包括锻件的详细图样及说明书。

3.2 按照本标准提供的锻件应符合标准ASTM A788/A788M—2013的要求,包含额外的订货信息、制造要求、测试、复检方法和步骤、标识、证明书、产品分析偏差及额外的补充要求。

3.3 如果本标准与ASTM A788/A788M—2013的要求有冲突,以本标准为准。

3.4 当需要附录 A 中额外的测试或检查时,应提供附加要求,这些要求应在订单上由需方特别规定才能采用。

4 材料和制造方法

4.1 钢坯应按 ASTM A788/A788M—2013 中的熔炼工艺进行熔炼,预留充分的切头以保证无缩孔和过度偏析。

4.2 锻件应符合 ASTM A788/A788M—2013 规定的热轧钢加工锻件要求。

4.3 由供方进行的热处理——锻件应按照询价单和订单中规定的如下热处理条件之一供货(有些热处理不适用于所有的钢号):

    a) 去应力退火;

    b) 退火;

    c) 固溶热处理;

    d) 固溶热处理并时效处理;

    e) 正火;

    f) 正火和回火;

    g) 调质。

4.4 由需方进行的热处理——如需要由需方在机械加工或制造(或两者)以后,进行最终热处理,则应由供方按照需方最终热处理的条件,对样品(见 6.3)进行一次热处理并检测性能,以检验锻件是否合格。这些性能试验的结果应符合表1、表2和表3的要求。

表 1　最低拉伸测试要求

类别	钢号	屈服强度($R_{p0.2}$) MPa	抗拉强度(R_m) MPa	伸长率(A)[a] %	断面收缩率(Z)[a] %
调质	13,21,22,23,12,12a	965	1 035	13	40
	13,21,22,23,11	1 100	1 210	12	36
	13,21,22,23,31	1 240[b]	1 310	10	32
	13,21,22,23	1 380[b]	1 450	9	28
	22[c],23,32,33	1 550[b]	1 720	6	25
空气淬火	41	1 380[b]	1 790	9	30
	41	1 550[b]	1 930	8	25
马氏体 不锈钢	51,52,53	965	1 210	12	45
	52	1 100	1 520	10	40
1号沉淀硬 化不锈钢	61	965	1 140	12	50
	61	1 100	1 240	10	45
	61	1 240[b]	1 380	8	40
2号沉淀硬 化不锈钢	64	965	1 140	12	25
	64	1 100	1 275	10	25
	64	1 240[b]	1 450	10	25

表 1（续）

类别	钢号	屈服强度($R_{p0.2}$) MPa	抗拉强度(R_m) MPa	伸长率(A)[a] %	断面收缩率(Z)[a] %
3 号沉淀硬化不锈钢	62	965	1 140	6	25
	62,63	1 100	1 240	6	25
	63	1 240[b]	1 380	6	25
	63	1 380[b]	1 550	5	25
马氏体时效钢	74	1 100	1 170	15	65
	75	1 240[b]	1 310	14	60
	71	1 380[b]	1 450	12	55
	72	1 720[b]	1 760	10	45
	73	1 895[b]	1 930	9	40
其他	81	1 240[d]	1 310	13	45
	82	1 380[d]	1 450	10	30
	83[d]	1 550[d]	1 790	7	20
	83[f]	1 720[d]	1 930	4	15
	84	1 240[d]	1 275	14	45

[a] 见表3注。
[b] 通常要求真空熔炼以达到表中性能。
[c] 需经协商。
[d] 贝氏体。
[e] 马氏体。

表 2 室温下不同屈服强度级别钢的夏比 V 形缺口冲击能量吸收值[a]

钢号	屈服强度						
	965 MPa	1 100 MPa	1 240[b] MPa	1 380[b] MPa	1 550[b] MPa	1 720[b] MPa	1 900[b] MPa
11	—	≥60	—	—	—	—	—
12,12a	≥70	—	—	—	—	—	—
13	≥25	≥15	[c]	—	—	—	—
21	≥45	≥40	≥25	≥20	—	—	—
22	≥40	≥35	≥25	≥20	—	—	—
23	≥45	≥35	≥25	≥20	≥15	—	—
31	—	—	≥35	—	—	—	—
32	—	—	—	—	≥17	—	—
33	—	—	—	—	≥20	—	—

表 2（续）

J

钢号	屈服强度						
	965 MPa	1 100 MPa	1 240[b] MPa	1 380[b] MPa	1 550[b] MPa	1 720[b] MPa	1 900[b] MPa
41	—	—	—	≥20	c	—	—
51	≥20	—	—	—	—	—	—
52	c	c	—	—	—	—	—
53	c	—	—	—	—	—	—
61	≥35	—	c	—	—	—	—
62	c	c	—	—	—	—	—
63	c	c	c	—	—	—	—
64	≥35	≥20	≥20	—	—	—	—
71	—	—	—	≥45	—	—	—
72	—	—	—	—	—	≥25	—
73	—	—	—	—	—	—	≥20
74	—	≥80	≥70	—	—	—	—
81	—	—	≥35	—	—	—	—
82	—	—	—	≥25	—	—	—
83	—	—	—	—	≥20	≥15	—
84	—	—	≥35	—	—	—	—

^a 见表3注。
^b 通常要求真空熔炼以达到表中性能。
^c 需经协商。

表 3　不同屈服强度级别钢的最大退火硬度（HBW）和截面尺寸（mm）

钢号	最大退火硬度 HBW	屈服强度						
		965 MPa	1 100 MPa	1 240 MPa	1 380 MPa	1 550 MPa	1 720 MPa	1 900 MPa
		截面尺寸/mm						
11	321	—	165	—	—	—	—	—
12,12a	—	100						
13	229	25	25	25	—	—	—	—
21	285	115	115	100	100	—	—	—
22	302	115	115	100	100	90	—	—
23	302	200	200	200	200	200	—	—
31	262	—	—	75	—	—	—	—
32	302	—	—	—	—	140	—	—

表 3（续）

钢号	最大退火硬度 HBW	屈服强度						
		965 MPa	1 100 MPa	1 240 MPa	1 380 MPa	1 550 MPa	1 720 MPa	1 900 MPa
		截面尺寸/mm						
33	302	—	—	—	—	50	—	—
41	235	—	—	—	150	150	—	—
51	197	50	—	—	—	—	—	—
52	255	50	50	—	—	—	—	—
53	285	100	—	—	—	—	—	—
61	375	200	200	25	—	—	—	—
62	207	150	150	—	—	—	—	—
63	241	—	150	150	150	—	—	—
64	321	150	150	150	—	—	—	—
71	321	—	—	—	300	—	—	—
72	321	—	—	—	—	—	300	—
73	321	—	—	—	—	—	—	300
74	321	—	300	—	—	—	—	—
75	321	—	—	300	—	—	—	—
81	341	—	—	150	—	—	—	—
82	341	—	—	—	125	—	—	—
83	341	—	—	—	—	75	75	—
84	341	—	—	150	—	—	—	—

注：表 1 到表 3 列出了各种钢号和最大截面尺寸,在此条件下,在最大工作方向上深度为厚度的 1/4 处,屈服强度通常能够达到规定水平。由于锻件外形偏差和加工原因,表 1 和表 2 中所列延展性能和冲击强度总能在这种深度下获得。除非另有规定,表中所列数据为最小值。

5 化学成分要求

5.1 熔炼分析—样品的熔炼分析应依据 ASTM A788/A788M—2013 进行,并与表 4 的化学成分要求一致。

5.2 产品分析—需方可依据 ASTM A788/A788M—2013 关于产品分析部分的要求对产品进行分析。

表 4 化学成分要求

化学成分/%

钢号	C	Mn	P	S	Si	Ni	Cr	Mo	Cu	Ti	V	Co	Al	W	Sn	Nb	N
11	0.23~0.28	≤0.20	≤0.010	≤0.01	≤0.10	2.75~3.25	1.40~1.65	0.80~1.00								0.03~0.07	
12	≤0.12	0.60~0.90	≤0.010	≤0.01	0.20~0.35	4.75~5.25	0.40~0.70	0.30~0.65			0.05~0.10						
12a	≤0.2	0.60~0.90	≤0.015	≤0.015	0.20~0.35	4.75~5.25	0.40~0.70	0.30~0.65			0.05~0.10						
13	0.27~0.33	0.40~0.60	≤0.025	≤0.025	0.20~0.35		0.80~1.10	0.15~0.25			0.05~0.10						
21	0.31~0.38	0.60~0.90	≤0.025	≤0.025	0.20~0.35	1.65~2.00	0.65~0.90	0.30~0.60			0.17~0.23						
22	0.38~0.43	0.60~0.90	≤0.025	≤0.025	0.20~0.35	1.65~2.00	0.70~0.90	0.30~0.60			0.05~0.10						
23	0.45~0.50	0.60~0.90	≤0.015	≤0.015	0.15~0.30	0.40~0.70	0.90~1.20	0.90~1.10			0.08~0.15						
31	0.23~0.28	1.20~1.50	≤0.025	≤0.025	1.30~1.70	1.65~2.00	0.20~0.40	0.35~0.45									
32	0.40~0.45	0.65~0.90	≤0.025	≤0.025	1.45~1.80	1.65~2.00	0.65~0.90	0.35~0.45									
33	0.41~0.46	0.75~1.00	≤0.025	≤0.025	1.40~1.75		1.90~2.25	0.45~0.60			0.03~0.08						
41	0.38~0.43	0.20~0.40	≤0.015	≤0.015	0.80~1.00		4.75~5.25	1.20~1.40			0.40~0.60						
51	≤0.15	≤1.00	≤0.025	≤0.025	≤1.00	≤0.75	11.50~13.50	≤0.50	≤0.50				≤0.05		≤0.05		
52	0.20~0.25	0.50~1.00	≤0.025	≤0.025	≤0.50	0.50~1.00	11.00~12.50	0.90~1.25		≤0.05	0.20~0.30	≤0.25	≤0.05	0.90~1.25	≤0.04		
53[a]	≤0.20	≤1.00	≤0.025	≤0.025	≤1.00	1.25~2.50	15.00~17.00	≤0.50									

表4（续）

化学成分/%

钢号	C	Mn	P	S	Si	Ni	Cr	Mo	Cu	Ti	V	Co	Al	W	Sn	Nb	N
61[a,b]	≤0.07	≤1.00	≤0.025	≤0.025	≤1.00	3.00~5.00	15.50~17.50		3.0~5.0							0.15~0.45	
62[a,b]	≤0.09	≤1.00	≤0.025	≤0.025	≤1.00	6.50~7.75	16.00~18.00						0.75~1.50				
63[a,b]	≤0.09	≤1.00	≤0.025	≤0.025	≤0.50	6.50~7.75	14.00~15.25	2.00~2.75					0.75~1.25				
64[a,b]	0.10~0.15	0.50~1.25	≤0.025	≤0.025	≤0.50	4.00~5.00	15.00~16.00	2.50~3.25									0.07~0.13
71[a,b]	≤0.03	≤0.10	≤0.010	≤0.010	≤0.10	17.00~19.00		3.00~3.50		0.15~0.25		8.00~9.00	0.05~0.15				
72[a,b]	≤0.03	≤0.10	≤0.010	≤0.010	≤0.10	17.00~19.00		4.60~5.20		0.30~0.50		7.00~8.50	0.05~0.15				
73[a,b]	≤0.03	≤0.10	≤0.010	≤0.010	≤0.10	18.00~19.00		4.60~5.20		0.50~0.80		8.50~9.50	0.05~0.15				
74[a,b]	≤0.03	≤0.10	≤0.010	≤0.010	≤0.12	11.50~12.50	4.75~5.25	2.75~3.25		0.05~0.15			0.25~0.40				
75[a,b]	≤0.03	≤0.10	≤0.010	≤0.010	≤0.12	11.50~12.50	4.75~5.25	2.75~3.25		0.10~0.25			0.35~0.50				
81[a,b]	0.24~0.30	0.10~0.35	≤0.010	≤0.010	≤0.10	7.00~9.00	0.35~0.60	0.35~0.60			0.06~0.12	3.50~4.50					
82[a,b]	0.28~0.34	0.10~0.35	≤0.010	≤0.010	≤0.10	7.00~8.50	0.90~1.10	0.90~1.10			0.06~0.12	4.00~5.00					
83[a,b]	0.42~0.47	0.10~0.35	≤0.010	≤0.010	≤0.10	7.00~8.50	0.20~0.35	0.20~0.35			0.06~0.12	3.50~4.50					
84[a,b]	0.16~0.23	0.20~0.40	≤0.010	≤0.005	≤0.20	8.50~9.50	0.65~0.85	0.95~1.10			0.06~0.15	4.25~4.75	≤0.02				

a 硫和磷的成品的成分分析符合表4的要求。

b 另加0.06%的钙，0.003%的硼和0.02%的锆。

6 力学性能

6.1 按4.3中d)或g)订货时,锻件应符合表1规定的力学性能要求。按4.3中规定的其他热处理方法应按4.4中的规定执行。

6.2 按本标准订货的所有材料,均要进行拉伸试验。仅对表2中有最小冲击强度要求的钢号进行室温夏比V形缺口冲击试验。

6.3 力学性能测试应按照ASTM A370—2012测试方法和规定进行,拉伸试样采用ASTM A370—2012测试方法和定义中可获取的最大规格。冲击试样应为标准尺寸,即ASTM A370—2012测试方法和定义中夏比冲击(简支梁)图示的V型槽。选用替代冲击试样应提前得到需方的批准。

6.4 试样的通用要求

6.4.1 试样的纵轴应平行于锻件主要工作方向,对于镦粗的盘形锻件试样的纵轴方向应为切线方向。

6.4.2 如果圆盘外圆尺寸增加,试样的纵轴应位于增加部分的两平行平面之间,对于实心锻件应位于中心和表面之间。对于中空锻件,试样的纵轴应位于壁的中心和外表面之间。当采用6.4.3中规定的单独锻造试块时,拉伸试样应从试块最大截面的中间部位获取。当需要从两端头获取试样时,应在轴平面的对角获取,取样图示见附录B。

6.4.3 若无其他规定,测试应在热处理完成后进行。

6.4.4 当供需双方协商一致,试样可以从一个经过适当锻造和热处理的样块中机加工获得,该样块应与产品锻件是同一炉的钢锭、板坯或块坯,并经过与产品锻件相同的锻造和热处理过程。尺寸不小于宽(T)、高(T)、长($3T$)的锻棒可用于代替环形锻,尺寸T代表锻件的最大有效横截面厚度。对于调质锻件,同时应按照6.5.2.3和6.5.2.4在两端进行测试,不允许采用单独的锻造试块。

6.4.5 采用单独的锻造试块时,应特别注意产品锻件和测试试块之间的质量差异。

6.5 特别要求——试样的数量和位置根据锻件的长度、质量和热处理按如下规定确定:

    a) 经过去应力退火、固溶退火处理、固溶处理、时效处理、正火或正火回火处理的锻件:

        1) 对每个质量不大于2 250 kg的热处理状态锻件,每个热处理批次,每炉取一个锻件样品进行试验。在使用温度控制器和记录高温计(能实现热处理完整记录)的连续式热处理炉时,连续生产不超过8 h应取样进行试验。

        2) 对于质量大于2 250 kg的热处理状态的锻件,每个锻件应取样进行试验。

    b) 调质锻件:

        1) 对每个质量不大于2 250 kg、长度不超过3.7 m的调质状态锻件,每个热处理批次,每炉取一个锻件样品进行试验。在使用温度控制器和记录高温计(能实现热处理完整记录)的连续式热处理炉时,连续生产不超过8 h应取样进行试验。

        2) 对于质量大于2 250 kg、小于等于4 500 kg、长度不超过3.7 m的热处理状态的锻件,每个锻件应取样进行试验。

        3) 对于长度大于3.7 m的调质钢锻件,每个锻件的每个端面应取样进行试验。

        4) 对于质量大于4 500 kg的调质锻件,每个锻件应取样进行2次试验,试样彼此应相差180°,若测试延长部分的长度大于直径或等效厚度的3倍,锻件的每一端应取样进行一次测试,并彼此间隔180°。对于圆形锻件,直径是指除了法兰部分锻件的最大直径;对于其他形状,等效厚度是指横截面最大对角线或长轴。

    注:长度和质量是指单个锻件的长度和质量或者从复杂锻件分割所块的总长度和总质量。

7 无损检测要求

7.1 一般要求:锻件应无裂纹、裂缝、折叠、缩孔和其他有害缺陷。

7.2 磁粉检验要求:所有按本标准生产的铁磁性锻件要由供方按 ASTM A275/275M 进行磁粉检验。需方可将标准 ASTM A788/A788M—2013 中的补充性要求 S18 作为验收准则。

7.3 液体渗透检验要求:所有按本标准生产的非铁磁性锻件应按照 ASTM E165 进行液体渗透检验。需方可将 ASTM A788/A788M—2013 中的补充性要求 S19 作为验收准则。

7.4 超声波检验要求:所有按本标准生产的锻件应按照 ASTM A388/A388M 方法进行超声波检验。需方可将 ASTM A788/A788M—2013 中的补充性要求 S20 作为验收准则。

8 返修

锻件返修只有在需方允许的情况下进行。

9 产品标识

如需方不同意使用压模印记,可以使用电笔印记或电蚀刻印记。

附　录　A
（规范性附录）
补充要求

A.1　应用要求

本规范性附录的一项或多项补充要求的实施只是在需方询价、合同和定货单中有规定时才使用。此补充条件的细节，要由供方和需方协商。

A.2　夏比 V 型缺口冲击转变曲线

A.2.1　锻件试验材料需进行充分的冲击试验，以下列的一个或几个条件绘制一条转变温度曲线：
　　a)　吸收的能量(J)；
　　b)　断口外观(见标准 ASTM A370—2012 补充要求 5)；
　　c)　侧膨胀量。
A.2.2　需方应向供方提供取样位置的细节、试样数目、热处理和试验信息。

A.3　取样方案、试样方位、力学性能要求或截面尺寸

没有包括在本标准中的取样方法、试样方位和可选择的力学性能、截面尺寸，可由供方和需方协商决定。

A.4　酸浸低倍试验

A.4.1　若无其他规定，酸浸低倍试验要在代表每个钢锭头部和尾部的每块钢坯端部进行取样。如果锻件直接由钢锭锻成，或者不宜对钢坯进行酸浸低倍试验，取样部位要根据供方和需方协商决定。
A.4.2　需方应规定是否需要低倍评级图片。

A.5　显微纯洁度

显微纯洁度试验要按照 ASTM E45 进行。需方应根据验收准则提供取样方法和等级要求。

A.6　晶粒度

A.6.1　晶粒度应按照 GB/T 6394 来确定。需方应提供工序和晶粒度要求。
A.6.2　制备试样应按照 ASTM E3 进行。

A.7　脱碳

A.7.1　在规定要进行脱碳试验时，需方应提供下列项目：
　　a)　试样数量；

b) 取样位置；

c) 必要时,应提供脱碳深度极限值；

d) 特殊的金相准备、腐蚀或评级步骤。

A.7.2 应按标准 ASTM E3 方法准备脱碳评定用试样。

A.7.3 此试验通常只适用于由于在锻制时公差超过成品尺寸,或是由于对精加工部件进行热处理出现的表面氧化而造成易于脱碳的锻件。

A.8 断裂韧性

断裂韧性的试验步骤,包括试样的类型和尺寸、试验步骤和极限值应由供需双方协商决定。

A.9 低温和高温性能

A.9.1 当规定在低温和高温下进行力学性能试验时,试验程序的细节,包括试样类型、尺寸、试验温度和极限值应由供需双方协商决定。

A.9.2 短时间高温拉伸试验应按照 ASTM E21 来进行。

A.10 淬透性

若无其他规定,淬透性试验应按照 ASTM A255 进行。

附 录 B

（规范性附录）

取样图示

图 B.1～图 B.5 为 6.4.2 中的取样图示。

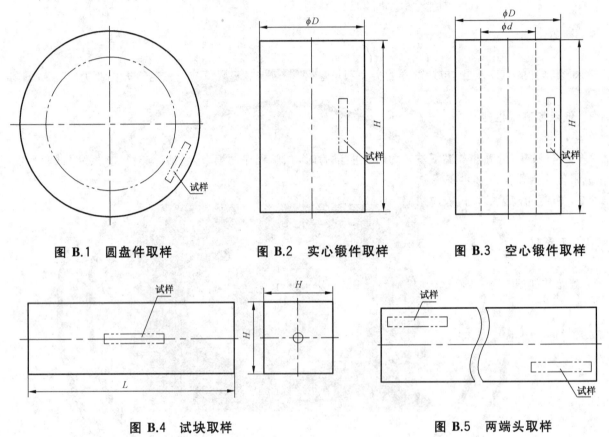

图 B.1 圆盘件取样　　　图 B.2 实心锻件取样　　　图 B.3 空心锻件取样

图 B.4 试块取样　　　　　　图 B.5 两端头取样

ICS 77.120.10
J 32

中华人民共和国国家标准

GB/T 32249—2015

铝及铝合金模锻件、自由锻件和
轧制环形锻件　通用技术条件

Aluminum and aluminum-alloy die forgings,hand forgings and
rolled ring forgings—General specification

2015-12-10 发布

2016-07-01 实施

中华人民共和国国家质量监督检验检疫总局
中国国家标准化管理委员会　发布

前　言

本标准按照 GB/T 1.1—2009 给出的规则起草。

本标准由全国锻压标准化技术委员会(SAC/TC 74)提出。

本标准由全国锻压标准化技术委员会(SAC/TC 74)和全国有色金属标准化技术委员会(SAC/TC 243)归口。

本标准负责起草单位:贵州航宇科技发展股份有限公司、北京机电研究所。

本标准主要起草人:张华、杨良会、陈文敬、周林、魏巍、杨家典。

铝及铝合金模锻件、自由锻件和
轧制环形锻件 通用技术条件

1 范围

本标准规定了铝及铝合金模锻件、自由锻件和轧制环形锻件的原材料、化学成分检测、力学性能测试、热处理状态、耐应力腐蚀性能测试、尺寸公差、内部及通用质量检测、复检和拒收规则、合格证、标识、防护和包装等要求。

本标准适用于铝及铝合金模锻件、自由锻件和轧制环形锻件。

注1：本标准全文使用的术语合金一般指铝及铝合金。

注2：以国际单位制为单位的数值为标准数值，圆括号内为英制单位数值。

2 规范性引用文件

下列文件对于本文件的应用是必不可少的。凡是注日期的引用文件，仅注日期的版本适用于本文件。凡是不注日期的引用文件，其最新版本(包括所有的修改单)适用于本文件。

ASTM E 10 金属材料布氏硬度的标准试验方法(Test method for Brinell hardness of metallic materials)

ASTM E 29 使用有效数字确定试验数据与规范符合性做法(Practice for using significant digits in test data to determine conformance with specifications)

ASTM E 34 铝和铝基合金化学成分分析的试验方法(Test methods for chemical analysis of aluminum and aluminum-base alloys)

ASTM G 47 测定2×××和7×××铝合金制品的应力腐蚀断裂敏感性的标准试验方法(Test method for determining susceptibility to stress-corrosion cracking of 2××× and 7××× aluminum alloy products)

ASTM E 165 一般工业的液体渗透检查的标准实施规程(Practice for liquid penetrant examination for general industry)

ASTM B 211 铝及铝合金棒材、条材和线材标准规范(Specification for aluminum and aluminum-alloy bar, rod, and wire)

ASTM B 221 铝及铝合金挤压制条、棒、线、管和型材标准规范(Specification for aluminum and aluminum-alloy extruded bars, rods, wire, profiles, and tubes)

NAS 410 无损检测人员资格鉴定与认证(Certification and qualification of nondestructive test personnel)

ASTM B 557—2010 锻造和铸造铝和镁合金抗拉性能的标准试验方法(Test methods for tension testing wrought and cast aluminum-and magnesium-alloy products)

ASTM B 594—2013 航空设备用铝合金锻造制品超声波检验的标准操作规程(Practice for ultrasonic inspection of aluminum-alloy wrought products for aerospace applications)

ASTM E 607 在氮气氛围中用点对面技术作铝合金的原子辐射光谱测定分析的标准试验方法(Test method for atomic emission spectrometric analysis aluminum alloys by the point to plane technique nitrogen atmosphere)

ASTM B 660 铝及镁制品的封装/包装的标准规范(Practices for packaging/packing of aluminum and magnesium products)

ASTM E 716　光谱化学分析法测定化学成分用铝和铝合金的抽样及样品制备的标准操作规程（Practices for sampling aluminum and aluminum alloys for spectrochemical analysis）

ASTM B 881　铝和镁合金产品的标准术语（Terminology relating to aluminum-and magnesium-alloy products）

ASTM B 918　锻造铝合金的热处理用标准实施规程（Practice for heat treatment of wrought aluminum alloys）

ASTM E 1004　用电磁（涡流）法测定电导率的标准试验方法（Test method for determining electrical conductivity using the electromagnetic (eddy-current) method）

ASTM E 1251　用原子发射光谱法分析铝和铝合金的标准试验方法（Test method for analysis of aluminum and aluminum alloys by atomic emission spectrometry）

AMS 2772　铝合金原材料的热处理（Heat treatment of aluminum alloys raw materials）

CEN EN 14242　铝及铝合金化学分析、电感耦合等离子体光发射光谱分析（Aluminum and aluminum alloys. Chemical Analysis. Inductively coupled plasma optical emission spectral analysis）

3　术语和定义

ASTM B 881 界定的术语和定义适用于本文件。

4　采购信息

4.1　依据本标准形成的采购订单应包含如下信息：
a)　标准编号（含标准代号、顺序号和年号）；
b)　数量或质量；
c)　材料牌号（见第 7 章和表 1）；
d)　供应状态（见第 8 章和表 2、表 3）；
e)　尺寸（见第 13 章），形状为非简单矩形的模锻件和自由锻件应提供图纸。

4.2　根据需方要求，订单可包含以下信息：
a)　模锻件拉伸性能测试和锻造流线检查（见 8.2）；
b)　模锻件非流线方向的拉伸性能测试和试样制备的特殊要求（见 8.3.1）；
c)　自由锻件除长横向与短横向外的拉伸性能测试要求（见 8.3.3）；
d)　轧制环锻件径向拉伸性能测试（见 8.3.4）；
e)　拉伸测试中小伸长率测量的特殊方法（见 8.4.2）；
f)　热处理符合 ASTM B 918 的要求（见 9.2）；
g)　对 7075-F 材料进行 T73 热处理（见 10.3）；
h)　超声检查（见第 14 章和表 4）；
i)　液体渗透检查（见 15.3）；
j)　材料发货前，需方代表检验或对检验和试验进行核实（见第 16 章）；
k)　合格证（见第 18 章）；
l)　自由锻件产品标识（见第 19 章）；
m)　如 ASTM B 660 适用，指出防护等级、包装/封装要求。

4.3　锻件按轧制、冷加工棒材供货时见 ASTM B 211，锻件按挤压棒材供货时见 ASTM B 221。

5　锻件生产

锻件可采用模锻、自由锻或轧制的方法生产。

6 质量保证

6.1 除非合同或订单中另有说明,供方应按本标准进行检验和试验。需方可进行任何本标准指定的、保证材料符合要求而应进行的检验和试验。

6.2 一个检验批次应按以下要求定义:

  a) 经热处理的锻件,一个检验批应由同形状(或尺寸及形状近似)、同材料的、同炉热处理的锻件组成。如锻件在连续炉内热处理,锻件装炉连续、炉子操作连续可视为一炉锻件;对质量≤2.27 kg(5 lb)的锻件,一批锻件最大总质量可达 908 kg(2 000 lb),对质量>2.27 kg(5 lb)的锻件,一批锻件最大总质量可达 2 724 kg(6 000 lb);

  b) 未经热处理的锻件,一个检验批应由一批数量明确、尺寸相近、同材料牌号、同熔炼炉次和热处理状态、一次提交检验的锻件组成。

7 化学成分

7.1 化学成分——锻件的化学成分应符合表1要求。铸锭浇铸时应按 ASTM E 716 取样,按 ASTM E 607、ASTM E 1251、ASTM E 34 或 EN 14242 要求分析成分是否符合要求。若在铸锭浇铸时进行了化学成分分析,则不要求对成品进行取样分析。

表 1　化学成分(质量分数)[a,b,c]　　　　%

合金	Si	Fe	Cu	Mn	Mg	Cr	Ni	Zn	Ti	Zr	其他[d]		Al
											单一	总和[e]	
1100	0.95 (Si+Fe)		0.05~0.20	0.05	—	—	—	0.10	—	—	0.05	0.15	≥99.00[f]
2014	0.50~1.20	0.70	3.90~5.00	0.40~1.20	0.20~0.80	0.10	—	0.25	0.15[g]	—	0.05	0.15	余量
2018	0.90	1.00	3.50~4.50	0.20	0.45~0.90	0.10	1.70~2.30	0.25	—	—	0.05	0.15	余量
2025	0.50~1.20	1.00	3.90~5.00	0.40~1.20	0.05	0.10	—	0.25	0.15	—	0.05	0.15	余量
2218	0.90	1.00	3.5~4.5	0.20	1.20~1.80	0.10	1.70~2.30	0.25	—	—	0.05	0.15	余量
2219	0.20	0.30	5.80~6.80	0.20~0.40	0.02	—	—	0.10	0.02~0.10	0.10~0.25	0.05[h]	0.15[h]	余量
2618	0.10~0.25	0.90~1.30	1.90~2.70	—	1.30~1.80	—	0.90~1.20	0.10	0.04~0.10	—	0.05	0.15	余量
3003	0.60	0.70	0.05~0.20	1.00~1.50	—	—	—	0.10	—	—	0.05	0.15	余量
4032	11.0~13.5	1.00	0.50~1.30	—	0.80~1.30	0.10	0.50~1.30	0.25	—	—	0.05	0.15	余量
5083	0.40	0.40	0.10	0.40~1.00	4.00~4.90	0.05~0.25	—	0.25	0.15	—	0.05	0.15	余量
6061	0.40~0.80	0.70	0.15~0.40	0.15	0.80~1.20	0.04~0.35	—	0.25	0.15	—	0.05	0.15	余量
6066	0.90~1.80	0.50	0.70~1.20	0.60~1.10	0.80~1.40	0.40	—	0.25	0.20	—	0.05	0.15	余量

表 1（续）%

| 合金 | Si | Fe | Cu | Mn | Mg | Cr | Ni | Zn | Ti | Zr | 其他[d] | | Al |
											单一	总和[e]	
6151	0.60～1.20	1.00	0.35	0.20	0.45～0.80	0.15～0.35	—	0.25	0.15	—	0.05	0.15	余量
7049	0.25	0.35	1.20～1.90	0.20	2.00～2.90	0.10～0.22	—	7.20～8.20	0.10	—	0.05	0.15	余量
7050	0.12	0.15	2.00～2.60	0.10	1.90～2.60	0.04	—	5.70～6.70	0.06	0.08～0.15	0.05	0.15	余量
7075	0.40	0.50	1.20～2.00	0.30	2.10～2.90	0.18～0.28	—	5.10～6.10	0.20[i]	—	0.05	0.15	余量
7076	0.40	0.60	0.30～1.00	0.30～0.80	1.20～2.00	—	—	7.00～8.00	0.20	—	0.05	0.15	余量
7175	0.15	0.20	1.20～2.00	0.10	2.10～2.90	0.18～0.28	—	5.10～6.10	0.10	—	0.05	0.15	余量

    [a] 含量指最大质量百分比,除非表示的是一个范围或另有说明。

    [b] 本表已列出含量范围的元素应进行化学成分分析。

    [c] 为判定元素是否符合含量要求,化学成分分析的测量值和计算值按上表所给数值的右一位修约,符合 ASTM E 29 要求。

    [d] "其他"包括本表列出但未指定含量的元素及未列出的金属元素。为了追溯本表未列出的元素,供方可对样品进行分析。但此分析是不作要求的、且可不涵盖所有其他金属元素。供方或需方宜对材料进行分析,若其他元素的单一或几种元素的总和超过了本表所给范围,材料应视为不合格。

    [e] 其他(元素)——总和是指本表未规定的、含量≥0.01%的金属元素含量的总和,求和前将含量应修约至小数点后两位。

    [f] 铝含量应用 100%减去所有其他金属元素含量计算,其他金属元素包含质量分数≥0.01%的金属元素含量的总和,含量修约至小数点后两位。

    [g] 根据供需双方的协议,Zr+Ti 含量最大可至 0.20%。

    [h] V 含量 0.05%～0.15%,其他元素含量的总和不包含 V 元素含量。

    [i] 根据供需双方的协议,Zr+Ti 含量最大可至 0.25%。

7.2　铸锭浇铸过程取样——试样在铸锭浇铸时取样,每同一熔次液体金属同时浇铸的一组铸锭至少要取一个试样。

    注: 铝工业的普遍惯例是在铸锭进一步加工成锻造产品前应进行化学成分分析。由于工艺的连续性,不必对铸锭与锻件再进行分析。

7.3　若需分析锻件化学成分是否符合要求,其分析方法应由供需双方协商确定。化学分析应符合 ASTM E 607、ASTM E 1251、ASTM E 34 或 EN 14242(ICP 方法)的要求,用于分析的试样数量满足以下要求:

    a)　锻件质量≤2.27 kg(5 lb)时,每批质量≤908 kg(2 000 lb)时锻件应取一个试样。

    b)　锻件质量>2.27 kg 时,每批质量≤2 724 kg(6 000 lb)时锻件应取一个试样。

7.4　供需双方有争议时可协商采用其他分析方法。

8　供货产品力学性能

8.1　要求

8.1.1　模锻件应符合表 2 的拉伸性能要求。供方应保证模锻件表面或接近表面的硬度满足表 2 中的布氏硬度要求,如有疑议,锻件以表 2 规定的拉伸性能作为接收依据。

表 2　模锻件力学性能ᵃ·ᵇ

合金牌号和供货状态	厚度		顺锻造流线方向试样拉伸性能ᶜ(≥)						非顺锻造流线方向试样拉伸性能ᶜ(≥)					布氏硬度ᵈ(≥)
			抗拉强度 R_mᵉ		规定非比例延伸强度 $R_{p0.2}$ᵉ		断后伸长率 Aᵉ (标距50 mm或4倍直径)		抗拉强度 R_mᵉ		规定非比例延伸强度 $R_{p0.2}$ᵉ		断后伸长率 Aᵉ (标距50 mm或4倍直径)	HBW
	mm	(in)	MPa	(ksi)	MPa	(ksi)	锻件 %	单独测试样(取自锻坯或试样)ᶠ %	MPa	(ksi)	MPa	(ksi)	%	
1100-H112	≤100	(≤4.000)	76	(11)	28	(4)	18	25	—	(—)	—	(—)	—	20
2014-T4	≤100	(≤4.000)	379	(55)	207	(30)	11	16	—	(—)	—	(—)	—	100
2014-T6	≤25	(≤1.000)	448	(65)	386	(56)	6	8	441	(64)	379	(55)	3	125
	>25~50	(1.001~2.000)	448	(65)	386	(56)	6	—	441	(64)	379	(55)	2	125
	>50~75	(2.001~3.000)	448	(65)	379	(55)	6	—	434	(63)	372	(54)	2	125
	>75~100	(3.001~4.000)	434	(63)	379	(55)	6	10	434	(63)	372	(54)	2	125
2018-T61	≤100	(≤4.000)	379	(55)	276	(40)	7	10	—	(—)	—	(—)	—	100
2025-T6	≤100	(≤4.000)	359	(52)	228	(33)	11	16	—	(—)	—	(—)	—	100
2218-T61	≤100	(≤4.000)	379	(55)	276	(40)	7	10	—	(—)	—	(—)	—	100
2219-T6	≤100	(≤4.000)	400	(58)	262	(38)	8	10	386	(56)	248	(36)	4	100
2618-T61	≤100	(≤4.000)	400	(58)	310	(45)	4	6	379	(55)	290	(42)	4	115
3003-H112	≤100	(≤4.000)	97	(14)	34	(5)	18	25	—	(—)	—	(—)	—	25
4032-T6	≤100	(≤4.000)	359	(52)	290	(42)	3	5	—	(—)	—	(—)	—	115
5083-H111	≤100	(≤4.000)	290	(42)	152	(22)	14	14	269	(39)	138	(20)	12	—

表 2（续）

合金牌号和供货状态	厚度		顺锻造流线方向试样拉伸性能[c]（≥）							非顺锻造流线方向试样拉伸性能[c]（≥）					布氏硬度[d]（≥）
			抗拉强度 R_m[e]		规定非比例延伸强度 $R_{p0.2}$[e]		断后伸长率 A[e]（标距 50 mm 或 4 倍直径）				抗拉强度 R_m		规定非比例延伸强度 $R_{p0.2}$[e]		断后伸长率 A[e]（标距 50 mm 或 4 倍直径）	
							锻件	单独测试样（取自锻坯或试样）[f]								
	mm	(in)	MPa	(ksi)	MPa	(ksi)	%	%			MPa	(ksi)	MPa	(ksi)	%	HBW
5083-H112	≤100	(≤4.000)	276	(40)	124	(18)	16	16			269	(39)	110	(16)	14	—
6061-T6	≤100	(≤4.000)	262	(38)	241	(35)	7	10			262	(38)	241	(35)	5	80
6066-T6	≤100	(≤4.000)	345	(50)	310	(45)	8	12			—	(—)	—	(—)	—	100
6151-T6	≤100	(≤4.000)	303	(44)	255	(37)	10	14			303	(44)	255	(37)	6	90
7049-T73	≤25	(≤1.000)	496	(72)	427	(62)	7	10			490	(71)	421	(61)	3	135
	>25~50	(1.001~2.000)	496	(72)	427	(62)	7	10			483	(70)	414	(60)	3	135
	>50~75	(2.001~3.000)	490	(71)	421	(61)	7	10			483	(70)	414	(60)	3	135
	>75~100	(3.001~4.000)	490	(71)	421	(61)	7	10			483	(70)	414	(60)	2	135
	>75~125	(4.001~5.000)	483	(70)	414	(60)	7	10			469	(68)	400	(58)	2	135
7050-T74[g]	≤50	(≤2.000)	496	(72)	427	(62)	7	10			469	(68)	386	(56)	5	135
	>50~100	(2.001~4.000)	490	(71)	421	(61)	7	10			462	(67)	379	(55)	4	135
	>100~125	(4.001~5.000)	483	(70)	414	(60)	7	10			455	(66)	372	(54)	3	135
	>125~150	(5.001~6.000)	483	(70)	407	(59)	7	10			455	(66)	372	(54)	3	135
7075-T6	≤25	(≤1.000)	517	(75)	441	(64)	7	10			490	(71)	421	(61)	3	135
	>25~50	(1.001~2.000)	510	(74)	434	(63)	7	—			490	(71)	421	(61)	3	135
	>50~75	(2.001~3.000)	510	(74)	434	(63)	7	—			483	(70)	414	(60)	3	135
	>75~100	(3.001~4.000)	503	(73)	427	(62)	7	—			483	(70)	414	(60)	2	135

表 2 (续)

合金牌号和供货状态	厚度 mm	厚度 (in)	顺锻造流线方向试样拉伸性能（≥） 抗拉强度 R_m MPa	(ksi)	规定非比例延伸强度 $R_{p0.2}$ MPa	(ksi)	断后伸长率 A（标距50 mm或4倍直径） 锻件 %	单独测试试样（取自锻坯或试样）%	非顺锻造流线方向试样拉伸性能（≥） 抗拉强度 R_m MPa	(ksi)	规定非比例延伸强度 $R_{p0.2}$ MPa	(ksi)	断后伸长率 A（标距50 mm或4倍直径）%	布氏硬度 HBW（≥）
7075-T73	≤75	(≤3.000)	455	(66)	386	(56)	7	—	427	(62)	365	(53)	3	125
	>75~100	(3.001~4.000)	441	(64)	379	(55)	7	—	421	(61)	359	(52)	2	125
7075-T7352	≤75	(≤3.000)	455	(66)	386	(56)	7	—	427	(62)	352	(51)	3	125
	>75~100	(3.001~4.000)	441	(64)	365	(53)	7	—	421	(61)	338	(49)	2	125
7076-T61	≤100	(≤4.000)	483	(70)	414	(60)	10	14	462	(67)	400	(58)	3	140
7175-T74[g]	≤75	(≤3.000)	524	(76)	455	(66)	7	10	490	(71)	427	(62)	4	—
7175-T7452[g]	≤75	(≤3.000)	503	(73)	434	(63)	7	10	469	(68)	379	(55)	4	—
7175-T7454[g]	≤75	(≤3.000)	517	(75)	448	(65)	7	10	483	(70)	421	(61)	4	—

[a] 为判定是否符合本标准，拉伸强度和屈服强度应修约至整数 MPa，伸长率修约至 0.5%（按 ASTM B557—2010 测试方法中 7.8.4 规定测量时修约至 0.1%），符合修约方法规范 ASTM E 29。

[b] 确定力学性能的基本依据见附录 A。

[c] 此数据适用于标准试样。适用于热处理时最大厚度不超过表中规定的可热处理强化合金锻件；提供的锻态产品厚度不超过表中所示厚度的 2 倍时，可机加至合适的热处理厚度后热处理。

[d] 仅供参考。布氏硬度检查通常采用 4 900 N 试验力和 10 mm 硬质合金钢球在锻质合金钢球在锻件表面测量。

[e] 锻件的拉伸性能测试要求受尺寸≥50 mm(2.000 in) 的限制，因为锻件小于直径为 12.5 mm(1/2 in) 的标准试样，试样取自锻件用原材料或使用的拉伸试样。

[f] 锻件取自锻件用原材料或代表锻件的单独测试样，试样取得适用于该尺寸该尺寸小于难取 12.5 mm(1/2 in) 的标准试验用于常规试验用的拉伸试样。

[g] 此数据适用于 7050 和 7175 合金的热处理状态代号 T736，T73652 及 T73654 分别被 T74，T7452 及 T7454 代替。自 1985 年始，应用于 7050 和 7175 合金锻件用原材料或代表锻件用原材料或使用的锻件的独立试样。

8.1.2 自由锻件的拉伸性能应符合表5要求。

8.1.3 环锻件应符合表3的拉伸性能要求。

表3 轧制环锻件的力学性能[a,b,c]

合金牌号和供货状态	最大热处理截面厚度		方向	抗拉强度 R_m[d] ≥		规定非比例延伸强度 $R_{p0.2}$[d] ≥		断后伸长率 A(标距50 mm 或 4 倍直径) ≥
	mm	(in)		MPa	(ksi)	MPa	(ksi)	%
2014-T6 和 2014-T652[e]	≤63	(≤2.500)	切向	448	(65)	379	(55)	7
			轴向	427	(62)	379	(55)	3
			径向[f]	414	(60)	359	(52)	2
	>63~75	(2.501~3.000)	切向	448	(65)	379	(55)	6
			轴向	427	(62)	359	(52)	2
			径向[f]	—	(—)	—	(—)	—
2219-T6	≤63	(≤2.500)	切向	386	(56)	276	(40)	6
			轴向	379	(55)	255	(37)	4
			径向[f]	365	(53)	241	(35)	2
2618-T61	≤63	(≤2.500)	切向	379	(55)	283	(41)	6
			轴向	379	(55)	283	(41)	5
			径向[f]	—	(—)	—	(—)	—
6061-T6 和 6061-T652[e]	≤63	(≤2.500)	切向	262	(38)	241	(35)	10
			轴向	262	(38)	241	(35)	8
			径向[f]	255	(37)	228	(33)	5
	>63~90	(2.501~3.500)	切向	262	(38)	241	(35)	8
			轴向	262	(38)	241	(35)	6
			径向[f]	255	(37)	228	(33)	4
6151-T6 和 6151-T652[e]	≤63	(≤2.500)	切向	303	(44)	255	(37)	5
			轴向	303	(44)	241	(35)	4
			径向[f]	290	(42)	241	(35)	2
7075-T6 和 7075-T652[e]	≤50	(≤2.000)	切向	503	(73)	427	(62)	7
			轴向	496	(72)	421	(61)	3
			径向[f]	469	(68)	400	(58)	2
	>50~90	(2.001~3.500)	切向	490	(71)	414	(60)	6
			轴向	483	(70)	407	(59)	3
			径向[f]	—	(—)	—	(—)	—

表3（续）

合金牌号和供货状态	最大热处理截面厚度		方向	抗拉强度 R_m [d] ≥		规定非比例延伸强度 $R_{p0.2}$ [d] ≥		断后伸长率 A（标距 50 mm 或 4 倍直径） ≥
	mm	(in)		MPa	(ksi)	MPa	(ksi)	%

[a] 为判定是否符合本标准,拉伸强度服强度应修约至整数 MPa,伸长率修约至 0.5％（测量时按 ASTM B557—2010 测试方法中 7.8.4 修约至 0.1％）,符合修约方法规范 ASTM E29。

[b] 锻件的拉伸性能测试要求受尺寸≥50 mm(2.000 in)的限制,因为锻件小于该尺寸难取得适用于常规试验使用的拉伸试样。

[c] 仅适用于外径与壁厚比≥10 的环件,比值<10 的环件由供需双方协商决定。

[d] 确定力学性能的基本依据见附录 A。

[e] 锻件可用 T651 热处理但应由供需双方协商确定。

[f] 径向性能不属于规定要求。厚度≥50 mm(2.000 in)的环件,仅特别要求时需测试以供参考。

表4　模锻和自由锻的超声不连续性范围 [a]

合金	厚度		产品	每个锻件的最大质量		不持续性等级 [b]
	mm	(in)		kg	(lb)	
2014	12.5～100	0.500—4.000				
2219	12.5～100	0.500—4.000				
7049	12.5～100	0.500—4.000				
7050	12.5～100	0.500—4.000	模锻件	136	300	B
7075	12.5～100	0.500—4.000				
7175	12.5～100	0.500—4.000				
2014	25～203	1.000—8.000				
2219	25～203	1.000—8.000				
7049	25～203	1.000—8.000				
7050	25～203	1.000—8.000	自由锻件	272	600	A
7075	25～203	1.000—8.000				
7175	25～203	1.000—8.000				

[a] 材料的不连续性若能被机加去除或在非关键区域,可超出本表所列范围值的不连续性存在。

[b] ASTM B 594—2013 中 11 规定了不连续性的等级范围。

表5 自由锻件力学性能[a,b]

合金牌号及供货状态	厚度[c]		方向	抗拉强度 R_m(≥)		规定非比例延伸强度 $R_{p0.2}$(≥)		断后伸长率 A(标距50 mm 或 4 倍直径)(≥)
	mm	(in)		MPa	(ksi)	MPa	(ksi)	%
2014-T6	≤50	(≤2.000)	纵向	448	(65)	386	(56)	8
			长横向	448	(65)	386	(56)	3
	>50~75	(2.001~3.000)	纵向	441	(64)	386	(56)	8
			长横向	441	(64)	379	(55)	3
			短横向	427	(62)	379	(55)	2
	>75~100	(3.001~4.000)	纵向	434	(63)	379	(55)	8
			长横向	434	(63)	379	(55)	3
			短横向	421	(61)	372	(54)	2
	>100~125	(4.001~5.000)	纵向	427	(62)	372	(54)	7
			长横向	427	(62)	372	(54)	2
			短横向	414	(60)	365	(53)	1
	>125~150	(5.001~6.000)	纵向	421	(61)	365	(53)	7
			长横向	421	(61)	365	(53)	2
			短横向	407	(59)	365	(53)	1
	>152~178	(6.001~7.000)	纵向	414	(60)	359	(52)	6
			长横向	414	(60)	359	(52)	2
			短横向	400	(58)	359	(52)	1
	>178~203	(7.001~8.000)	纵向	407	(59)	352	(51)	6
			长横向	407	(59)	352	(51)	2
			短横向	393	(57)	352	(51)	1
2014-T652	≤50	(≤2.000)	纵向	448	(65)	386	(56)	8
			长横向	448	(65)	386	(56)	3
	>50~75	(2.001~3.000)	纵向	441	(64)	386	(56)	8
			长横向	441	(64)	379	(55)	3
			短横向	427	(62)	359	(52)	2
	>75~100	(3.001~4.000)	纵向	434	(63)	379	(55)	8
			长横向	434	(63)	379	(55)	3
			短横向	421	(61)	352	(51)	2
	>100~127	(4.001~5.000)	纵向	427	(62)	372	(54)	7
			长横向	427	(62)	372	(54)	2
			短横向	414	(60)	345	(50)	1

表 5（续）

合金牌号及供货状态	厚度ᶜ		方向	抗拉强度 R_m（≥）		规定非比例延伸强度 $R_{p0.2}$（≥）		断后伸长率 A（标距50 mm 或 4 倍直径）（≥）
	mm	(in)		MPa	(ksi)	MPa	(ksi)	%
2014-T652	>127～152	(5.001～6.000)	纵向	421	(61)	365	(53)	7
			长横向	421	(61)	365	(53)	2
			短横向	407	(59)	345	(50)	1
	>152～178	(6.001～7.000)	纵向	414	(60)	359	(52)	6
			长横向	414	(60)	359	(52)	2
			短横向	400	(58)	338	(49)	1
	>178～203	(7.001～8.000)	纵向	407	(59)	352	(51)	6
			长横向	407	(59)	352	(51)	2
			短横向	393	(57)	331	(48)	1
2219-T6	≤100	(≤4.000)	纵向	400	(58)	276	(40)	6
			长横向	379	(55)	255	(37)	4
			短横向ᵈ	365	(53)	241	(35)	2
2219-T852	≤100	(≤4.000)	纵向	427	(62)	345	(50)	6
			长横向	427	(62)	338	(49)	4
			短横向ᵈ	414	(60)	317	(46)	3
2618-T61	≤50	(≤2.000)	纵向	400	(58)	324	(47)	7
			长横向	379	(55)	290	(42)	5
			短横向ᵈ	359	(52)	290	(42)	4
	>50～75	(2.001～3.000)	纵向	393	(57)	317	(46)	7
			长横向	379	(55)	290	(42)	5
			短横向	359	(52)	290	(42)	4
	>75～100	(3.001～4.000)	纵向	386	(56)	310	(45)	7
			长横向	365	(53)	276	(40)	5
			短横向	352	(51)	269	(39)	4
5083-H111	≤100	(≤4.000)	纵向	290	(42)	152	(22)	14
			长横向	269	(39)	138	(20)	12
5083-H112	≤100	(≤4.000)	纵向	276	(40)	124	(18)	16
			长横向	269	(39)	110	(16)	14
6061-T6 或 6061-T652	≤100	(≤4.000)	纵向	262	(38)	241	(35)	10
			长横向	262	(38)	241	(35)	8
			短横向ᵈ	255	(37)	228	(33)	5

表 5（续）

合金牌号及供货状态	厚度c		方向	抗拉强度 R_m（≥）		规定非比例延伸强度 $R_{p0.2}$（≥）		断后伸长率 A（标距 50 mm 或 4 倍直径）（≥）
	mm	(in)		MPa	(ksi)	MPa	(ksi)	%
6061-T6 或 6061-T652	>100～203	(4.001～8.000)	纵向	255	(37)	234	(34)	8
			长横向	255	(37)	234	(34)	6
			短横向	241	(35)	221	(32)	4
7049-T73	>50～75	(2.001～3.000)	纵向	490	(71)	421	(61)	9
			长横向	490	(71)	407	(59)	4
			短横向	476	(69)	400	(58)	3
	>75～100	(3.001～4.000)	纵向	476	(69)	407	(59)	8
			长横向	476	(69)	393	(57)	3
			短横向	462	(67)	386	(56)	2
	>100～127	(4.001～5.000)	纵向	462	(67)	386	(56)	7
			长横向	462	(67)	386	(56)	3
			短横向	455	(66)	379	(55)	2
7049-T7352	>25～75	(1.001～3.000)	纵向	490	(71)	407	(59)	9
			纵横向	490	(71)	393	(57)	4
			短横向d	476	(69)	386	(56)	3
	>75～100	(3.001～4.000)	纵向	476	(69)	393	(57)	8
			长横向	476	(69)	372	(54)	3
			短横向	462	(67)	365	(53)	2
	>100～127	(4.001～5.000)	纵向	462	(67)	372	(54)	7
			长横向	462	(67)	365	(53)	3
			短横向	455	(66)	352	(51)	2
7050-T7452e	≤50	(≤2.000)	纵向	496	(72)	434	(63)	9
			长横向	490	(71)	421	(61)	5
	>50～75	(2.001～3.000)	纵向	496	(72)	427	(62)	9
			长横向	483	(70)	414	(60)	5
			短横向	462	(67)	379	(55)	4
	>75～100	(3.001～4.000)	纵向	490	(71)	421	(61)	9
			长横向	483	(70)	407	(59)	5
			短横向	462	(67)	379	(55)	4
	>100～127	(4.001～5.000)	纵向	483	(70)	414	(60)	9
			长横向	476	(69)	400	(58)	4
			短横向	455	(66)	372	(54)	3

表5（续）

合金牌号及供货状态	厚度c		方向	抗拉强度 R_m（≥）		规定非比例延伸强度 $R_{p0.2}$（≥）		断后伸长率 A（标距50 mm 或 4 倍直径）（≥）
	mm	(in)		MPa	(ksi)	MPa	(ksi)	%
7050-T7452e	>127~152	(5.001~6.000)	纵向	476	(69)	407	(59)	9
			长横向	469	(68)	386	(56)	4
			短横向	455	(66)	365	(53)	3
	>152~178	(6.001~7.000)	纵向	469	(68)	400	(58)	9
			长横向	462	(67)	386	(56)	4
			短横向	448	(65)	359	(52)	3
	>178~203	(7.001~8.000)	纵向	462	(67)	393	(57)	9
			长横向	455	(66)	359	(52)	4
			短横向	441	(64)	345	(50)	3
7075-T6	≤50	(≤2.000)	纵向	510	(74)	434	(63)	9
			长横向	503	(73)	421	(61)	4
	>50~75	(2.001~3.000)	纵向	503	(73)	421	(61)	9
			长横向	490	(71)	407	(59)	4
			短横向	476	(69)	400	(58)	3
	>75~100	(3.001~4.000)	纵向	490	(71)	414	(60)	8
			长横向	483	(70)	400	(58)	3
			短横向	469	(68)	393	(57)	2
	>100~127	(4.001~5.000)	纵向	476	(69)	400	(58)	7
			长横向	469	(68)	386	(56)	3
			短横向	455	(66)	386	(56)	2
	>127~152	(5.001~6.000)	纵向	469	(68)	386	(56)	6
			长横向	455	(66)	379	(55)	3
			短横向	448	(65)	379	(55)	2
7075-T652	≤50	(≤2.000)	纵向	510	(74)	434	(63)	9
			长横向	503	(73)	421	(61)	4
	>50~75	(2.001~3.000)	纵向	503	(73)	421	(61)	9
			长横向	490	(71)	407	(59)	4
			短横向	476	(69)	393	(57)	2
	>75~100	(3.001~4.000)	纵向	490	(71)	414	(60)	8
			长横向	483	(70)	400	(58)	3
			短横向	469	(68)	386	(56)	1

表 5（续）

合金牌号及供货状态	厚度c		方向	抗拉强度 R_m（≥）		规定非比例延伸强度 $R_{p0.2}$（≥）		断后伸长率 A（标距 50 mm 或 4 倍直径）（≥）
	mm	(in)		MPa	(ksi)	MPa	(ksi)	%
7075-T652	>100~127	(4.001~5.000)	纵向	476	(69)	400	(58)	7
			长横向	469	(68)	386	(56)	3
			短横向	455	(66)	379	(55)	1
	>127~152	(5.001~6.000)	纵向	469	(68)	386	(56)	6
			长横向	455	(66)	379	(55)	3
			短横向	448	(65)	372	(54)	1
7075-T73	≤75	(≤3.000)	纵向	455	(66)	386	(56)	7
			长横向	441	(64)	372	(54)	4
			短横向d	421	(61)	359	(52)	3
	>75~100	(3.001~4.000)	纵向	441	(64)	379	(55)	7
			长横向	434	(63)	365	(53)	3
			短横向	414	(60)	352	(51)	2
	>100~127	(4.001~5.000)	纵向	427	(62)	365	(53)	7
			长横向	421	(61)	352	(51)	3
			短横向	400	(58)	345	(50)	2
	>127~152	(5.001~6.000)	纵向	421	(61)	352	(51)	6
			长横向	407	(59)	345	(50)	3
			短横向	393	(57)	338	(49)	2
7075-T7352	≤75	(≤3.000)	纵向	455	(66)	372	(54)	7
			长横向	441	(64)	359	(52)	4
			短横向d	421	(61)	345	(50)	3
	>75~100	(3.001~4.000)	纵向	441	(64)	365	(53)	7
			长横向	434	(63)	345	(50)	3
			短横向	414	(60)	331	(48)	2
	>100~127	(4.001~5.000)	纵向	427	(62)	352	(51)	7
			长横向	421	(61)	331	(48)	3
			短横向	400	(58)	317	(46)	2
	>127~152	(5.001~6.000)	纵向	421	(61)	338	(49)	6
			长横向	407	(59)	317	(46)	3
			短横向	393	(57)	303	(44)	2

表5（续）

合金牌号及供货状态	厚度[c]		方向	抗拉强度 R_m（≥）		规定非比例延伸强度 $R_{p0.2}$（≥）		断后伸长率 A（标距50 mm 或 4 倍直径）（≥）
	mm	(in)		MPa	(ksi)	MPa	(ksi)	%
7175-T74[e]	≤75	(≤3.000)	纵向	503	(73)	434	(63)	9
			长横向	490	(71)	414	(60)	5
			短横向[d]	476	(69)	414	(60)	4
	>75~100	(3.001~4.000)	纵向	490	(71)	421	(61)	9
			长横向	483	(70)	400	(58)	5
			短横向	469	(68)	393	(57)	4
	>100~127	(4.001~5.000)	纵向	469	(68)	393	(57)	8
			长横向	462	(67)	386	(56)	5
			短横向	455	(66)	379	(55)	4
	>127~152	(5.001~6.000)	纵向	448	(65)	372	(54)	8
			长横向	441	(64)	359	(52)	5
			短横向	434	(63)	359	(52)	4
7175-T7452[e]	≤75	(≤3.000)	纵向	490	(71)	421	(61)	9
			长横向	476	(69)	400	(58)	5
			短横向[d]	462	(67)	372	(54)	4
	>75~100	(3.001~4.000)	纵向	469	(68)	393	(57)	9
			长横向	462	(67)	379	(55)	5
			短横向	448	(65)	352	(51)	4
	>100~127	(4.001~5.000)	纵向	448	(65)	372	(54)	8
			长横向	441	(64)	359	(52)	5
			短横向	434	(63)	338	(49)	4
	>127~152	(5.001~6.000)	纵向	434	(63)	352	(51)	8
			长横向	421	(61)	338	(49)	5
			短横向	414	(60)	317	(46)	2

[a] 为判定是否符合本标准，拉伸强度和屈服强度应修约至整数(0.1 ksi)，伸长率修约至 0.5%（或按 ASTM B 557—2010 测试方法中 7.8.4 要求修约至 0.1%），符合修约方法规范 ASTM E 29。

[b] 确定力学性能的基本依据见附录 A。

[c] 除 2618-T61 的最大横截面积为 92 903 mm²(144 in²)外，其他均为 165 160 mm²(256 in²)。热处理时测量短横向厚度，且适用于黑皮锻件及任意机加工前的尺寸测量。

[d] 锻件的拉伸性能测试要求受尺寸≥50 mm(2.000 in)的限制，因为锻件小于该尺寸难取得适用于常规试验使用的拉伸试样。

[e] 自 1985 年始，7050 和 7175 合金的热处理状态号 T736、T73652 及 T73654 分别被 T74、T7452 及 T7454 替代。

8.2 取样数量

模锻件、自由锻件、环锻件的每批次产品中至少取一个拉伸试样(见6.2)。当需方要求时,应对模锻件首批产品中的代表性锻件进行锻造流线检查和拉伸性能检测(见8.3.2)。锻造工艺发生重大变化时,应重新检验。

8.3 试验试样

8.3.1 对于模锻件,除非需方在下订单时另有规定,模锻件应沿锻造流线取样,供方可任选以下方法:

a) 方法1——锻件生产用坯料上采用机加工方式取样;

b) 方法2——从锻造试样上采用机加工方式取样;

c) 方法3——从锻件的延长部分采用机加工方式取样;

d) 方法4——从一批锻件中的一个锻件采用机加工方式取样。

注1:采用方法1、2或3所取试样通常与方法4所取试样的性能有差异。通过合适的热处理工艺,采用方法1、2或3所取锻件试样可达到常规的力学性能。

注2:代表锻件的样件或试样应随锻件热处理后再取样。

8.3.2 如有需要,锻造工艺确定后可对模锻件首批产品中的代表件按以下要求进行试验:

a) 在两个方向切取拉伸试样:(1)锻造流线方向;(2)非锻造流线方向。取样位置应在锻件图上注明,如未注明,通常在具有代表性的区域取样;

b) 沿取样位置剖开锻件检查锻造流线。

8.3.3 自由锻件的试样应取自于锻件的延长部分或代表整批锻件的样件上切取。通常只需进行长横向与短横向试验,需方要求时进行纵向试验。

8.3.4 环锻件的试样应取自于加高件或代表整批锻件的样件。除非另有规定,环锻件的试样应截取自尺寸许可的最具代表性的中间区域。试验通常只进行切向和轴向,但如需方要求,作为参考,也可进行径向试验。

8.4 试验方法

8.4.1 拉伸试验应按 ASTM B 557—2010 要求进行。

8.4.2 当规定的伸长率<3%、或常规方法测得伸长率<4%时,应按 ASTM B 557—2010 中7.8.4的要求测量圆形拉伸试样的伸长率。

8.4.3 布氏硬度测试应按 ASTM E 10 进行,用 10 mm 硬质合金钢球在 4 900 N 载荷下保持 10 s～15 s;采用其他等效载荷和钢球或替代试验方法,存在争议时,应以 4 900 N 载荷和 10 mm 硬质合金钢球的检测结果为可接收依据。

9 热处理

9.1 锻件应根据 AMS 2772 的要求按表2和表3进行热处理。

9.2 如需方要求,表2和表3的热处理工艺应符合 ASTM B 918 的要求。

10 供方保证热处理后的性能

10.1 除第8章的要求外,O1 或 F 状态 2014、2018、2025、2218、2219、2618、4032、6061、6066、6151、

7075 和 7076 合金模锻件（尺寸应符合表 2 的要求）经固溶、时效后，除 2018、2218、2618 和 7076 合金模锻件的拉伸性能应符合表 2 中 T61 状态的要求外，其他合金锻件的拉伸性能应符合表 2 中 T6 状态的要求。

10.2 除第 8 章的要求外，经固溶、时效后，O1 和 F 状态 2014、2219、2618、6061 和 7075 合金自由锻件（尺寸应符合表 5 的要求）经固溶、时效后，除 2618 合金自由锻件的拉伸性能应符合表 5 中 T61 状态的要求外，其他合金锻件的拉伸性能应符合表 5 中 T6 状态的要求。

10.3 如需方要求，经固溶、时效后，F 和 O 状态 7049 合金以及 O1 和 F 状态 7075 合金模锻件和自由锻件（尺寸应分别符合表 2 和表 5 的要求）的拉伸性能应符合表 2 和表 5 中 T73 状态以及第 12 章的要求。

10.4 经固溶、时效后，F 和 O 状态 7050 和 7175 合金自由锻件和模锻件（尺寸应分别符合表 2 和表 5 的要求）的拉伸性能应符合表 2 和表 5 中 T74 状态以及第 12 章的要求。

10.5 除第 8 章的要求外，F 和 O1 状态 2014、2219、2618、6061、6151 和 7075 合金环锻件（尺寸应符合表 3 要求）经固溶、时效后，除 2618 合金环锻件的拉伸性能应符合表 3 中 T61 状态的要求外，其他合金锻件的拉伸性能应符合表 3 中 T6 状态的要求。

10.6 每批次 O1 和 F 状态的模锻件、自由锻件和环锻件应取一个试样，以检验是否符合第 10.1～10.5 的要求。

11 热处理后性能

11.1 以 O1 和 F 状态交付的 2014、2018、2025、2218、2219、2618、4032、6061、6066、6151、7075 和 7076 合金模锻件和自由锻件（尺寸符合表 2 和表 5 要求）经固溶、时效后，除 2018、2218、2618 和 7076 合金模锻件和自由锻件的拉伸性能符合表 2 和表 5 中 T61 状态的要求外，其他合金锻件的拉伸性能符合表 2 和表 5 中 T6 状态的要求。

11.2 T6、T652、T73、T7352 状态的 7075 合金模锻件及自由锻件经固溶、时效后，拉伸性能符合表 2 和表 5 中 T6 状态的要求。

11.3 2014-T4 合金模锻件经时效后，拉伸性能符合表 2 中 T6 状态的要求。

11.4 供方保证，以 F 和 O1 状态交付的 2014、2219、2618、6061、6151 和 7075 合金环锻件（尺寸符合表 3 要求）经固溶、时效后，除 2618 合金环锻件的拉伸性能应符合表 3 中 T61 状态的要求外，其他合金锻件的拉伸性能符合表 3 中 T6 状态的要求。

12 耐应力腐蚀性能

12.1 7049-T73、7075-T73 与 7050-T74、7175-T74 合金锻件按 12.2 测试，试样应无应力腐蚀裂纹，且检测要求如下：

    a) 对每批次 7049、7050、7075 和 7175 合金锻件的拉伸试样进行耐应力腐蚀性能检验，且应符合表 6 的要求；

    b) 对于厚度≥19 mm(0.750 in)、每种合金状态的锻件，供方应按 12.2.2 要求当月至少进行一次耐应力腐蚀试验。从符合表 6 批次接收要求的锻件中选取试样，每次应至少取 3 个相邻试样。供方应保留所有批次测试记录以备检查。

表 6　T73 状态 7049、7075 合金和 T74 状态 7050、7175 合金耐应力腐蚀性能的批次验收标准

合金及状态	批次验收标准			批次验收状态
	电导率/% IACS[a]	力学性能等级		
7049-T73 和 7049-T7352	≥40.0	按指定要求		可接收
	38.0～39.9	按指定要求且纵向屈服强度不超过最小值 68 MPa(9.9 ksi)		可接收
	38.0～39.9	按指定要求但纵向屈服强度超过最小值 69 MPa(10 ksi) 或更多		拒收[b]
	<38.0	任意等级		拒收[b]
7050-T74[c] 模锻件及 7050-T7452[c] 自由锻件	≥38.0[d]	按指定要求且 SCF[e]≤32.0		可接收
	≥38.0	按指定要求但 SCF[e]>32.0		拒收[b]
	<38.0	任意等级		拒收[b]
7075-T73 和 7075-T7352,7175-T74[c]、 7175-T7452[c] 和 7175-T7454[c]	≥40.0	按指定要求		可接收
	38.0～39.9	按指定要求且纵向屈服强度不超过最小值 82 MPa(11.9 ksi)		可接收
	38.0～39.9	按指定要求但纵向屈服强度超过最小值 83 MPa(12 ksi) 或更多		拒收[b]
	<38.0	任意等级		拒收[b]

[a] 电导率测量应按 ASTM E 1004 试验方法在拉伸试样表面进行。

[b] 当 T73 和 T7352 状态 7049 合金锻件、T74 和 T7452 状态 7050 合金锻件、T73 和 T7352 状态 7075 合金锻件以及 T74、T7452 和 T7454 状态 7175 合金锻件根据批次验收标准为拒收时,应再次进行时效处理或重新固溶、时效处理,并进行复检。

[c] 自 1985 年始,7050 和 7175 合金的热处理状态代号 T736、T73652 及 T73654 分别被 T74、T7452 及 T7454 所替代。

[d] 7050-T74 合金模锻件顺锻造流线的屈服强度应≤496 MPa(72 ksi)。

[e] 应力腐蚀敏感性因子(SCF)=屈服强度(××.×ksi)-电导率(××.×% IACS)。

12.2 应力腐蚀裂试验用厚度≥19 mm(0.750 in)的材料按以下要求进行:

a) 试样在相对于晶粒流向的短横向受力并保持固定的应变,应力级别如下:

   1) T73 状态锻件:75％的最小屈服强度或最小纵向屈服强度应符合表 2 或表 5 要求。

   2) T74 状态锻件:≤75 mm(3.0 in)的模锻件及自由锻件要求最小屈服强度为 241 MPa(35.0 ksi),>75 mm(3.0 in)的自由锻件最小屈服强度应达到表 5 中最小纵向屈服强度的 50％。

b) 按 ASTM G 47 检测方法进行应力腐蚀试验。

c) 试样上应无任何目视可见的应力腐蚀裂纹,否则按 17.2 重复试验。

13 尺寸公差

锻件应符合合同或订单中规定的形状和尺寸,其公差不超过合同、订单或引用的图纸的规定。

14 内部质量

需方下订单时应明确指出:质量≤136 kg(300 lb)、厚度 12.5～100 mm(0.500 in～4.000 in)、合金牌号为 2014、2219、7049、7050、7075 和 7175 的模锻件,质量≤272 kg(600 lb)、厚度 25 mm～103 mm (1.000 in～8.000 in)、合金牌号为 2014、2219、7049、7050、7075 和 7175 的自由锻件应按 ASTM B 594—2013 进行超声检测,且不连续性的验收范围见表 4。环锻件的超声检验要求及可接受的不连续范围由供需双方协商决定,符合 ASTM B 594—2013 的要求。

15 通用质量要求

15.1 锻件质量和供货状态与本文件一致。供需双方应就任何未涵盖的要求达成协议。

15.2 目测检查前,将模锻件和环锻件在 NaOH 水溶液中进行腐蚀,以获得适于目测检查或渗透检查的表面。供方可视需要在 NaOH 溶液中加入缓蚀剂。

> 注:NaOH 溶液中使用缓蚀剂可防止含铜合金发生晶间腐蚀。溶液由 NaOH 50 g 和 Na_2S 2.5 g 在 1 L 水中溶解而成。腐蚀温度为 66～71 ℃(150～160 ℉),腐蚀时间为 1 min;其他经缓释处理的溶液可提供同样的腐蚀效果。随后,将零件完全浸入流动水中洗净,用 HNO_3 或含 Cr 的 H_2SO_4 溶液或其他等效溶液生成适于目视检查或渗透检查的表面。

15.3 除非另有规定,每个经腐蚀的锻件目视检查应无缝隙、折叠、破裂及淬火裂纹等缺陷。需方要求时,每个经腐蚀的锻件应按 ASTM E 165 的试验方法使用乳化或水洗型渗透剂进行渗透检测,以检测是否存在有害的表面缺陷,且渗透检测人员应具有 NAS 410 的无损检测 Ⅱ 级资格证(或水平等同的其他证书)。

> 注:渗透检验前所有零件或零件待检表面应清洁、干燥。

16 采购检验

16.1 若需方希望锻件发货前由其代表检验或见证锻件检验和试验,应由供需双方在合同中注明。

16.2 供方应向需方代表提供必要的便利条件,使其确信锻件符合标准要求,检验和试验应以不妨碍供方的生产来安排。

17 复检和拒收

17.1 如锻件化学成分不符合本标准的要求,则整个检验批拒收。

17.2 试样不合格不应代表整个检验批不合格,需方在订单或合同中未提出其他抽样计划时,取双倍试样重新进行试验,所有试样都应符合本文件的要求,否则整批拒收。

17.3 若检验后发现锻件中有缺陷可拒收。

17.4 若需方拒收锻件,供方有责任为需方换货。

18 合格证

供方应按要求向需方提供证明每批次锻件符合本标准抽样、测试和检验要求的合格证。

19 产品追溯性标识

19.1 每个模锻件都应按锻件图纸的要求进行标识。

19.2 若事先指定,自由锻件应标记供方名称或商标、适用合金、状态代号和标准号。标识字符高度至少 6.5 mm(1/4 in),且带标识的产品在正常的转运过程中标识不应丢失。

20 包装及标识

20.1 锻件应进行包装,以提供正常转运过程中的防护,除非另有协议,一个包装应只装同一尺寸、同一材料、同一热处理状态的锻件。供方决定包装方式和总重,并在承运方许可的情况下、以最低费用安全运输至交付地点。

20.2 每一包装箱应标识采购合同号(订单号)、锻件尺寸、标准号、材料牌号和热处理状态、毛重和净重、供方名称或商标。

20.3 当合同或订单中指出锻件应做防护和包装要求时,且包装要求应符合 ASTM B 660 的规定,并在合同或订单中指明包装等级。

附　录　A

（规范性附录）

性能范围制定依据

基于统计数据建立性能范围,统计数据表明,99%符合标准要求的锻件满足性能范围的置信度为95%。为了描述产品,各尺寸范围锻件的性能基于至少 100 个数据,数据取自符合标准要求的锻件,每批锻件的数据不超过 10 个。所有测试应符合相应的 ASTM 测试方法要求,引用 ASTM 标准年鉴中Vol 02.02 的相关材料章节"力学性能保证的统计特性"。

ICS 77.140.85
J 32

中华人民共和国国家标准

GB/T 32253—2015

直齿锥齿轮精密热锻件 结构设计规范

Precision hot forging of straight bevel gear—Structural design specification

2015-12-10 发布

2016-07-01 实施

中华人民共和国国家质量监督检验检疫总局
中国国家标准化管理委员会 发布

前　言

本标准按照 GB/T 1.1—2009 给出的规则起草。

本标准由全国锻压标准化技术委员会(SAC/TC 74)提出并归口。

本标准起草单位:江苏太平洋精锻科技股份有限公司、上海汽车变速器有限公司、北京机电研究所。

本标准主要起草人:夏汉关、黄泽培、金红、陶立平、张海英、魏巍、张勇、申加圣、周林、周煊、孙华标。

直齿锥齿轮精密热锻件 结构设计规范

1 范围

本标准规定了齿部为热精密锻造成形的直齿锥齿轮锻件(以下简称"热锻件")的术语和定义、结构要素以及热精锻直齿锥齿轮的优化结构形式。

本标准适用于齿部最终采用精密热锻工艺成形的直齿锥齿轮锻件,其质量≤20 kg,端面模数≤20 mm,齿部直径≤250 mm。

2 规范性引用文件

下列文件对于本文件的应用是必不可少的。凡是注日期的引用文件,仅注日期的版本适用于本文件。凡是不注日期的引用文件,其最新版本(包括所有的修改单)适用于本文件。

GB/T 11365—1989 锥齿轮和准双曲面齿轮 精度

GB/T 32254—2015 直齿锥齿轮精密热锻件 通用技术条件

3 术语和定义

下列术语和定义适用于本文件。

3.1

直齿锥齿轮精密热锻件 precision hot forging of straight bevel gear

采用精密热模锻工艺获得的直齿锥齿轮带齿锻件,其齿轮表面不再进行切削加工,精度不低于GB/T 11365—1989 所规定的 10 级。

3.2

轮辐板 spoke plate

热锻件上连接轮缘与轮毂之间的环形板,称轮辐板。

4 结构要素

4.1 分模面

热锻件的分模面,是一个垂直于轴心线,且包含着热锻件最大直径的一个平面(图 1、图 2)。

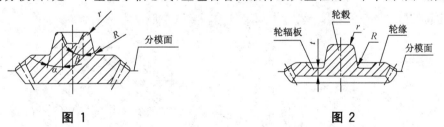

图 1　　　　　　　　　　　　　图 2

4.2 模锻斜度及其公差

热锻件的模锻斜度(如图 1 中的 α、β)及其公差,按 GB/T 32254—2015 的规定。

4.3 圆角半径及其公差

热锻件上的圆角半径(如图1中的 R、r)及其公差,按 GB/T 32254—2015 的规定。

4.4 轮辐板厚度

热锻件轮辐板的最小厚度 t(图2),可根据热锻件在分模面上的投影面积 S 按表1选择。

表 1　投影面积 S

S/mm^2	≤25	>25～50	>50～100	>100～200	>200～400	>400～800
t^a/mm	4	5	6	8	10	12
a　t 值可根据设备、工艺等条件协商变动。						

4.5 余块

当热锻件在背锥面上的齿根与背面 E 的距离 C_1 小于 3 mm 时,则背面上需放余块 C_2。C_1 与 C_2 之和应大于 3 mm(图3)。

4.6 飞边或倒角

热锻件的背锥面上,各齿间有飞边相连,呈伞状或齿状,其厚度 C_3 不应小于 1 mm(图3)。

切除飞边后的热锻件,背锥面上具有一个与分模面垂直的倒角 γ(图4)。

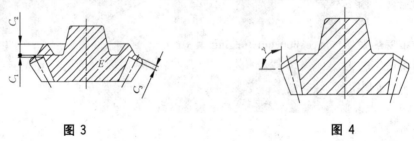

图 3　　　　　　　　　　　　　图 4

4.7 盲孔、通孔和冲孔

4.7.1 盲孔

盲孔呈截锥体,分单向盲孔(图5)和双向盲孔(图6)两种。盲孔深度(h_1;h_2)分别与对应截锥体理论交点大端直径(D_1;D_2)之比应小于0.7。

双向盲孔间的厚度 t_1,不应小于表1中规定的轮辐板最小厚度 t。

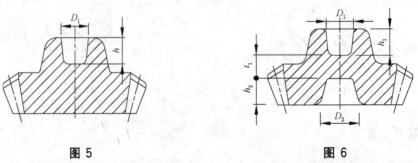

图 5　　　　　　　　　　　　　图 6

4.7.2 通孔

通孔呈截锥体,其大端直径 D_2 不小于 30 mm(图 7)。

4.7.3 冲孔

冲孔直径 D_0 不小于 25 mm(图 8)。

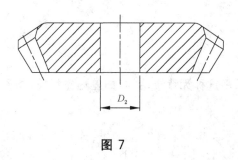

图 7

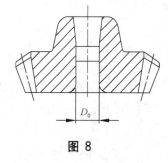

图 8

4.8 标识

根据需要,应在热锻件齿端面或齿槽内锻出凸起或凹陷标识,标识为公司标志、用户标志或零件图号、代号以及模号等,字体及大小按供需双方协商确定。如可标识区域过小,可与需方协商,采用凸点或凹点标识。应注意使零件待加工表面及齿面不受变形损伤,并保证标志在热锻件的整个使用期间保持完整,经协商也可采用不标识的方案。

5 热锻件的优化结构

5.1 端面封闭结构

热锻件的齿间,可设计成后端面封闭(图 9、图 10)或前端面封闭(图 11)的结构型式。这种结构型式不能用切齿法制造。

具有一般使用要求的热锻件,特别是对机械强度有较高要求的精锻齿轮,均宜采用这种结构型式,如千斤顶齿轮(图 9)、增速器齿轮(图 10)和重型机械齿轮(图 11)等,但其配偶齿轮不能采用端面封闭结构。

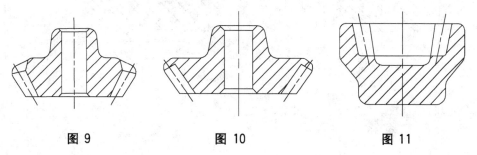

图 9   图 10   图 11

5.2 垂直倒角结构

按 4.6 的规定,在热锻件的背锥面上设计出垂直于分模面的倒角,即成为垂直倒角结构。
具有背锥面的非端面封闭结构的热锻件,均应采用这种结构。

5.3 无前锥面结构

在热锻件的结构设计中,宜采用无前锥面的结构型式(图 12)。

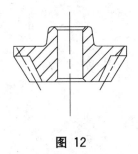

图 12

5.4 无背锥结构

外形接近扁球形或接近柱锥状的热锻件,均宜采用这种无背锥结构,如差速器齿轮(图 13)、卡盘齿轮(图 14)及半轴齿轮(图 15)等。

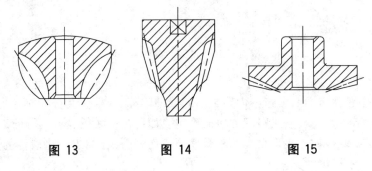

图 13　　　　　图 14　　　　　图 15

5.5 带内球面结构

带内球面结构具有金属成形及钻孔时的引导作用、外球面机加工余量均匀性好(图 16)。

5.6 齿大外圆带台阶凸肩结构

齿大外圆带台阶凸肩结构,这种结构增加了定位面的直径尺寸(图 17)。

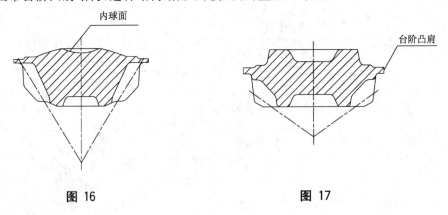

图 16　　　　　　　　　　　图 17

5.7 齿小端长凸台结构

齿小端增加长凸台结构,在结构尺寸限制的条件下,满足了增加内止口长度,同时又能确保内花键有效长度(图 18)。

5.8 球面带凸台结构

带凸台球面结构解决了带球面热锻件安装时外圆导向及装配时径向支撑问题(图 19)。

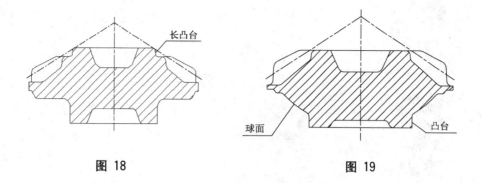

图 18   图 19

5.9 带前锥结构

对于大模数锥齿轮,根据需要可以设计成带前锥面结构,并可在锻造时直接成形(图20)。

5.10 背锥全封闭结构

通过改变传统的开放式背锥结构,省去了车背锥及切边工序,提高了锥齿轮大端的强度(图21)。

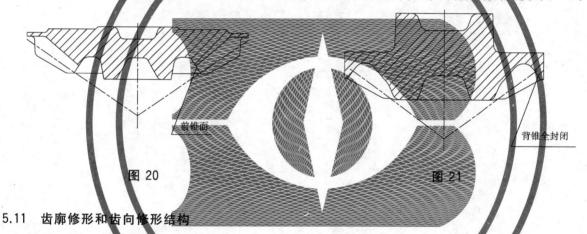

图 20   图 21

5.11 齿廓修形和齿向修形结构

热锻件在成批生产中,宜采用切削方法难于制造的齿廓修形(图22)和齿向修形(图23)结构。

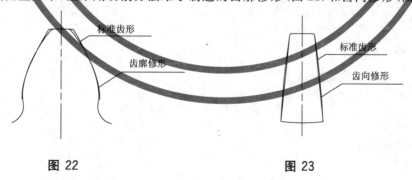

图 22   图 23

5.12 组合结构

在机械传动中,热锻件的前端或(和)后端常与其他零件相连接,此时可设计为一个整体,成为组合结构(图24、图25、图26)。

具有可锻性和有利于机械制造工艺的精锻齿轮,特别是对各组合件间的连接强度有较高要求的精锻齿轮,均宜采用这种结构型式,如挂浆齿轮(图24)、纺织机械齿轮(图25)和坦克齿轮(图26)等。但图23和图24中的锥齿轮的配偶齿轮不能采用端面封闭结构。

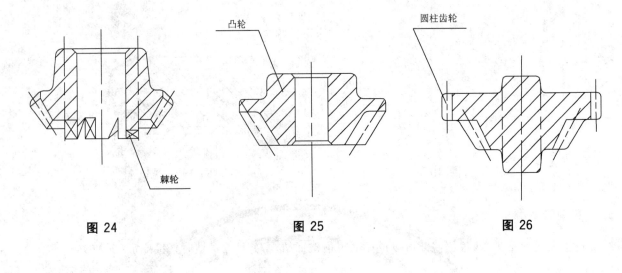

图 24   图 25   图 26

ICS 77.140.85
J 32

中华人民共和国国家标准

GB/T 32254—2015

直齿锥齿轮精密热锻件 通用技术条件

Precision hot forging of straight bevel gear—General specifications

2015-12-10 发布

2016-07-01 实施

中华人民共和国国家质量监督检验检疫总局
中国国家标准化管理委员会
发布

前　言

本标准按照 GB/T 1.1—2009 给出的规则起草。

本标准由全国锻压标准化技术委员会(SAC/TC 74)提出并归口。

本标准主要起草单位:江苏太平洋精锻科技股份有限公司、上海汽车变速器有限公司、北京机电研究所。

本标准主要起草人:夏汉关、陶立平、金红、黄泽培、张海英、周林、董义、徐骥、魏巍、周煊、孙华标。

直齿锥齿轮精密热锻件 通用技术条件

1 范围

本标准规定了齿部为热精密锻造成形的直齿锥齿轮锻件(以下简称"热锻件")的要求、试验方法、检验规则,以及包装、搬运、贮存、标志等方面的要求。

本标准适用于齿部最终采用精密热锻工艺成形的直齿锥齿轮锻件,其质量≤20 kg,端面模数≤20 mm,齿部直径≤250 mm。

2 规范性引用文件

下列文件对于本文件的应用是必不可少的。凡是注日期的引用文件,仅注日期的版本适用于本文件。凡是不注日期的引用文件,其最新版本(包括所有的修改单)适用于本文件。

GB/T 191 包装储运图示标志

GB/T 226 钢的低倍组织及缺陷酸蚀检验法

GB/T 228.1 金属材料 拉伸试验 第1部分:室温试验方法

GB/T 231.1 金属材料 布氏硬度试验 第1部分:试验方法

GB/T 1979 结构钢低倍组织缺陷评级图

GB/T 2822 标准尺寸

GB/T 2828.1 计数抽样检验程序 第1部分:按接收质量限(AQL)检索的逐批检验抽样计划

GB/T 3077 合金结构钢

GB/T 5216 保证淬透性结构钢

GB/T 6394 金属平均晶粒度测定法

GB/T 11365—1989 锥齿轮和准双曲面齿轮 精度

GB/T 12362—2003 钢质模锻件 公差及机械加工余量

3 术语和定义

下列术语和定义适用于本文件。

3.1

直齿锥齿轮精密热锻件 **precision hot forging of straight bevel gear**

采用精密热模锻工艺获得的直齿锥齿轮带齿锻件,其齿轮表面不再进行切削加工,精度不低于GB/T 11365—1989 所规定的 10 级。

4 要求

4.1 一般规定

4.1.1 热锻件使用的原材料应为含碳量≤0.65%的碳素结构钢材或合金元素总含量≤5.0%的合金结构钢材,符合 GB/T 3077 或 GB/T 5216 的规定,也可使用由供、需双方商定的其他材料。

4.1.2 热锻件的原材料应附有出厂产品质量证明书,热锻件生产企业可按技术要求进行复检,其内容可以包括：化学成分，尺寸、外形及表面质量，低倍组织，非金属夹杂物，晶粒度，末端淬透性和探伤等。

4.1.3 首件锻造成形后，按照工艺文件对热锻件进行检验，检验合格后，方可进行批量生产。

4.2 机械加工余量

4.2.1 外径的双面加工余量 Δa，根据外径 D 和总厚度 H 选择，见表1。

表 1 外径的双面加工余量   单位为毫米

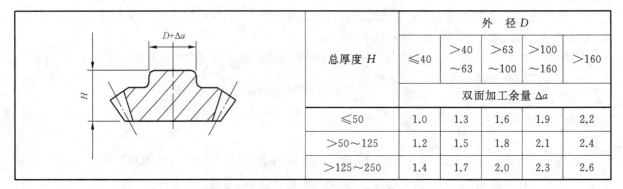

总厚度 H	外 径 D				
	≤40	>40 ~63	>63 ~100	>100 ~160	>160
	双面加工余量 Δa				
≤50	1.0	1.3	1.6	1.9	2.2
>50~125	1.2	1.5	1.8	2.1	2.4
>125~250	1.4	1.7	2.0	2.3	2.6

4.2.2 内径的双面加工余量 Δb，根据内径 d 和总厚度 H 选择，见表2。

表 2 内径的双面加工余量   单位为毫米

总厚度 H	内 径 d				
	≤40	>40 ~63	>63 ~100	>100 ~160	>160
	双面加工余量 Δb				
≤50	3.0	3.4	3.8	4.2	4.6
>50~125	3.4	3.8	4.2	4.6	5.0
>125~250	3.8	4.2	4.6	5.0	5.4

4.2.3 端面的加工余量 Δc，根据端面外径 D 和厚度 H 选择，见表3。

表 3 端面的加工余量   单位为毫米

厚度 H_1；H_2	端面直径 D_1；D_2				
	≤40	>40 ~63	>63 ~100	>100 ~160	>160
	端面加工余量 Δc_1；Δc_2				
≤50	0.8	0.9	1.0	1.1	1.2
>50~125	1.0	1.1	1.2	1.3	1.4
>125~250	1.2	1.3	1.4	1.5	1.6

4.3 公差与极限值

4.3.1 直径、厚度公差及横向残余毛边、切入热锻件深度、错差、顶料杆压痕深度极限值

4.3.1.1 直径、厚度公差根据下列三要素，从表4和表5中查得：

a) 热锻件的最大尺寸、总厚度；

b) 热锻件的质量；

c) 热锻件的形状复杂系数（其计算和分级均按 GB/T 12362—2003 中 3.1.2 的规定）。

4.3.1.2 机械加工面与非机械加工面（不包括轮齿表面，以下同）的公差值相同。

4.3.1.3 顶料杆压痕的直径和位置应在热锻件图上标注。

4.3.1.4 横向残余毛边、切入热锻件深度、错差及顶料杆压痕深度极限值的应用与任何其他公差无关。在确定机械加工余量时应加上这些项目的实际偏差值。

表 4 齿部直径、厚度公差及横向残余毛边、切入热锻件深度、错差极限值　　　单位为毫米

错差 极限值	横向残余毛边 极限值	切入热锻件深度 极限值	热锻件质量 kg	S₁ S₂ S₃ S₄ 形状复杂系数	≤40 直径	≤40 厚度	>40~63 直径	>40~63 厚度	>63~100 直径	>63~100 厚度	>100~160 直径	>100~160 厚度	>160 直径	>160 厚度
0.3	+0.3	−0.15	≤0.4		+0.5 −0.2	±0.35	+0.5 −0.3	±0.40	+0.6 −0.3	±0.45	+0.7 −0.3	±0.50	+0.8 −0.4	±0.60
0.4	+0.4	−0.30	>0.4~1.0		+0.5 −0.3	±0.40	+0.6 −0.3	±0.45	+0.7 −0.3	±0.50	+0.8 −0.4	±0.60	+0.9 −0.5	±0.70
0.5	+0.5	−0.25	>1.0~1.6		+0.6 −0.3	±0.45	+0.7 −0.3	±0.50	+0.8 −0.4	±0.60	+0.9 −0.5	±0.70	+1.1 −0.5	±0.80
0.6	+0.6	−0.3	>1.6~2.5		+0.7 −0.3	±0.50	+0.8 −0.4	±0.60	+0.9 −0.5	±0.70	+1.1 −0.5	±0.80	+1.2 −0.6	±0.90
0.7	+0.7	−0.35	>2.5~5.0		+0.8 −0.4	±0.60	+0.9 −0.5	±0.70	+1.1 −0.5	±0.80	+1.2 −0.6	±0.90	+1.3 −0.7	±1.0
0.8	+0.8	−0.4	>5.0~10		+0.9 −0.5	±0.70	+1.1 −0.5	±0.80	+1.2 −0.6	±0.90	+1.3 −0.7	±1.0	+1.5 −0.7	±1.1
1.0	+1.0	−0.5	>10~20		+1.1 −0.5	±0.80	+1.2 −0.6	±0.90	+1.3 −0.7	±1.0	+1.5 −0.7	±1.1	+1.7 −0.8	±1.25
					+1.2 −0.6	±0.90	+1.3 −0.7	±1.0	+1.5 −0.7	±1.1	+1.7 −0.8	±1.25	+1.9 −0.9	±1.40
					+1.3 −0.7	±1.0	+1.5 −0.7	±1.1	+1.9 −0.8	±1.15	+1.9 −0.9	±1.40	+2.1 −1.1	±1.60
					+1.5 −0.7	±1.1	+1.7 −0.8	±1.25	+1.9 −0.9	±1.40	+2.1 −1.1	±1.60	+2.4 −1.2	±1.80

注：热锻件内径尺寸公差的正负符号与表中相反。

GB/T 32254—2015

表 5 厚度公差及顶料杆压痕深度极限值　　　　　　单位为毫米

顶料杆压痕深度极限值	热锻件质量 kg	热锻件形状复杂系数				总厚度				
		S_1	S_2	S_3	S_4	≤40	>40~63	>63~100	>100~160	>160
						公 差 值				
±0.6	≤0.4					+0.5 −0.1	+0.7 −0.2	+0.9 −0.3	+1.0 −0.4	+1.2 −0.4
±0.8	>0.4~1.0					+0.6 −0.2	+0.8 −0.2	+1.0 −0.4	+1.2 −0.4	+1.4 −0.4
±1.0	>1.0~1.6					+0.7 −0.2	+0.9 −0.3	+1.2 −0.4	+1.4 −0.4	+1.5 −0.5
±1.2	>1.6~2.5					+0.8 −0.2	+1.0 −0.4	+1.4 −0.4	+1.5 −0.5	+1.7 −0.5
±1.6	>2.5~5.0					+0.9 −0.3	+1.2 −0.4	+1.5 −0.5	+1.7 −0.5	+2.0 −0.5
±1.8	>5.0~10					+1.0 −0.4	+1.4 −0.4	+1.7 −0.5	+2.0 −0.5	+2.1 −0.7
±2.2	>10~20					+1.2 −0.4	+1.5 −0.5	+2.0 −0.5	+2.1 −0.7	+2.4 −0.8
						+1.7 −0.5	+2.1 −0.7	+2.7 −0.9	+2.4 −0.8	+2.7 −0.9
						+2.0 −0.5	+2.4 −0.8	+3.0 −1.0	+2.7 −0.9	+3.0 −1.0
						+1.7 −0.5	+2.1 −0.7	+2.7 −0.9	+3.0 −1.0	+3.4 −1.1

4.3.2 圆角半径及其偏差

4.3.2.1 当与某圆角相连接的面均不做机械加工时,该圆角半径可通过表 6 计算得到。

表 6 非机械加工部位的圆角半径计算表　　　　　　单位为毫米

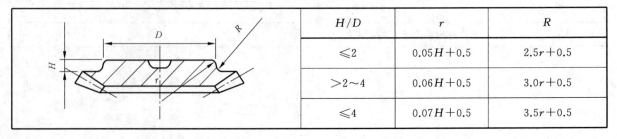

H/D	r	R
≤2	0.05H+0.5	2.5r+0.5
>2~4	0.06H+0.5	3.0r+0.5
≤4	0.07H+0.5	3.5r+0.5

208

4.3.2.2 当与某圆角相连接的两个面中,有一个面或两个面需要机械加工时,该圆角半径 r 及其相应的内圆角半径 R 可分别通过式(1)、式(2)计算得到:

$$外圆角半径\ r = 机械加工余量 + 产品倒角值 \quad\cdots\cdots\cdots\cdots\cdots\cdots\cdots\cdots(1)$$

$$R = r + (2 \sim 5)\mathrm{mm} \qquad\qquad\qquad\cdots\cdots\cdots\cdots\cdots\cdots\cdots\cdots(2)$$

4.3.2.3 通过上述计算所得的圆角半径按 GB/T 2822 圆整至表 7 中的数值。

表 7　圆角半径系列

单位为毫米

圆角半径													
1.0	1.2	1.6	2.0	2.5	3.0	4.0	5.0	6.0	8.0	10.0	12.0	16.0	20.0

4.3.2.4 圆角半径的偏差值以相应尺寸的百分比表示,见表 8。

表 8　圆角半径偏差的计算

偏差	R	r	R	r
	$\leqslant 10$ mm		> 10 mm ~ 20 mm	
上(+)	40%	30%	30%	20%
下(−)	20%	15%	15%	10%

4.3.3　模锻斜度及其公差

模锻斜度应根据热锻件的有关高度与直径的比值 H/D 和有无顶料装置,通过表 9 确定。

表 9　模锻斜度

H_1/D_1 H_2/D_2	外模锻斜度 α		内模锻斜度 β	
	顶料装置			
	有	无	有	无
$\leqslant 1$	0°30′	3°00′	1°00′	5°00′
$>1\sim3$	1°00′	5°00′	1°15′	7°00′
$>3\sim5$	1°15′	7°00′	1°30′	10°0′
>5	1°30′	10°0′	2°00′	12°0′

模锻斜度公差按 GB/T 12362—2003 表 10 中的精密级确定。

4.3.4　纵向毛刺极限值

纵向毛刺系指锻造时留在热锻件与模腔分模面及顶杆顶出面上的毛刺,切边、冲孔以及顶料杆与型腔模孔间的配合间隙等,都会在热锻件上造成纵向毛刺,其极限值根据热锻件质量由表 10 查得。它与其他公差无关。

纵向毛刺应在机械加工过程中去除。

表 10 纵向毛刺极限值 单位为毫米

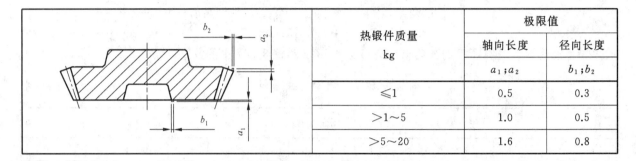

热锻件质量 kg	极限值	
	轴向长度	径向长度
	$a_1;a_2$	$b_1;b_2$
≤1	0.5	0.3
>1～5	1.0	0.5
>5～20	1.6	0.8

4.4 质量要求

4.4.1 表面质量

4.4.1.1 齿面的质量要求如下：

齿面粗糙度不应大于 $Ra6.3$。有效齿面允许有少量不影响齿轮精度的微小凹坑等缺陷,但缺陷处不应有影响齿轮啮合的凸起,有效齿面缺陷极限值见表11。非啮合区域可产生磕碰,但不可产生延伸到啮合区域的重叠磕碰及引起齿面塑性变形的磕碰。

表 11 有效齿面缺陷极限值

极限值		齿部直径				
		≤40 mm	>40 mm～63 mm	>63 mm～100 mm	>100 mm～160 mm	>160 mm～250 mm
1	单一齿面缺陷数/处	2	2	2	3	3
2	全部齿面缺陷数/处	4	5	5	6	6
3	每一缺陷最大长度/mm	1.0	1.2	1.4	1.6	1.8
4	每一缺陷深度/mm	0.12	0.15	0.18	0.21	0.24

4.4.1.2 机械加工表面的缺陷及非机械加工表面的缺陷按 GB/T 12362—2003 中 3.2.14 的规定。

4.4.2 内在质量

4.4.2.1 热锻件表面硬度及其测量位置等可由供需双方协商确定,并在技术文件上注明。

4.4.2.2 热锻件晶粒度应达到 3 级以上,视材料而定。

4.4.2.3 除本章规定外,如有其他要求时,可由供需双方协商确定。

5 试验方法

5.1 原材料的检验部位及试验方法应符合 GB/T 3077 或 GB/T 5216 的规定,原材料拉伸试验方法按 GB/T 228 执行,原材料低倍组织试验按 GB/T 226 及 GB/T 1979 执行。热锻件表面布氏硬度试验按 GB/T 231.1 执行,热锻件晶粒度试验按 GB/T 6394 执行。

5.2 齿轮单项精度检测:以轮齿定位,加工出外圆或内孔作为基准,在齿轮跳动检查仪或三坐标测量机上检测。

5.3 齿轮副接触斑点检验:按 GB/T 11365—1989 表 1 的规定执行。

5.4 齿轮副侧隙变动公差检验:将配偶齿轮分别按图纸要求加工至成品,在综合检查仪上按理论安装距要求单面啮合检验侧隙变动量。

5.5 热锻件若为偶数齿,其齿部外圆直径可用外径量具直接测量。若为奇数齿,可用齿形检具与外圆样件比较测量。

5.6 圆角半径可用 R 规或轮廓仪检测。

5.7 模锻斜度可用三坐标检测。

5.8 错差、横向残余毛边、切入热锻件深度、厚度、纵向毛刺极限值可用游标卡尺检测。

5.9 端面加工余量用齿形定位检具定位,用百分表比较热锻件端面相对样件的高度变化值。

5.10 表面缺陷可用目测法或极限样件对比法检查。齿面粗糙度可用粗糙度比较样块或粗糙度样件对比。

6 检验规则

6.1 热锻件应由质量检验部门按热锻件图样和技术文件检验入库。出厂时应附有产品质量合格证明书。

6.2 制造企业应提交钢厂的产品质量证明书,并出具本厂原材料复检报告。

6.3 热锻件检验组批应由同一零件号、同一原材料炉号、同一预备热处理工艺、同一生产批次、同一副模具的热锻件组成。

6.4 检查项目的规定,见表12。检验水平由供需双方协商确定,无协商时按 GB/T 2828.1 规定的方案抽样。

6.5 用户有特殊要求时,需由供需双方协商确定并在技术文件上注明。

表 12 检查项目

序　号	检　查　项　目
1	材料的化学成分
2	材料的非金属夹杂物
3	材料的顶端淬透性
4	热锻件表面硬度
5	热锻件晶粒度
6	外径
7	厚度
8	错差
9	横向残余毛边
10	切入热锻件深度
11	顶料杆压痕深度
12	圆角半径
13	模锻斜度
14	纵向毛刺
15	齿圈跳动公差
16	齿距极限偏差

表 12（续）

序　号	检 查 项 目
17	齿距累积公差
18	接触精度
19	侧隙变动公差
20	齿面粗糙度
21	有效齿面缺陷

7 包装、搬运、贮存、标志

7.1 包装箱可采用木箱、瓦楞纸箱、钙塑瓦楞箱、金属包装箱等，如需方同意也可采用简易包装。

7.2 热锻件出厂运输过程中注意防雨，避免碰撞摔打，保证在正常运输中不致损伤。

7.3 包装的热锻件应按品种、型号整齐存放在通风和干燥的仓库内，在正常保管条件下，防锈期由供需双方协商确定。

7.4 由供需双方协商确认标识内容，标识区域为齿端或齿槽等非工作面。包装箱储运图示标志应符合 GB/T 191 的规定，主要应标注以下内容：

    a) 生产企业名称及商标；

    b) 产品名称、图号、数量；

    c) 顾客单位及地址；

    d) 生产批号；

    e) 包装日期及防锈有效期。

ICS 77.140.85
J 32

中华人民共和国国家标准

GB/T 32256—2015

钢质减速齿环锻件　通用技术条件

Steel forgings for rings for reduction gears—General specification

2015-12-10 发布

2016-07-01 实施

中华人民共和国国家质量监督检验检疫总局
中国国家标准化管理委员会　发布

前　言

本标准按照 GB/T 1.1—2009 给出的规则起草。

本标准由全国锻压标准化技术委员会(SAC/TC 74)提出并归口。

本标准起草单位:北京机电研究所、江苏太平洋精锻科技股份有限公司、浙江黄岩江鑫锻造有限公司。

本标准主要起草人:魏巍、金红、陶立平、黄泽培、卢秀富、卢鑫、周林、陈文敬、张立平。

钢质减速齿环锻件 通用技术条件

1 范围

本标准规定了减速齿环用碳素钢和合金钢锻件(以下简称"锻件")的订货信息和一般要求、材料和制造、化学成分、力学性能、质量证明书、产品标识、拒收等。

本标准适用于经正火加回火和淬火加回火处理的减速齿环用、可焊的碳素钢和合金钢锻件。

2 规范性引用文件

下列文件对于本文件的应用是必不可少的。凡是注日期的引用文件,仅注日期的版本适用于本文件。凡是不注日期的引用文件,其最新版本(包括所有的修改单)适用于本文件。

GB/T 8541 锻压术语(Terminology of forging and stamping)

ASTM A275/A275M 钢锻件磁粉检查的标准实施规程(Test method for magnetic particle examination of steel forgings)

ASTM A370 钢制品机械测试的标准试验方法和定义(Test methods and definitions for mechanical testing of steel products)

ASTM A388/A388M 钢锻件超声检验用标准实施规程(Practice for ultrasonic examination of heavy steel forgings)

ASTM A788 钢锻件的标准规格 通用要求(Specification for steel forgings, general requirements)

3 术语和定义

GB/T 8541界定的术语和定义适用于本文件。

4 订货信息和一般要求

4.1 订货信息应按 ASTM A788 的规定执行,此外,需方应在订货合同中规定所要求的材料等级和分类以及必要的补充要求,见附录 A。

4.2 本标准中所使用的材料应符合 ASTM A788 的规定。

5 材料和制造

5.1 熔炼

熔炼过程应符合 ASTM A788 的规定,其中真空除气过程应符合附录 A 中 A.7 的规定。

5.2 残液

应充分清理残液,以保证钢锭浇铸过程中的畅通并避免产生偏析。

5.3 锻造

锻件的热力学性能应符合 ASTM A788 的要求。

5.4 热处理

5.4.1 本标准中涉及的钢的等级和分类如下：

    a) 碳素钢包括：等级1(A类和B类)，等级2(C类和D类)；

    b) 合金钢包括：等级3(E类和F类)，等级4(G类、H类、I类、J类、K类和L类)，等级5(M类和P类)，等级6(T类)。

5.4.2 锻件在锻造之后和热处理重新加热之前，应采用适当方法进行冷却，以完成相变、防止裂纹并避免白点。

5.4.3 等级1中A类和B类钢应进行正火加回火处理，其他等级和分类的钢应进行淬火加回火处理。正火：经正火处理过的坯料称为正火坯料。淬火：锻件应完全奥氏体化，然后在合适的介质中淬火，淬火处理过的坯料称为淬火坯料。回火：经回火处理过的坯料称为回火坯料，最低回火温度见表1。

表 1 最低回火温度

等级	分类	温度 ℃
1	A、B	650
2	C、D	595
3	E、F	595
4	G、H	595
5	M、P	595
4	I、J、K、L	565
6	T	540

5.5 机械加工

5.5.1 为了锻件的力学性能，在热处理前可以进行粗加工，可以由生产制造方安排粗加工。

5.5.2 锻件的尺寸和形状应符合需方的要求。

6 化学成分

6.1 一般要求

锻件用钢的化学成分应符合表2的规定。钢种代替，可以由供需双方共同商定。

表 2 化学成分要求

元素	质量分数 %					
	等级 1 A类、B类	等级 2 C类、D类	等级 3 E类、F类	等级 4 G类、H类、I类、J类、K类、L类	等级 5 M类、P类	等级 6 T类
C	≥0.35～0.50	≥0.40～0.50	≥0.35～0.45	≥0.35～0.45	≥0.38～0.45	≥0.25～0.39
Mn	≥0.60～0.90	≥0.60～0.90	≥0.70～1.00	≥0.60～0.90	≥0.40～0.70	≥0.20～0.60
P	≤0.040	≤0.040	≤0.040	≤0.040	≤0.040	≤0.015

表 2（续）

元素	质量分数 %					
	等级 1 A 类、B 类	等级 2 C 类、D 类	等级 3 E 类、F 类	等级 4 G 类、H 类、I 类、J 类、K 类、L 类	等级 5 M 类、P 类	等级 6 T 类
S	≤0.040	≤0.040	≤0.040	≤0.040	≤0.040	≤0.015
Si[a]	≤0.35	≤0.35	≤0.35	≤0.35	≤0.40	≤0.35
Ni	≤0.30	≤0.30	≤0.50	1.65～2.00	≤0.30	3.25～4.00
Cr	≤0.25	≤0.25	0.80～1.15	0.60～0.90	1.40～1.80	1.25～1.75
Mo	≤0.10	≤0.10	0.15～0.25	0.20～0.50	0.30～0.45	0.30～0.70
V	≤0.06	≤0.06	≤0.06	≤0.10	≤0.03	0.05～0.15
Cu	≤0.35	≤0.35	≤0.35	≤0.35	≤0.35	≤0.35
Al	—	—	—	—	0.85～1.30	—
[a] 使用真空碳脱氧时，Si 的最大含量为 0.10%。						

6.2 熔炼分析

取样进行熔炼分析，应按 ASTM A788 的规定执行，分析结果应满足表 2。

6.3 成品分析

需方可以进行成品分析，应对代表每炉钢的锻件进行分析。分析试样可以取自齿环锻件本体或其全尺寸的延长段，取样位置在其壁厚二分之一处的任一点上。分析试样也可以取自测试过的力学性能试样。检测到的化学成分应符合表 2 的规定，其允许偏差不得大于 ASTM A788 中规定的量。

7 力学性能

7.1 拉伸和冲击试验要求

7.1.1 一般要求

拉伸和冲击性能应符合表 3 的规定。

表 3 力学性能要求

等级	分类	抗拉强度 MPa	屈服强度 $R_{p0.2}$ MPa	伸长率 %	断面收缩率 %	布氏硬度 HBW	夏比冲击功（V 型）（21 ℃～27 ℃） J
1	A	≥550	≥310	≥22	≥45	≥163～202	14
	B	—	—	—	—	≥163～202	—
2	C	≥655	≥450	≥20	≥40	≥197～241	14
	D	—	—	—	—	≥197～241	—
3	E	≥725	≥515	≥20	≥45	≥223～269	41
	F	—	—	—	—	≥223～269	—

表 3（续）

等级	分类	抗拉强度 MPa	屈服强度 $R_{p0.2}$ MPa	伸长率 %	断面收缩率 %	布氏硬度 HBW	夏比冲击功（V型）(21 ℃～27 ℃) J
4	G	≥860	≥690	≥15	≥42	≥262～311	41
	H	—	—	—	—	≥262～311	—
	I	≥1 000	≥825	≥14	≥40	≥302～352	34
	J	—	—	—	—	≥302～352	—
	K	≥1 175	≥1 000	≥10	≥35	≥341～401	27
	L	—	—	—	—	≥341～401	—
5	M	≥825	≥585	≥15	≥40	≥255～302	11
	P	—	—	—	—	≥255～302	—
6	T	≥1 175	≥960	≥10	≥30	≥352～401	34

7.1.2 试样的数量、取样位置和方向

对需要做拉伸试验的各个分类的锻件,两个拉伸试样和两个冲击试样应错开180°,应在单个锻件的一端或者倍尺锻件的两端的全尺寸的延长段取样。应切取切向试样,其位置在齿环壁厚的二分之一处,端面去除粗加工余量。单个锻件的取样位置如图1所示。

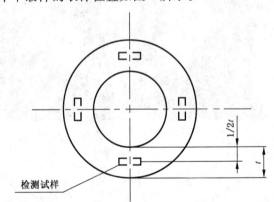

检测试样

图 1 单个锻件取样位置

7.1.3 试验方法

采用全尺寸拉伸试验和夏比V型缺口冲击试验,试验应按 ASTM A370 的规定执行。

7.2 布氏硬度

7.2.1 一般要求

锻件的硬度范围应符合表3的规定。K类和L类的允许偏差不应超过40 HBW,除K类和L类外的所有分类的允许偏差不应超过30 HBW。

7.2.2 试验的次数和位置

每个锻件,无论质量和分类,在最终热处理和机加工到需方要求的尺寸后,都应进行布氏硬度试验。

试验位置应在锻件端面距离外圆近似为壁厚的 1/4 处。硬度试验的次数和具体位置见表 4。

表 4 硬度试验的次数和具体位置

外径 mm	试验次数
≤1 000	在每个端面上各试验 1 次,并相互间隔 180°
≥1 000～2 000	在每个端面上各试验 2 次,并分别间隔 180°
≥2 000～3 000	在每个端面上各试验 3 次,并分别间隔 120°
≥3 000	在每个端面上各试验 4 次,并分别间隔 90°

7.2.3 试验方法

试验应按 ASTM A370 的规定执行。

8 质量证明书

应符合 ASTM A788 的规定,且供方应按要求向需方提供质量证明书,说明锻件已按本标准生产和检验并符合本标准的要求。

9 产品标识

应符合 ASTM A788 的规定,且每个锻件上都应清晰地打印上识别标识。需方可以指定打印识别标识的位置。

10 拒收

除另有规定外,需方根据第 6 章的规定对不合格的锻件进行拒收,需方应从收到试样后的 60 个工作日内向供方提出拒收请求。

附 录 A

（规范性附录）

补 充 要 求

A.1 一般要求

本附录只在订货合同中有要求时考虑。此时，A.2～A.4 中要求的附加测试应在工厂进行，除非另有约定，在材料装运前，需方检查员可在现场给予确认。

A.2 化学成分要求

需要以某一成分的钢种代替时，可以由供需双方共同商定。

A.3 机加工

力学性能热处理前的粗加工，可以由需方规定。

A.4 无损检测

A.4.1 磁粉探伤可以由供需双方商定，如需要，应按 ASTM A275/A275M 执行。
A.4.2 超声波测试可以由供需双方商定，如需要，应按 ASTM A388/A388M 执行。

A.5 限制化学成分 V

在按 A.2 测定时，A 类、B 类、C 类、D 类钢的 V 含量不应超过 0.03%。

A.6 限制化学成分 P 和 S

在按 6.2 规定测定或在 6.3 规定的位置测定时，所有分类的 P 含量不应超过 0.015%，S 含量不应超过 0.018%。

A.7 真空除气

在注锭之前或在注锭过程中，应对钢水进行真空处理，以去除有害气体，特别是氢气。

ICS 77.140.85
J 32

中华人民共和国国家标准

GB/T 32258—2015

钢质楔横轧件 通用技术条件

Steel cross wedge rollings—General specification

2015-12-10 发布 　　　　　　　　　　　　2016-07-01 实施

中华人民共和国国家质量监督检验检疫总局
中国国家标准化管理委员会 发布

前　言

本标准按照 GB/T 1.1—2009 给出的规则起草。

本标准由全国锻压标准化技术委员会(SAC/TC 74)提出并归口。

本标准起草单位:北京科大机翔科技有限公司、河北东安精工股份有限公司、北京机电研究所、北京科技大学。

本标准主要起草人:张军改、张康生、金红、刘博、李昱、任荣文、陈文敬。

钢质楔横轧件 通用技术条件

1 范围

本标准规定了钢质楔横轧件技术要求、试验方法、检验规则和交付条件。
本标准适用于在楔横轧机上生产的钢质热轧件。

2 规范性引用文件

下列文件对于本文件的应用是必不可少的。凡是注日期的引用文件,仅注日期的版本适用于本文件。凡是不注日期的引用文件,其最新版本(包括所有的修改单)适用于本文件。

GB/T 226 钢的低倍组织及缺陷酸蚀检验法

GB/T 231.1 金属材料 布氏硬度试验 第1部分:试验方法

GB/T 699 优质碳素结构钢

GB/T 700 碳素结构钢

GB/T 702—2008 热轧钢棒尺寸、外形、重量及允许偏差

GB/T 1979 结构钢低倍组织缺陷评级图

GB/T 3077 合金结构钢

GB/T 4162 锻轧钢棒超声检测方法

GB/T 5216 保证淬透性结构钢

GB/T 6394 金属平均晶粒度测定法

GB/T 10561—2005 钢中非金属夹杂物含量的测定 标准评级图显微检验法

GB/T 13298 金属显微组织检验方法

GB/T 13299—1991 钢的显微组织评定方法

GB/T 13320 钢质模锻件 金相组织评级图及评定方法

GB/T 15822(所有部分) 无损检测 磁粉检测

JB/T 6728.2 内燃机 凸轮轴 第2部分:楔横轧毛坯

JB/T 11761 齿轮轴毛坯楔横轧 技术条件

3 要求

3.1 验收依据

经供需双方共同签署的图纸、技术协议、检查方法和供货合同为钢质楔横轧件成品检验、交付的主要依据。

3.2 原材料

3.2.1 楔横轧件所选用的原材料应符合 GB/T 699、GB/T 700、GB/T 3077 、GB/T 5216 等标准的规定。

3.2.2 优质碳素结构钢疏松等级应符合 GB/T 699 的规定,合金结构钢、保证淬透性结构钢疏松等级应分别符合 GB/T 3077 、GB/T 5216 高级优质钢的规定。

3.2.3　非金属夹杂物含量的级别应不超过 GB/T 10561—2005 规定的 2.5 级。

3.2.4　弯曲度应不超过 GB/T 702—2008 表 10 中 1 组的要求。

3.2.5　带状组织应不超过 GB/T 13299—1991 规定的 2.5 级。

3.2.6　其他指标应符合 GB/T 702 规定。

3.2.7　钢材应附有出厂产品质量证明书。

3.2.8　除按 3.2.1～3.2.7 的要求外，所用钢材也可由供需双方协商确定。

3.3　楔横轧件质量

3.3.1　表面缺陷

3.3.1.1　楔横轧件表面缺陷深度应不超过实际加工余量的 1/3。但非加工表面存在折叠和裂纹时，应清除。清除的表面必须圆滑过渡，打磨宽度不小于深度的 6 倍，长度应在两端超出缺陷长度 3 mm 以上，打磨深度不应超过实际偏差 1/3。

3.3.1.2　表面裂纹探伤可按 GB/T 15822 进行。

3.3.2　内部质量

3.3.2.1　超声波探伤可按 GB/T 4162 进行，其质量等级≥B 级。

3.3.2.2　不应有过烧、宏观裂纹和肉眼可视的孔洞。

3.3.2.3　中心疏松≤3 级，按 GB/T 1979 进行评定。

3.3.3　热处理

3.3.3.1　一般要求

根据客户要求进行热处理，热处理供货状态有：

　　a)　正火；

　　b)　等温正火；

　　c)　控制冷却；

　　d)　不热处理。

3.3.3.2　硬度

硬度按 JB/T 11761 执行，JB/T 11761 没有规定的，按下列要求执行：

　　a)　经正火后硬度为 156 HBW～230 HBW；

　　b)　经等温正火后硬度为 150 HBW～207 HBW；

　　c)　控制冷却硬度为 165 HBW～240 HBW；

　　d)　客户有要求时，可按客户要求执行。

3.3.3.3　金相组织

经正火、等温正火处理的楔横轧件金相组织应符合 JB/T 11761 的规定或按客户要求执行。

3.3.4　尺寸公差、形位公差

尺寸公差和形位公差应符合以下规定：

　　a)　楔横轧凸轮轴毛坯尺寸及形位公差应符合 JB/T 6728.2；

　　b)　其他楔横轧件尺寸及形位公差可按 JB/T 11761 执行。

4 试验方法

4.1 各项检验的试验方法按表1规定进行。

表 1 楔横轧件试验方法标准

检验项目	抽检频次	试验方法标准
低倍组织	1件/批	GB/T 226　GB/T 1979
布氏硬度	1件/批	GB/T 231.1
晶粒度	1件/批	GB/T 6394
金相组织	1件/批	GB/T 13298　GB/T 13320
魏氏组织、带状组织	1件/批	GB/T 13299
中空、疏松、夹杂等内部缺陷超声波探伤	全检	GB/T 4162
表面裂纹	10%	GB/T 15822
非金属夹杂物	1件/批	GB/T 10561

4.2 各检验项目的试验部位、试样切取方向按表1中所列国家标准执行,如客户有特殊要求时,按客户要求执行。

5 检验规则

5.1 出厂检验项目按3.3的规定。

5.2 抽样方法在供需双方签订的检验方法中规定。

6 交付条件

6.1 标识

6.1.1 供方应按需方要求在楔横轧件指定部位或外包装的指定位置做好标识。

6.1.2 标识方式有:涂漆、挂标签等。

6.2 质量合格书

每批楔横轧件应附有质量检验部门签发的质量合格证书,证书内容包括:

a) 供方名称、代码;

b) 产品名称、零件号;

c) 材料牌号;

d) 批次;

e) 本批发货数量;

f) 检验试验结果;

g) 标准编号。

6.3 包装、运输

6.3.1 楔横轧件的包装可为箱装或根据客户要求进行包装。箱装外部应标明:

   a) 供方名称、代码；

   b) 产品名称、零件号；

   c) 材料牌号；

   d) 批次；

   e) 本批发货数量；

   f) 装箱日期；

   g) "防潮"等标志。

6.3.2 楔横轧件防锈、防磕碰及运输方法等要求应在供需双方协议中规定。

ICS 77.120.01
J 32

中华人民共和国国家标准

GB/T 33201—2016

NCu30-3-0.5 合金棒材、线材、锻件和锻坯 通用技术条件

NCu30-3-0.5 alloy bar, wire, forgings and forging stock—General specification

2016-12-13 发布

2017-07-01 实施

中华人民共和国国家质量监督检验检疫总局
中国国家标准化管理委员会 发布

前　言

本标准按照 GB/T 1.1—2009 给出的规则起草。

本标准由全国锻压标准化技术委员会(SAC/TC 74)提出并归口。

本标准负责起草单位:北京机电研究所、贵州安大航空锻造有限责任公司、湖北三环锻造有限公司、宁波蜗牛锻造有限公司。

本标准主要起草人:陈文敬、金红、陈祖祥、张运军、魏百江、叶俊青、邵光保、占克勤、沈飞、周林。

NCu30-3-0.5 合金棒材、线材、锻件
和锻坯 通用技术条件

1 范围

本标准规定了 NCu30-3-0.5 合金产品的采购信息、化学成分、力学性能、尺寸及允许偏差、内部及表面质量、取样、检测次数、试样制备、试验方法、检验、拒收和复检、合格证及标识要求。

本标准适用于热加工和冷加工的截面为圆形、正方形、六角形和矩形的 NCu30-3-0.5 合金棒材（以下依次简称圆棒、方棒、六角棒和扁棒）、锻件和锻坯以及冷加工线材。

2 规范性引用文件

下列文件对于本文件的应用是必不可少的。凡是注日期的引用文件，仅注日期的版本适用于本文件。凡是不注日期的引用文件，其最新版本（包括所有的修改单）适用于本文件。

GB/T 5235 加工镍及镍合金 化学成分和产品形状

GB/T 8170 数值修约规则与极限数值的表示和判定

GB/T 8888 重有色金属加工产品的包装、标志、运输、贮存和质量证明书

ASTM E 8 金属材料抗拉的标准试验方法（Test methods for tension testing of metallic materials）

ASTM E 18 金属材料洛氏硬度的标准试验方法（Test methods for Rockwell hardness of metallic materials）

ASTM E 140 布氏硬度、维氏硬度、洛氏硬度、表面硬度、努氏硬度和回跳硬度间金属关系用标准硬度换算表（Hardness conversion tables for metals relationship among Brinell hardness，Vickers hardness，Rockwell hardness，superficial hardness，Knoop hardness and scleroscope hardness）

3 术语和定义

下列术语和定义适用于本文件。

3.1

棒材 bar；rod

截面为圆形或者宽度≤254 mm、厚度≥3.2 mm 且截面为矩形、六角形和正方形的产品，直条状供货。

3.2

线材 wire

沿整个长度方向上具有均一的横截面，以卷状供应的实心加工产品。

4 采购信息

依据本标准形成的采购订单应包含如下信息：

a) 标准名称和版本号；

b)　合金名称或牌号(见表1)；

c)　产品形状,如圆棒、方棒、六角棒或扁棒,附锻件草图或CAD图；

d)　供应状态(见表2、表3和表4)；

e)　产品尺寸,包括长度(见表5和表6)；

f)　锻坯,若原材料是锻坯,应说明；

g)　表面粗糙度；

h)　数量:根数或件数；

i)　合格证或试验报告结果(见第15章)；

j)　抽样检测；

k)　需方要求在供方进行现场见证或检验时,应在采购订单中注明。

5　化学成分

材料的化学成分及需方检验分析偏差应符合表1的规定。

表1　化学成分(质量分数)　　　　　　　　　　　　　　　　　　%

元素	含量	化学成分分析偏差
Ni[a]	≥63.0	0.45
Al	2.30～3.15	0.20
C	≤0.18	0.01
Fe	≤2.0	0.05
Mn	≤1.5	0.04
Si	≤0.50	0.03
Ti	0.35～0.85	−0.03 +0.04
S	≤0.010	0.003
Cu	27.0～33.0	−0.15 +0.20
[a]　应根据计算差值确定Ni的含量。		

6　力学性能

未时效合金的力学性能应符合表2的规定。时效硬化合金的力学性能应符合表3和表4的规定。

表2　未时效合金棒材和锻件的力学性能[a]

产品		状态	硬度	
			布氏硬度(30 000 N) ≤	洛氏硬度 ≤
圆棒[b]、六角棒、方棒、扁棒及锻件		热加工	245 HBW	23 HRC
六角棒		冷加工	260 HBW	26 HRC
圆棒/mm	6.4～25.4	冷加工	280 HBW	29 HRC
	≥25.4～76.2	冷加工	260 HBW	26 HRC

表2（续）

产品		状态	硬度	
			布氏硬度（30 000 N） ≤	洛氏硬度 ≤
圆棒/ mm	≥76.2～101.6	冷加工	240 HBW	22 HRC
圆棒、六角棒、方棒、 扁棒及锻件		热加工或冷加工＋ 退火	185 HBW	90 HRB

a 除9.2.3要求外，其余可不进行拉伸测试。

b 直径＞108.0 mm圆棒的最大硬度为260 HBW。

表3 时效合金棒材和锻件的力学性能[a]

产品	状态	最大截面尺寸 mm	抗拉强度 MPa ≥	屈服强度[b] MPa ≥	伸长率[b] % ≥	硬度[c]	
						布氏硬度 （30 000 N） HBW ≥	洛氏硬度 HRC ≥
圆棒[d]、六角棒、 方棒、扁棒 及锻件[e]	热加工＋时效 硬化	所有尺寸	965	690	20.0	265	27
圆棒	冷加工＋时效 硬化	6.4～25.4	1 000	760	15.0	300	32
		＞25.4～76.2	965	690	17.0	280	29
		＞76.2～101.6	930	655	20.0	255	25
六角棒	冷加工＋时效 硬化	6.4～50.8	965	690	15.0	265	27
圆棒、六角棒、 方棒、扁棒 及锻件	退火＋时效 硬化[f]	＜25.4	895	620	20.0	250	24
		≥25.4	895	585	20.0	250	24

a 时效硬化热处理工艺为：595 ℃保温8 h～16 h，而后以10 ℃/h～15 ℃/h的速率随炉冷至480 ℃，最后空冷。
也可采用以下工艺：595 ℃保温，时间不超过16 h，而后随炉冷至540 ℃并保温约6 h，再随炉冷至480 ℃并保
温约8 h，最后空冷至室温。

b 不适用于直径＜6.4 mm的小尺寸拉伸试样。

c 硬度值仅作参考，不作为接收或拒收的依据。

d 直径＞108 mm的圆棒的伸长率为17％。

e 特别说明时，对于锻环和锻盘，可采用硬度测试代替拉伸测试。

f 适用于热加工＋冷加工的产品。

表 4　盘状冷拉线材的抗拉强度

状态	尺寸 mm	抗拉强度 MPa
冷加工	所有尺寸	≥760～1 070
冷加工＋退火	所有尺寸	≤760
冷加工＋弹性回火＋拉拔	≤1.45[a]	≥1 140
	>1.45～2.90	≥1 070
	>2.90～5.82	≥1 035
	>5.82～7.92	≥1 000
	>7.92～9.52	≥930
	>9.52～11.10	≥860
	>11.10～14.30	≥825
冷加工＋退火＋时效硬化[b]	所有尺寸	≥895
冷加工＋拉拔＋时效硬化[b]	所有尺寸	≥1 070
冷加工＋弹性回火＋时效硬化[b]	≤2.90	≥1 240
	>2.90～9.52	≥1 170
	>9.52～14.30	≥1 105

[a]　适用于盘状产品,而矫直和定尺长度产品,上述值应减105 MPa。
[b]　时效硬化热处理工艺同表3中脚注a。按要求由供方进行热处理的轧制时效硬化产品一般不再进行热处理,热加工、冷加工或退火产品成形或机加工后一般应进行热处理。

7　尺寸及允许偏差

7.1　直径、厚度或宽度:冷加工棒材的直径或平行面间距的允许偏差应符合表7的规定,热加工棒材的允许偏差应符合表5的规定,线材的允许偏差应符合表7的规定。

7.2　直径偏差:直径≤12.7 mm 的热加工圆棒的直径偏差应符合表5中的允许偏差,除锻材外,所有尺寸的热加工和冷加工圆棒沿长度方向的直径偏差应小于表5和表7中的允许偏差之半。

7.3　端部:方棒、扁棒、六角棒和圆棒的端部应具有符合客户要求的角度。

7.4　热加工产品的机械加工余量——热加工产品表面需要机加工时,加工余量应符合表8的规定。

7.5　长度:冷、热加工棒材长度的允许偏差应符合表9的规定。任意和标准长度的棒材应采用剪切或锯切方式,定长棒材端部应齐边、锯切或机加工。

7.6　直线度:精密级冷加工棒材直线度应符合表6的规定,热加工、冷加工、粗车削和机加工棒材的直线度应符合表10的规定。测量直线度时,标距为1 070 mm,或特别指明在不超出表6中的长度范围内进行直线度测定时,首先将圆棒置于一具有球轴承滚子和千分尺或千分表的精密工作台上,然后沿千分表缓慢反向旋转圆棒。标距内圆棒任意部分的直线度偏差不应超过表10中的允许偏差。将圆棒旋转一周、千分表上最大与最小读数的差值定义为直线度偏差。

7.7　锻件:采购订单、草图或图纸中应标注具体尺寸和公差。

7.8　锻坯:需方和供方应就尺寸和公差达成一致。

表5 热加工棒材直径或平行面间距的允许偏差[a]　　　　　　单位为毫米

产品[b]	尺寸	允许偏差	
		+	−
热加工棒材	≤25.4	0.41	0.41
	>25.4～50.8	0.79	0.41
	>50.8～101.6	1.19	0.79
	>101.6	3.18	1.60
粗车削或磨削加工圆棒	<25.4	0.13	0.13
	≥25.4	0.79	0
半光滑表面的机加工圆棒	>88.9	0.79	0
光滑表面的机加工圆棒	>88.9	0	0.13
锻造螺栓坯料(限圆形)	6.4、7.9	0	0.16
	9.5、11.1、12.7	0	0.17
	14.3、7.9、17.5、19.1、20.6、22.2	0	0.21
	7.9、25.4	0	0.25
	37.9～38.1、1.6	0	0.28

[a] 不适用于锻坯。
[b] 适用于圆棒直径、六角棒和方棒平行面间距,以及扁棒的宽度和厚度。

表6 精密级冷加工棒材直线度的允许偏差　　　　　　单位为毫米

尺　寸	标　距	允许偏差
12.7～23.8	1 070	0.13
>23.8～49.2	1 070	0.15
>49.2～63.5	1 070	0.18
>63.5～101.6	1 070	0.20
19.0～23.8	定尺长度 910～3 050	全长超过 910 时,(0.328+0.210)/1 000
>23.8～101.6	定尺长度≤6 100	全长超过 910 时,(0.427+0.125)/1 000

表7 冷加工棒材直径或平行面间距的允许偏差　　　　　　单位为毫米

产　品	尺寸[a]	允许偏差	
		+	−
圆棒	1.6～4.8	0	0.05
	4.8～12.7	0	0.08

表 7（续）

产 品	尺寸[a]	允许偏差	
		+	-
圆棒	12.7～23.8	0	0.05[b]
	>23.8～49.2	0	0.08[b]
	>49.2～63.5	0	0.10[b]
	>63.5～76.2	0	0.13[b]
	>76.2～88.9	0	0.15[b]
	>88.9～101.6	0	0.18[b]
六角棒、方棒、扁棒	≤12.7	0	0.10
	>12.7～22.2	0	0.13
	>22.2～31.8	0	0.18
	>31.8～50.8	0	0.23

[a] 适用于圆棒直径、六角棒和方棒平行面间距，以及扁棒的宽度和厚度。

[b] 对于冷加工、时效硬化和光面精整圆棒，可再增加负差 0.05 mm。

表 8 热加工产品的机械加工余量   单位为毫米

机加工后成品尺寸[a]		机械加工余量			
		圆棒直径	六角棒和方棒平行面间距	扁棒	
				厚度	宽度
热加工态[b]	≤22.2	3.2	3.2	3.2	4.8
	>22.2～47.6	3.2	4.8	3.2	4.8
	>47.6～73.0	4.8	6.4	—	4.8
	>73.0～96.8	6.4	—	—	4.8
	>96.8	6.4	—	—	9.5
热加工圆棒，粗车削或粗磨削加工[c]	ϕ23.8～ϕ101.6	1.6	—	—	—
	>ϕ101.6～ϕ304.8	3.2	—	—	—

[a] 尺寸适用于圆棒直径、六角棒和方棒的平行面间距，以及扁棒的宽度和厚度。

[b] 适用于表 5 中长度≤910 mm 热加工圆棒和其他长度≤610 mm 热加工棒材的机械加工余量。较长的热加工产品应提供成品的截面尺寸和长度，从而保证供方交付的产品具有足够可进行后续机加工的加工余量和矫直尺寸。

[c] 适用于长度≤910 mm 的产品。

表 9　棒材长度的允许偏差

状态及长度		允许偏差
状态	热加工	棒材长度在 1 830 mm～7 310 mmª 之间,其中长度在 1 830 mm～2 740 mm 之间的棒材质量不大于总质量的 25％
	冷加工	棒材长度在 1 830 mm～6 100 mm 之间,其中长度在 1 830 mm～3 050 mm 之间的棒材质量不大于总质量的 25％
轧制长度	倍尺长度	多种倍尺长度,不应超过棒材长度范围,除特别要求外,每种倍尺长度的加工余量为 6.4 mm。供方可提供特殊长度的产品
	公称长度	公称长度≥610 mm,且不应太短ᵇ
	定尺长度	所有棒材均应剪切成定尺长度,允许正偏差为 3.2 mm。产品直径或平行面间距≤203 mm 的允许负偏差为 0;>203 mm 产品的允许正偏差为 6.4 mm,负偏差为 0

ª 适用于质量>37 kg/m 的热加工棒材和光滑锻制产品,且所有棒材长度≥610 mm。

ᵇ 适用于直径或平行面间距<12.7 mm 的冷加工棒材,其公称或锻坯长度≥610 mm,且至少 93％的产品尺寸在此范围内,其余产品的长度可能较小,但其长度应≥1 220 mm。

表 10　棒材直线度的允许偏差ª

单位为毫米

状态、表面粗糙度和尺寸			允许偏差
热加工	棒材(热精轧表面)	挠度ᵇ	4.164/1 000
圆棒	粗车削或粗磨削加工	直线度ᶜ	4.164/1 000
	机加工、半光滑表面		2.590/1 000
	机加工、光滑表面		0.125/1 000
冷加工	圆棒直径≤101.6	挠度ᵇ	2.492/1 000
六角棒和方棒	全尺寸	挠度ᵇ	2.492/1 000

ª 不适用于锻坯。

ᵇ 最大挠度不应超过单位长度允许偏差的倍数。

ᶜ 任意长度为 6.1 m 范围内的直线度不应超过单位长度允许偏差的倍数。

8　内部及表面质量

产品内部组织和状态均匀,表面光滑、平直,无可造成产品开裂的缺陷。

9　取样

9.1　批次

9.1.1　化学成分检测时,同炉次产品为一批次。

9.1.2　力学性能测试时,同炉次、同尺寸、同状态的产品为一批次。同炉次锻坯为一批次。当不按炉次区分时,尺寸和状态相同的材料每批应≤227 kg。

9.2 检测样品选取

9.2.1 化学成分检测时,在同批次产品的浇铸或后续加工过程中取样,且需方有权进行产品分析检测。

9.2.2 力学性能测试时,在同批次产品中具有代表性的位置取样。

9.2.3 非时效产品,应按 9.1.2 对同批次产品取样,并应从交付产品中或使用的锻棒上取样。按表 3 或表 4 对试样进行时效或退火+时效处理,若同批次产品已在指定条件下进行检测且符合标准要求时,同炉次非时效产品可不检测。

10 检测次数

10.1 化学分析:每批次检测 1 次。

10.2 拉伸试验:每批次检测 1 次。

10.3 硬度测试:每批次检测 1 次。

11 试样制备

11.1 棒材

11.1.1 从成品中选取和制备拉伸试样,并沿流线方向进行检测。

11.1.2 棒材和线材应进行全尺寸测试。若无法进行,应采用 ASTM E 8 中的圆柱形试样。根据 ASTM E 8,对于厚度≤12.7 mm 且宽度太大而无法进行全尺寸检测的扁棒应采用纵向板状试样。

11.2 锻件

11.2.1 从锻件或测试延伸段选取批次的拉伸试样。

11.2.2 试样轴线应位于实心锻件中心和表面中间、空心锻件壁内外表面中间,并应与金属流线方向平行。

11.2.3 采用 ASTM E 8 的圆柱形试样。

11.3 锻坯

直接在锻坯样品或试块上选取测试样。

11.4 成品硬度试验

为保证硬度测定值符合要求,应按以下步骤进行:

a) 直径<12.7 mm 的圆棒,通过锉削或磨削在距圆棒外表面约 1.6 mm 处测得硬度值;

b) 直径≥12.7 mm 的圆棒以及所有尺寸的六角棒、方棒和扁棒,应在其表面和样段心部间的中间截面上测得硬度。

12 试验方法

12.1 产品的化学成分、力学和其他性能要求应符合表 11 的规定。

表 11　检测项目及相应的标准

检测项目	标准号
化学分析	GB/T 5235
拉伸试验	ASTM E 8
洛氏硬度	ASTM E 18
硬度换算	ASTM E 140
数值处理	GB/T 8170

12.2　为保证产品性能符合表12规定的偏差范围,应根据GB/T 8170中的修约规则对检测值或计算值进行修正。

表 12　检测项目及相应的数值修约规则

检测项目	检测值或计算值的修约值
化学成分、硬度和公差（小数形式表示）	1.拟舍弃数字的最左一位数字小于5,则舍去,保留其余各位数字不变。 2.拟舍弃数字的最左一位数字大于5,则进一,即保留数字的末位数字加1。 3.拟舍弃数字的最左一位数字等于5,且其后有非0数字时进一,即保留数字的末位数字加1。 4.拟舍弃数字的最左一位数字等于5,且其后无数字或皆为0时,若所保留的末位数字为奇数则进一,即保留数字的末位数字加1;若所保留的末位数字为偶数,则舍去。 5.负数修约时,先将它的绝对值按1~4的规定进行修约,然后在所得值前面加上负号
抗拉强度和屈服强度	5 MPa
伸长率	~1%

13　检验

供方和需方应就检验协商一致,并写入订购合同中。

14　拒收和复检

若产品不符合标准要求,则可拒收,且应及时告知并以书面形式通知供方。若供方对检测结果有异议,可要求复检。

15　合格证

供方应提供产品已按相关标准进行生产、测试和检验且抽样测试结果符合标准要求的合格证,并应提供检测报告。

16　产品标识

根据GB/T 8888,在产品及其包装、标签、商标上应标识如下信息:

    a)   产品名称或牌号；

    b)   炉号；

    c)   状态；

    d)   标准名称和版本号；

    e)   尺寸；

    f)   毛重、皮重和净重；

    g)   发货及收货地址；

    h)   合同或订单号及其他。

ICS 77.140.85
J 32

中华人民共和国国家标准

GB/T 33202—2016

发电机爪极精密锻件 工艺编制原则

Precision forgings of generator claw poles—Technological design principle

2016-12-13 发布　　　　　　　　　　　　2017-07-01 实施

中华人民共和国国家质量监督检验检疫总局
中国国家标准化管理委员会　发 布

前　言

本标准按照 GB/T 1.1—2009 给出的规则起草。

本标准由全国锻压标准化技术委员会(SAC/TC 74)提出并归口。

本标准负责起草单位:江苏龙城精锻有限公司、北京机电研究所。

本标准主要起草人:庄晓伟、汤晓锋、王玲、周林、徐俊、金红、陈文敬、魏巍。

发电机爪极精密锻件　工艺编制原则

1　范围

本标准规定了发电机爪极精密锻件的工艺编制原则。

本标准适用于直径不大于 ϕ180 mm 的发电机爪极锻件在压力机上的热精锻成形。

本标准不适用于发电机爪极锻件在压力机上的冷锻成形。

2　规范性引用文件

下列文件对于本文件的应用是必不可少的。凡是注日期的引用文件,仅注日期的版本适用于本文件。凡是不注日期的引用文件,其最新版本(包括所有的修改单)适用于本文件。

GB/T 2828.1　计数抽样检验程序　第1部分:按接收质量限(AQL)检索的逐批检验抽样计划

GB/T 8541　锻压术语

GB/T 12362—2016　钢质模锻件　公差及机械加工余量

GB/T 30567—2014　钢质精密热模锻件　工艺编制原则

3　术语和定义

GB/T 8541 界定的以及下列术语和定义适用于本文件。

3.1

有磁轭爪极　**claw pole with core**

一种爪极零件,其底平面上带有磁轭,见图1。

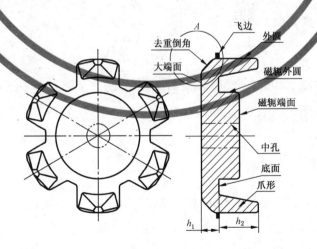

图 1　有磁轭爪极示意图

3.2

无磁轭爪极 claw pole without core

一种爪极零件，其底平面上不带有磁轭，见图2。

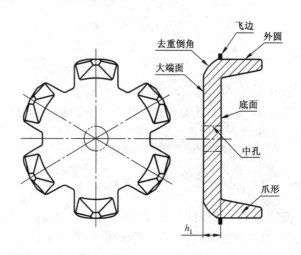

图 2   无磁轭爪极示意图

4   工艺编制原则

4.1   工艺

4.1.1   宜采用下料、加热、镦粗、预锻、精锻、切边、热处理、抛丸、冷精整的工艺流程。

4.1.2   手动操作时，热成形工序宜采用三工步：镦粗、预锻及终锻；自动化操作时，热成形工序宜采用四工步：镦粗、预锻、终锻及切边。

4.2   变形程度

镦粗与终锻的变形程度宜小于预锻工步。

4.3   变形力计算

宜采用诺模图或按 GB/T 30567—2014 规定的经验公式 $P = kF$，计算各工序变形力。也可采用数值模拟分析计算各工序变形力。

4.4   工序图设计

4.4.1   镦粗件设计要求

镦粗件外圆直径比预锻模型腔小 1 mm 以内，定位可靠。

4.4.2   预锻件设计要求

4.4.2.1   厚度 h_1：预锻件比终锻件厚 0.3 mm～0.8 mm。

4.4.2.2   爪高度 h_2：预锻件比终锻件高 1 mm 以内。

4.4.2.3   型腔体积：预锻件比终锻件大 1%～3%。

4.4.2.4   顶料杆位置应设计在大端面或磁轭端面的中心部位，以利于机加工时去除压痕。

4.4.2.5 预锻件的模锻斜度、圆角半径和飞边厚度应比终锻件大。

4.4.2.6 飞边位置应设计在距去重倒角边缘距离 h_3 处,且 h_3 不小于 1 mm,避免产生切边毛刺,见图3。

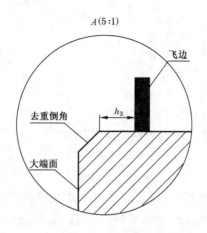

图 3　去重倒角处局部放大图

4.4.3 终锻件设计要求

4.4.3.1 终锻件的大端面、磁轭端面及中孔宜留 0.5 mm～1.0 mm 的切削加工余量。

4.4.3.2 终锻件的爪形、去重倒角及磁轭外圆不宜留切削加工余量。

4.4.3.3 有磁轭爪极的底面不宜留切削加工余量;无磁轭爪极的底面宜留切削加工余量,且为0.5 mm～1.0 mm。

4.4.3.4 顶料杆压痕位置应设计在大端面或磁轭端面的中心部位,以利于加工时方便去除。

4.4.3.5 飞边位置应设计在去重倒角以下,最小距离 1 mm 处,避免切边产生毛刺。

4.5 设备选型原则

4.5.1 根据计算得出的变形力来选择合适的压力机规格。

4.5.2 宜采用热模锻压力机。

4.6 坯料制备

4.6.1 根据锻件形状及技术要求、经济性等指标要求,宜选用热轧棒料。

4.6.2 下料方式可采用剪切、锯切等方法;当采用剪切下料时,长径比宜大于或等于 1.3。

4.6.3 坯料的质量公差应控制在±1% 以内。

4.7 坯料加热

4.7.1 加热设备宜采用中频感应加热。

4.7.2 采用锻后余热退火处理工艺,加热温度范围宜接近上限。

4.7.3 坯料的加热时间可根据加热设备和坯料尺寸以及坯料数量而定,以坯料均匀达到始锻温度作为确定加热时间的依据。

4.8 模具预热、冷却和润滑

4.8.1 模具预热温度范围一般为 150 ℃～250 ℃,预热时间不少于 30 min。

4.8.2 成形过程中应对模具表面喷涂润滑剂,以充分冷却和润滑模具表面。

4.9 锻件的热处理

锻件应采用退火热处理工艺,宜采用余热退火热处理工艺。

4.10 锻件的清理

锻件表面氧化皮应予清理,宜采用抛丸或喷砂等方法。必要时,在抛丸或喷砂后增加防锈工序。

4.11 锻件的冷精整

4.11.1 冷精整设备宜采用机械式或液压式冷挤压机。

4.11.2 冷精整过程中应对锻件表面或模具表面喷涂润滑剂。

4.12 锻件的要求

4.12.1 锻件的表面缺陷深度应符合 GB/T 12362—2016 中精密级的相关规定。

4.12.2 锻件可按需进行抽检,抽检方法可按 GB/T 2828.1 的规定执行。

4.12.3 锻件在流转过程中应采取有效的防磕碰措施。

ICS 25.010
J 32

中华人民共和国国家标准

GB/T 33211—2016

金属管状液压成形零件设计要求

Guide line for design of metal tubular hydroforming part

2016-12-13 发布

2017-07-01 实施

中华人民共和国国家质量监督检验检疫总局
中国国家标准化管理委员会 发布

前　言

本标准按照 GB/T 1.1—2009 给出的规则起草。

本标准由全国锻压标准化技术委员会(SAC/TC 74)提出并归口。

本标准起草单位:宝山钢铁股份有限公司、北京机电研究所。

本标准主要起草人:陈新平、蒋浩民、苏海波、吴磊、周林、魏巍、陈文敬、金红。

金属管状液压成形零件设计要求

1 范围

本标准规定了金属管状液压成形零件原材料选择、空间弯曲形状和截面设计的要求。
本标准适用于空间三维金属管状液压成形零件设计。

2 规范性引用文件

下列文件对于本文件的应用是必不可少的。凡是注日期的引用文件,仅注日期的版本适用于本文件。凡是不注日期的引用文件,其最新版本(包括所有的修改单)适用于本文件。
GB/T 228.1 金属材料 拉伸试验 第1部分:室温试验方法
GB/T 15825.2 金属薄板成形性能与试验方法 第2部分:通用试验规程

3 符号

本标准所采用的符号、名称和单位见表1。

表 1 符号、名称和单位

符号	名 称	单位
ϕ	管径	mm
t	壁厚	mm
r	弯曲半径	mm
θ	弯曲角度	(°)
L	截面周长	mm
L_0	原管周长	mm
β	胀形量	%
R_{min}	零件最小圆角半径	mm

图1为管径 ϕ 与壁厚 t 示意图,图2为弯曲半径 r 与弯曲角度 θ 示意图,图3为零件最小圆角半径示意图。

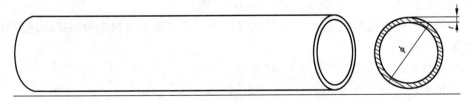

图 1 管径 ϕ 与壁厚 t 示意图

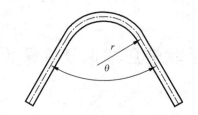

图 2 弯曲半径 *r* 与弯曲角度 *θ* 示意图

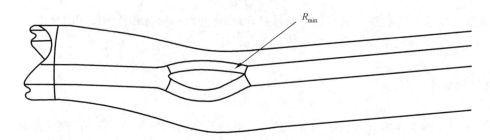

图 3 最小圆角半径示意图

截面胀形量 *β* 计算公式如下：

$$\beta = (L - L_0)/L_0 \times 100\%$$

注：截面胀形量分为截面整体胀形量和局部胀形量。截面整体胀形量指零件某一截面变形前后的整体变形量。局部胀形量指零件某一截面特定区域变形前后的局部变形量。

4 管状液压成形零件原材料选择

4.1 液压成形零件所选用管材可为焊管或无缝管。按 GB/T 228.1 和 GB/T 15825.2 进行原材料性能测试，获得所用材料的成形性能，以保证所选材料满足零件成形要求。

4.2 用于液压成形的管材可为同一材质、同一壁厚的直管，也可采用双层管（例如，内层为铜外层为钢的管）、锥形管、不同材质不同壁厚管、挤压的型材以及焊接的型材等。

4.3 液压成形零件原材料应考虑强度、伸长率及微观组织等，以确保管状零件的强度设计要求，同时确保零件的可制造性。所选材料应保证成形后的零件具有合适的强度和刚度，能够满足零件设计功能和使用要求。

4.4 液压成形所用原管壁厚一般为 1.0 mm～5.0 mm。

5 管状液压成形零件空间弯曲形状设计

5.1 合理优化零件轴线的空间走向，保证零件弯曲轴线在同一平面内。对于零件功能需要，不能保证在同一平面内的弯曲轴线，设计时应当简化，合理控制零件空间三维弯曲的数量。

5.2 零件上相距较近的两个弯，其轴线宜设计在同一平面。

5.3 两个弯之间的直线段距离不能太小，应有足够的距离放置弯曲过程中的夹持块，直线段长度应大于 2 倍原管直径。

5.4 零件上所有弯角最大弯曲角度不小于 30°。

5.5 宜减少弯角个数。

5.6 对于相差不大的弯曲半径在设计过程中宜采用同一半径。

5.7 注意控制最小弯曲半径，最小弯曲半径应大于 3 倍原管直径。

6 管状液压成形零件截面设计

6.1 在零件设计过程中,应合理控制零件的截面整体胀形量和截面局部胀形量。整体胀形量一般不超过 10%,局部最大胀形量一般不超过 20%。

6.2 液压成形零件设计过程中,零件上圆角半径应合理设置,零件上最小圆角半径随零件所用材料强度升高而增大。通常零件最小圆角半径 R_{min} 应大于该处原管壁厚 t 的 3 倍。

6.3 截面设计时应注意截面过渡平缓,相邻截面的截面周长差应保持在合理范围。

6.4 零件上不同截面形状或尺寸相差较大时,中间过渡段距离应合理布置,以保证零件横截面的过渡部分尽可能保持平缓。

6.5 零件设计过程中,应注意管径与壁厚的比值。合理的管径壁厚比值应控制在 20～45 之间。

ICS 77.140.85
J 32

中华人民共和国国家标准

GB/T 33212—2016

锤上钢质自由锻件 通用技术条件

Steel open die forgings on hammer—General specifications

2016-12-13 发布

2017-07-01 实施

中华人民共和国国家质量监督检验检疫总局
中国国家标准化管理委员会 发布

前　言

本标准按照 GB/T 1.1—2009 给出的规则起草。

本标准由全国锻压标准化技术委员会(SAC/TC 74)提出并归口。

本标准起草单位:机械工业第一设计研究院、北京机电研究所、兰州兰石铸锻有限责任公司、湖北三环锻造有限公司。

本标准主要起草人:许强、王阳、周林、温铁军、张运军、陈文敬、杨武、代合平、王炳正、杨杰。

锤上钢质自由锻件　通用技术条件

1　范围

本标准规定了锤上钢质自由锻件的订货条件、锻件用钢、技术要求、试验方法、验收规则、标志和质量证明书等方面的要求。

本标准适用于碳素钢和合金结构钢在锤上自由锻造的一般用途的锻件(包括胎模锻件)。

2　规范性引用文件

下列文件对于本文件的应用是必不可少的。凡是注日期的引用文件,仅注日期的版本适用于本文件。凡是不注日期的引用文件,其最新版本(包括所有的修改单)适用于本文件。

GB/T 222　钢的成品化学成分允许偏差

GB/T 223(所有部分)　钢铁及合金化学分析方法

GB/T 226　钢的低倍组织及缺陷酸蚀检验法

GB/T 228.1　金属材料　拉伸试验　第1部分:室温试验方法

GB/T 229　金属材料　夏比摆锤冲击试验方法

GB/T 231.1　金属材料　布氏硬度试验　第1部分:试验方法

GB/T 1814　钢材断口检验法

GB/T 1979　结构钢低倍组织缺陷评级图

GB/T 4236　钢的硫印检验方法

GB/T 6394　金属平均晶粒度测定法

GB/T 10561　钢中非金属夹杂物含量的测定　标准评级图显微检验法

GB/T 12363　锻件功能分类

GB/T 13299　钢的显微组织评定方法

GB/T 20066　钢和铁　化学成分测定用试样的取样和制样方法

GB/T 21469　锤上钢质自由锻件机械加工余量与公差　一般要求

GB/T 25136　钢质自由锻件检验通用规则

JB/T 8467　锻钢件超声检测

3　技术要素

3.1　订货条件

3.1.1　需方应向供方提供锻件生产所必须的原始资料。这些资料为:

  a)　锻件的数量和材料;

  b)　零件图、粗加工图或锻件图(供方可对其转化,有异议时,由双方协商确定;若由供方提供锻件图,应经需方认可);

  c)　锻件的检验项目、试验级别和力学性能数据;

  d)　锻件的交货状态。

3.1.2　超出本标准规定的要求(如力学性能试验的特殊要求,低倍组织、金相、无损检测等),由双方协商确定。

3.2 锻件用钢

3.2.1 锻件可以直接用钢锭锻制,但钢锭应是镇静钢,应标明炉号,并附有检验合格证明书。

3.2.2 锻件可以用轧材或钢锭锻造成的钢坯锻制。钢材应具有出厂合格证明书。

3.2.3 对钢锭、钢坯和轧材,应按有关的材料标准进行复验,确认合格后才能使用。

3.2.4 供方应按需方图样规定的材料生产锻件,如需代用,应征得需方同意并出具书面文件。

3.2.5 锻件用钢的化学成分应以抽样分析的结果为依据,其值应符合现行国家标准或行业标准中的规定。国家标准和行业标准规定以外的钢号,化学成分由供需双方协商确定。

3.2.6 当需方要求进行锻件化学成分验证分析时,按 GB/T 222、GB/T 20066 和 GB/T 223 的规定执行。

3.2.7 如果需方要求在标准规定以外的位置取样进行锻件化学成分验证分析时,应在订货合同上说明,并且所用的允许偏差由供需双方协商确定。

3.3 技术要求

3.3.1 锻造用钢锭或钢坯应清除影响锻件质量的表面缺陷,钢锭两端应有足够的切除量。

3.3.2 锻件一般应在第一热处理后交货,热处理规范由供方制定。需方有特殊要求时,由双方商定后在图样或合同上注明。

3.3.3 锻件热处理后产生的弯曲、翘曲变形超出公差范围,影响锻件质量或后续加工时,应由供方进行矫正。矫正后的锻件还应保证其力学性能的要求。

3.3.4 常用钢号锻件的力学性能应符合相关标准的要求。力学性能有特殊要求的,由供需双方协商确定,并在图样或订货合同上注明。若无特别说明,该性能数据均视为纵向性能数据。

3.3.5 根据设计要求、工作特性和用途,需方可按 GB/T 12363 的规定,确定锻件的类别;锻件的检验级别按 GB/T 25136 进行,分为Ⅰ、Ⅱ、Ⅲ、Ⅳ、Ⅴ级,每一级别均规定了试验项目和受检验锻件的数量,见表1。

表 1 锻件级别的试验项目及检验数量表

锻件级别	试验项目及检验数量				组批条件
	化学成分	硬度	拉伸(R_m、R_{eL} 或 $R_{p0.2}$、A、Z)	冲击(KV)	
Ⅰ	每一炉号	100%	100%	—	逐件检验
Ⅱ	每一炉号	100%	每批抽2%,但不少于2件	每批抽2%,但不少于2件	同炉号,同热处理炉次
Ⅲ	每一炉号	100%	—	—	同钢号,同热处理炉次
Ⅳ	每一炉号	每批抽5%,但不少于5件			同钢号,同热处理炉次
Ⅴ	每一炉号	—			同一钢号
每批锻件应按同一图样锻成,也可按不同图样锻造但形状和尺寸相近的锻件组批。 按百分比计算检验数量后,不足1件的余数应算为1件。 Ⅰ、Ⅱ级锻件的硬度值不作为验收的依据。					

3.3.6 锻件的试验级别应在图样和订货合同上注明。

示例：

Ⅲ级试验——GB/T 25136—2010(补加试验项目及其技术要求)。

3.3.7 锻件的形状和尺寸应符合锻件图的规定。

3.3.8 锻件图上规定机械加工余量、公差及余块，按 GB/T 21469 的规定执行。

3.3.9 锻件表面若有裂纹、折叠、夹层、结疤、夹渣等缺陷，按下列规定执行：

    a) 需要机械加工的锻件表面，经过检查，确认缺陷深度能保证留有机械加工余量 50％以上时，允许不清除，但应经需方同意。

    b) 不再进行机械加工的锻件表面，整修的最大深度不得超过该处尺寸的下偏差，整修处应平滑。

    c) 锻件的表面缺陷深度超过机械加工余量时，若需补焊，应经需方同意。在完全清除缺陷后，按适当的补焊规程进行补焊，补焊的质量应符合需方对锻件的要求。

    d) 锻后调质处理的锻件，其表面缺陷应完全清除干净。

3.3.10 锻件表面是否要清理及清理方法，由供需双方在订货时议定。

3.3.11 供方应保证锻件没有白点。

3.4 试验方法和验收规则

3.4.1 试验方法

3.4.1.1 锻件成品的检验按 GB/T 25136 的规定执行。

3.4.1.2 锻件用钢的化学成分分析按 3.2.5～3.2.7 的规定执行。

3.4.1.3 力学性能试验：

    a) 拉伸试验方法按 GB/T 228.1 的规定执行；

    b) 冲击试验方法按 GB/T 229 的规定执行；

    c) 硬度试验方法按 GB/T 231.1 的规定执行。

3.4.1.4 如果锻件拉伸试验用试样的断面上有裂纹、非金属夹杂物和其他缺陷时，锻件应低倍检查和超声波探伤，并明确探伤部位、范围、深度、探伤方法及验收条件。试验方法按 JB/T 8467 的规定。

3.4.1.5 白点检验可在专门切下的试片上进行，也可在锻件本体上用能保证检验可靠性的任一方法进行。

3.4.1.6 其他试验项目：除上述试验项目外，如果需方要求进行下列项目试验，应在订货时与供方协商，协商应包括试验程序的细节。下列项目检验时，各项检验均应明确取样位置和验收等级。检验方法如下：

    a) 低倍组织检验方法和评定按 GB/T 226 及 GB/T 1979 的规定执行；

    b) 断口检验方法和评定按 GB/T 1814 的规定执行；

    c) 硫印检验方法按 GB/T 4236 的规定执行；

    d) 显微组织检验方法和评定按 GB/T 13299 的规定执行；

    e) 晶粒度测定方法按 GB/T 6394 的规定执行；

    f) 非金属夹杂物的评定方法按 GB/T 10561 的规定执行。

3.4.1.7 取样位置、取样数量和试样制备的要求如下：

    a) 锻件上试块的留放位置按图样的要求决定。若图样未注明要求时，可由供方决定，但应保证能代表锻件的力学性能。需方要求留放复试试块时，其试块的留放位置按协议进行。锻件不便留放试块时，可以破坏锻件取样，这时供方应增加试验用的锻件数量。其他特殊情况，由供方与需方具体议定。

    b) 取样位置按 GB/T 25136 的规定执行。

    c) 试样的切取方向按图样的要求决定，若图样未注明要求时，可由供方自行选择(纵向、横向或切向）。

d) 取样数量可从每个试块中切取拉伸试样 2 个、冲击试样 3 个。需方根据锻件的使用条件,也可增加或减少试样数量,但应在合同或图样中明确规定。

e) 切取后的试样不得做任何影响力学性能的热处理。

3.4.1.8 复试的要求如下:

a) 拉伸试验时,若试样在标距外或在标距中心到标距点的距离的 1/2 以外处断裂,且试验结果又不符合规定要求时,则该试样无效,可在锻件中该试样的相邻位置重新取样试验。

b) 若试样未能满足规定的要求,应在该试样的相邻位置取双倍试样复试,此双倍试样均应满足规定的要求。

c) 若锻件的强度性能指标较高,但塑性、韧性指标未能满足规定的要求时,可对锻件进行补充回火,补充回火的次数不作限制。回火后按原规定进行试验。

d) 若锻件的力学性能试验结果不符合规定的要求,供方可对锻件进行重新热处理,按原规定进行试验。未经需方许可,重新热处理次数不得超过 2 次。

3.4.2 验收规则

3.4.2.1 锻件成品的检验和验收由供方的技术检验部门执行。

3.4.2.2 锻件除全部进行外观检查外,还应根据所属的试验级别规定的试验项目和合同上指定检验项目进行试验。必要时,需方可进行复验。

3.4.2.3 在验收过程中,需方可派员进行验收核定,供方应为此提供方便条件。但需方验收人员不得妨碍供方的生产和验收程序的正常进行。

3.4.2.4 当供方缺乏试验条件时,应委托有资质的第三方进行试验。

4 标识和质量证明书

4.1 标识

4.1.1 检验合格的锻件应带有标识。标识的内容包括:供方的标识、图号、生产批号或合同号、钢号、炉号(Ⅰ、Ⅱ级试验的锻件)、锻件号。如果需方对标识有特殊要求时,按合同执行。若标识不清,需方有权拒收。

4.1.2 大中型锻件应在图样或工艺指定部位打印标识,如无规定,可由供方确定部位。

4.1.3 小型成批锻件可采用分批挂签的方式做出标识。挂签可用薄铝板或薄钢板制作,在其上打印标识或书写标识。

4.1.4 装箱的锻件,标识的内容可标在包装箱或印在能牢固地附于包装箱的标签上。

4.2 质量证明书

质量证明书的内容应包括:

a) 供方的名称(或代号);

b) 合同号;

c) 图号、锻件名称、锻件号或序号;

d) 钢号;

e) 熔炼炉号(Ⅰ、Ⅱ级试验的锻件),Ⅰ级试验的锻件还应有热处理炉号;

f) 热处理状态;

g) 锻件主要外形尺寸;

h) 组批号及锻件数量;

i)　检验项目及结果；

j)　检验结论；

k)　技术检验部门的印记和检验人员签章。

ICS 77.140.85
J 32

中华人民共和国国家标准

GB/T 33216—2016

锤上钢质自由锻件
复杂程度分类及折合系数

Steel open die forgings on hammer—
Classification of complexity and equivalent coefficient

2016-12-13 发布　　　　　　　　　　　　　2017-07-01 实施

中华人民共和国国家质量监督检验检疫总局
中国国家标准化管理委员会　发布

前　言

本标准按照 GB/T 1.1—2009 给出的规则起草。

本标准由全国锻压标准化技术委员会(SAC/TC 74)提出并归口。

本标准起草单位:机械工业第一设计研究院、兰州兰石铸锻有限责任公司、北京机电研究所、湖北三环锻造有限公司。

本标准主要起草人:许强、崔双斌、温铁军、张运军、周林、杨武、魏巍、陈天赋、王炳正、陈文敬、黄明伟。

锤上钢质自由锻件
复杂程度分类及折合系数

1 范围

本标准规定了锤上钢质自由锻件复杂程度分类及折合系数。

本标准适用于碳素钢和合金结构钢在锤上自由锻造的一般用途的锻件(包括胎模锻件)。

本标准可作为统计锻件标准产量、制定劳动定额和能源消耗的依据,也可作为企业制定销售价格的参考。

2 锤上钢质自由锻件复杂程度分类

本标准按锻件形状的复杂程度进行分类,共分成9类,见表1。

表1 锤上钢质自由锻件复杂程度分类表

表 1（续）

类别	锻件形状示例					
	13	14	15	16	17	18
Ⅱ						
	19	20	21	22	23	24
			货叉 $Q<10$ t	$Q<10$ t		
	25	26	27	28	29	30
	31	32	33	34		
Ⅲ	1	2	3	4	5	6
	7	8	9	10	11	12
			马架扩孔			
	13	14	15	16	17	18
	19	20	21	22	23	24

表 1（续）

类别	锻件形状示例					
	25	26				
Ⅲ	货叉					
	1	2	3	4	5	6
Ⅳ						
	7	8	9	10	11	12
	13	14	15	16	17	18
			$H/A{\leqslant}0.25$	菱形		
	1	2	3	4	5	6
Ⅴ						冲头扩孔
	7	8	9	10	11	12
		立方	$H/A>0.25$		$\delta>20\,mm$	
	13	14				
	1	2	3	4	5	6
Ⅵ						

表 1（续）

类别	锻件形状示例					
	7	8	9	10	11	12
Ⅵ			扁方		δ≤20 mm	
	13					
	1	2	3	4	5	6
Ⅶ						B/H≥3
	7	8				
		冲孔				
	1	2	3	4	5	6
Ⅷ					L/D≥20	L/A≥15
	7	8				
	B/H<3	圆球				
	1	2	3	4		
Ⅸ			L/D<20	L/A<15		

注：表中类别号越小，锻件越复杂；表中符号 Q——起重量，H——高度，A——矩形的短边长，δ——厚度，L——长度，D——外径，B——宽度。

3 折合系数

每类锻件的名义折合系数按表 2 的规定。本标准以Ⅶ类锻件为基准（名义折合系数 $Z_m=1$），并根据下列情况进行修正：

a) 根据锻件生产所用设备吨位，按表3修正；

b) 根据锻件的批量，按表4修正；

c) 为热模锻预锻的锻坯，按其形状定类后，降低一类计算（如Ⅰ类降为Ⅱ类，依次类推），但属Ⅸ类者，仍以Ⅸ类计算；

d) 根据锻件所用的钢质材料种类，按表5修正。

表2　名义折合系数（Z_m）表

锻件类别	Ⅰ	Ⅱ	Ⅲ	Ⅳ	Ⅴ	Ⅵ	Ⅶ	Ⅷ	Ⅸ
名义折合系数 Z_m	5.00	4.00	3.00	2.30	1.70	1.35	1.00	0.85	0.65

表3　设备吨位修正系数（X_1）表

锻锤落下部分质量/t	≤0.25	0.40～0.56	0.75～1.00	1.50～2.00	3.00	≥5.00
修正系数 X_1	1.15	1.00	0.90	0.82	0.78	0.75

表4　锻件批量修正系数（X_2）表

锻件批量/件	≤25	25～50	≥51
修正系数 X_2	1.00	0.96	0.90

表5　锻件钢号修正系数（X_3）表

钢的种类与钢号示例		种类	普通碳素钢 优质碳素钢 合金结构钢	碳素工具钢 弹簧钢 合金结构钢	滚珠轴承钢 合金工具钢 碳素工具钢	不锈钢 耐热钢 合金工具钢	高速钢 不锈钢、耐热钢 合金工具钢
		钢号示例	Q235-A Q235-B 15、25 35、45 20Mn 50Mn 20Cr 40Cr 15CrMo 20CrMo 35CrMo 12CrMoV 20CrMnTi	T7、T8 45CrNi 60Si2 60CrMn 12CrNi3A 60Si2Mn 30Cr2MoV	GCr15 T9～T13 5CrNiMo 5CrMnMo	1Cr13～4Cr13 3Cr2W8 5CrW2Si CrWMn Cr1MoV Cr12WMoNbVB Cr12Ni2WMoV Cr17Ni2 1Cr18Ni9Ti 4Cr5W2MoV	W18Cr4V W9Cr4V2 Cr12 Cr12Mo Cr12MoV Cr15Ni36W3Ti 3Cr17Mo Cr17 9Cr17MoVCo 4Cr9Si2 Cr5Mo 4Cr10Si2Mo
修正系数 X_3	钢锭		1.2	1.5	2.0	3.0	5.0
	钢坯轧材		1.0	1.2	1.4	1.8	3.0
表中所列钢号仅系示范性的，使用其他钢号时，可按表中原则确定。 对高速钢，若有特殊工艺要求时（如需反复镦粗、拔长者），修正系数由供需双方具体确定。							

锻件的折合系数可按式(1)计算：

$$Z = Z_m X_1 X_2 X_3 \qquad\qquad \cdots\cdots\cdots\cdots\cdots\cdots\cdots\cdots\cdots\cdots\cdots(1)$$

式中：

Z ——折合系数；

Z_m ——名义折合系数(见表2)；

X_1 ——设备吨位修正系数(见表3)；

X_2 ——锻件批量修正系数(见表4)；

X_3 ——锻件钢号修正系数(见表5)。

示例：

195型柴油机曲轴锻件,示意图如图1所示。材料:45优质碳素钢轧材;锻件质量:27 kg;锻件批量:5件;采用设备:1 t自由锻锤。计算其折合系数。

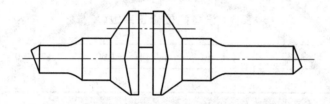

图 1　195型柴油机曲轴锻件示意图

计算方法如下：

先分析曲轴锻件的形状,与表1中Ⅱ类第1种相似,因此该锻件属于Ⅱ类锻件。又根据锻件的类别和其他已知情况,在表2、表3、表4、表5中分别查得:$Z_m = 4.00$,$X_1 = 0.90$,$X_2 = 1.00$,$X_3 = 1.00$,则该锻件的折合系数是:$Z = Z_m X_1 X_2 X_3 = 4.00 \times 0.90 \times 1.00 \times 1.00 = 3.60$。

ICS 25.010
J 32

中华人民共和国国家标准

GB/T 33217—2016

冲压件毛刺高度

Burr height for stampings

2016-12-13 发布

2017-07-01 实施

中华人民共和国国家质量监督检验检疫总局
中国国家标准化管理委员会　发布

前　言

本标准按照 GB/T 1.1—2009 给出的规则起草。

本标准由全国锻压标准化技术委员会(SAC/TC 74)提出并归口。

本标准起草单位:上海交通大学、东莞市中泰模具股份有限公司、北京机电研究所。

本标准主要起草人:庄新村、姚小春、魏巍、赵震、罗忠涛、周林、金红。

冲压件毛刺高度

1 范围

本标准规定了冲压件毛刺高度的极限值及其检测。

本标准适用于对毛刺高度有一定要求的金属冲压件。

2 术语和定义

下列术语和定义适用于本文件。

2.1

冲压件毛刺 burr of stamping

板料切断或冲裁时留在冲压件断面上的毛刺,如图1所示。

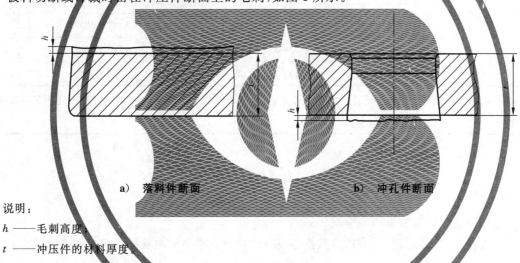

a) 落料件断面   b) 冲孔件断面

说明:

h —— 毛刺高度;

t —— 冲压件的材料厚度。

图 1 冲压件断面

3 毛刺高度的极限值

冲压件毛刺高度的极限值按照表1中的规定。

表 1 冲压件毛刺高度的极限值

单位为毫米

材料抗拉强度MPa	加工精度级别	冲压件的材料厚度										
		≤0.1	>0.1~0.2	>0.2~0.3	>0.3~0.4	>0.4~0.7	>0.7~1.0	>1.0~1.6	>1.6~2.5	>2.5~4.0	>4.0~6.5	>6.5~10.0
>100~250	f	0.02	0.02	0.03	0.05	0.09	0.12	0.17	0.25	0.36	0.60	0.95
	m	0.03	0.03	0.05	0.07	0.12	0.17	0.25	0.37	0.54	0.90	1.42
	g	0.04	0.05	0.07	0.10	0.17	0.23	0.34	0.50	0.72	1.20	1.90

表 1（续）

单位为毫米

材料抗拉强度 MPa	加工精度级别	冲压件的材料厚度										
		≤0.1	>0.1~0.2	>0.2~0.3	>0.3~0.4	>0.4~0.7	>0.7~1.0	>1.0~1.6	>1.6~2.5	>2.5~4.0	>4.0~6.5	>6.5~10.0
>250~400	f	0.02	0.02	0.03	0.04	0.06	0.09	0.12	0.18	0.25	0.36	0.50
	m	0.02	0.02	0.04	0.05	0.08	0.13	0.18	0.26	0.37	0.54	0.75
	g	0.03	0.03	0.05	0.07	0.11	0.17	0.24	0.35	0.50	0.73	1.00
>400~630	f	0.02	0.02	0.02	0.03	0.04	0.05	0.07	0.11	0.20	0.22	0.32
	m	0.02	0.02	0.03	0.04	0.05	0.07	0.11	0.16	0.30	0.33	0.48
	g	0.02	0.03	0.04	0.05	0.08	0.10	0.15	0.22	0.40	0.45	0.65
>630~900	f	0.02	0.02	0.02	0.02	0.02	0.03	0.04	0.06	0.09	0.13	0.17
	m	0.02	0.02	0.02	0.02	0.03	0.04	0.06	0.09	0.13	0.19	0.26
	g	0.02	0.02	0.02	0.03	0.04	0.05	0.08	0.12	0.18	0.26	0.35
>900	f	0.02	0.02	0.02	0.02	0.02	0.03	0.04	0.06	0.08	0.12	0.15
	m	0.02	0.02	0.02	0.02	0.02	0.04	0.06	0.08	0.12	0.16	0.22
	g	0.02	0.02	0.02	0.02	0.03	0.04	0.07	0.11	0.15	0.22	0.31

f 级（精密级）适用于较高要求的冲压件；m 级（中等级）适用于中等要求的冲压件；g 级（粗糙级）适用于一般要求的冲压件。

4 检测

冲压件毛刺高度应在常温常压下检测。

使用光学仪器、工具显微镜、千分表或其他等效方法检测。检测时应检测毛刺的最高峰值。

ICS 77.150.30
J 32

中华人民共和国国家标准

GB/T 33220—2016

铜铍合金锻件和挤压件 通用技术条件

Copper-beryllium alloy forgings and extrusions—General specification

2016-12-13 发布

2017-07-01 实施

中华人民共和国国家质量监督检验检疫总局
中国国家标准化管理委员会 发布

前　言

本标准按照 GB/T 1.1—2009 给出的规则起草。

本标准由全国锻压标准化技术委员会(SAC/TC 74)提出并归口。

本标准起草单位:北京机电研究所、贵州安大航空锻造有限责任公司、湖北三环锻造有限公司、宁波蜗牛锻造有限公司。

本标准主要起草人:金红、陈文敬、陈祖祥、常继成、魏百江、杨孝荣、刘宏扬、沈飞、赵海涛、魏巍。

铜铍合金锻件和挤压件　通用技术条件

1　范围

本标准规定了铜铍合金锻件和挤压件的要求、订单信息、材料及制造、化学成分、状态、晶粒度、物理性能、力学性能、热处理、尺寸及允许偏差、工艺、最终加工及外观、试验方法等。

本标准适用于合金牌号为C17000(Be含量为1.7%)和C17200(Be含量为1.9%)的铜铍合金锻件和挤压件。标准中未注明合金牌号时,均为C17200铜铍合金。

2　规范性引用文件

下列文件对于本文件的应用是必不可少的。凡是注日期的引用文件,仅注日期的版本适用于本文件。凡是不注日期的引用文件,其最新版本(包括所有的修改单)适用于本文件。

GB/T 6394　金属平均晶粒度测定法

GB/T 8541　锻压术语

ASTM E 8　金属材料拉伸测试的标准试验方法(Test methods for tension testing of metallic materials)

ASTM E 18　金属材料洛氏硬度的标准试验方法(Test methods for Rockwell hardness of metallic materials)

ASTM B 194　铜铍合金中厚板、薄板、带材和轧制棒材标准规范(Specification for copper-beryllium alloy plate,sheet,strip and rolled bar)

ASTM B 249/B249M　锻造铜及铜合金棒材、条材、型材和锻件基本要求标准规范(Specification for general requirements for wrought copper and copper-alloy rod,bar,shapes and forgings)

ASTM B 601　锻造及铸造铜和铜合金回火名称与符号的标准分类(Classification for temper designations for copper and copper alloys—Wrought and cast)

ASTM B 846　铜和铜合金的标准术语(Terminology for copper and copper alloys)

3　术语和定义

GB/T 8541和ASTM B 846界定的以及下列术语和定义适用于本文件。

3.1

挤压件　extrusion

坯料在封闭模腔内的三向不均匀压力作用下,从模具的孔口或缝隙挤出,使之横截面积减小,成为所需制品。

3.2

锻件　forging

在压力加工及工(模)具的作用下,使坯料产生或完全塑性变形,以获得一定几何尺寸形状和质量的制品。

4 一般要求

4.1 下列内容应符合 ASTM B 249/B 249M 的相关规定：
  a) 术语和定义；
  b) 材料及制造；
  c) 取样；
  d) 试验及复验的频次；
  e) 试样的制备；
  f) 试验方法；
  g) 极限值；
  h) 检验；
  i) 拒收和重新检验；
  j) 质量证明书；
  k) 工厂测试报告；
  l) 包装、标识、装运及存储。

4.2 本标准中出现 4.1 中所列内容时,其要求是对 ASTM B 249/B249M 中相关规定的补充。

5 订单信息

5.1 产品订单信息包括：
  a) 本标准名称和版本号；
  b) 数量:件数或质量；
  c) 合金编号(见第 1 章)；
  d) 状态(见第 8 章)或热处理(见第 12 章)；
  e) 必要时,提供的锻件图应包含形状、尺寸和公差；
  f) 挤压件应提供长度(或质量)、直线度。

5.2 当有要求时,在锻件图或采购订单中还应提供下列信息：
  a) 拉伸试验(见第 11 章)；
  b) 特殊试验,如晶粒度；
  c) 后期加工(见第 15 章)；
  d) 晶粒度(见第 9 章)。

6 材料及制造

6.1 材料

6.1.1 制造锻件用的材料应是 C17000 或 C17200 的铸锭或锻坯,其纯度和致密性应符合生产本标准中产品的规定。

6.1.2 质量证明书和试验报告应提供熔炼炉号。

6.2 制造

产品制造使用的热加工和热处理工艺,应能使产品达到本标准的要求。

7 化学成分

7.1 锻件的化学成分应符合表 1 中的要求。

表 1 化学成分(质量分数) %

材料编号	Be	Ni+Co	Ni+Co+Fe	Al	Si	Cu
C17000	1.60~1.85	≥0.20	≤0.60	≤0.20	≤0.20	余量
C17200	1.80~2.00	≥0.20	≤0.60	≤0.20	≤0.20	余量

7.2 允许存在表 1 中不包含的其他元素,其范围和分析方法由供需双方协商。

7.3 Cu 元素含量为余量,当 Cu 元素不分析时,其含量为 100% 减去表 1 中其他元素百分比之和。表 1 中所有元素均分析时,所有元素之和 ≥99.5%。

8 状态

本标准规定的固溶处理 TB00(A)和时效处理 TF00(AT)应符合 ASTM B 601 的要求。

9 晶粒度

如果有要求,可按 GB/T 6394 规定的方法检查晶粒度。

10 物理性能

经时效处理 TF00(AT)的产品,允许存在少量的细小且分散 β 相。

11 力学性能

11.1 硬度

除非采购订单中另有规定,产品经固溶处理后硬度应符合表 2 的规定,经时效处理后应符合表 3 的规定。洛氏硬度试验方法应符合 ASTM E 18 的规定。

表 2 固溶热处理后的力学性能

合金编号	标识	状态	直径或厚度 mm	抗拉强度 MPa	洛氏硬度
C17000	TB00	固溶处理(A)	所有尺寸	≤590	≤85 HRB
C17200	TB00	固溶处理(A)	所有尺寸	≤590	≤85 HRB

表 3　时效处理之后的力学性能

合金编号	标识	状态	直径或厚度 mm	抗拉强度 MPa	屈服强度0.2% MPa	伸长率4D %	洛氏硬度
C17000	TF00	时效处理(AT)		1 030～1 310	≥820	≥3	≥32 HRC
C17200	TF00	时效处理(AT)	≤200	1 140～1 380	≥890	≥3	≥36 HRC
			>200～300	1 070～1 310	≥890	≥3	≥34 HRC
			>300	1 000～1 240	≥860	≥3	≥34 HRC
注：抗拉强度上限仅作为设计参考。							

11.2　拉伸

当合同或采购订单有规定时,在规定的状态下,产品的拉伸性能应符合表2和表3的规定。拉伸性能的试验方法应符合 ASTM E 8 的规定。

12　热处理

12.1　固溶处理

状态标识 TB00(A)。将产品加热到 788 ℃,并保温,然后快速冷却,得到所需的产品组织和性能。

12.2　时效处理

状态 TF00(AT),将产品加热到 316 ℃～370 ℃,保温 2 h～3 h,空冷。即表3中用于验收的热处理规范。

12.3　其他要求

供需双方要求时,可采用特殊的时效规范,以获得特殊的组织。

13　特殊要求

当采购订单中有特殊规定时,应按特殊规定执行。

14　尺寸及允许偏差

产品形状尺寸和允许偏差应符合锻件图的规定,也可由供需双方协商。

15　工艺、最后加工及外观

15.1　产品应无影响使用的缺陷。

15.2　需方应在采购订单中规定产品交付状态,如:热加工,热加工及喷砂、抛丸、酸洗、机加工等。

16 试验方法

化学成分分析结果有异议时,应采用 ASTM B 194 中给出的分析方法进行确认。

ICS 77.140.85
J 32

中华人民共和国国家标准

GB/T 33878—2017

钢质楔横轧件　工艺编制原则

Steel cross wedge rollings—Technological design principle

2017-07-12 发布
2018-02-01 实施

中华人民共和国国家质量监督检验检疫总局
中国国家标准化管理委员会　发布

前　言

本标准按照 GB/T 1.1—2009 给出的规则起草。

本标准由全国锻压标准化技术委员会(SAC/TC 74)提出并归口。

本标准起草单位:河北东安精工股份有限公司、北京科技大学、北京科大机翔科技有限公司、北京机电研究所、湖北三环锻造有限公司、东风锻造有限公司。

本标准主要起草人:张军改、张康生、李昱、刘博、陈文敬、邓庆文、吴玉坚、陈琳、王国文、蒋德超、金红、周林、魏巍。

钢质楔横轧件　工艺编制原则

1　范围

本标准规定了钢质楔横轧件(简称"轧件")工艺编制原则,包括工艺编制、工艺参数确定、设备选择、模具设计、质量控制。

本标准适用于采用楔横轧工艺生产的钢质热轧件。

2　规范性引用文件

下列文件对于本文件的应用是必不可少的。凡是注日期的引用文件,仅注日期的版本适用于本文件。凡是不注日期的引用文件,其最新版本(包括所有的修改单)适用于本文件。

GB/T 8541　锻压术语

GB/T 32258　钢质楔横轧件　通用技术条件

3　术语和定义

GB/T 8541 界定的术语和定义适用于本文件。

4　工艺编制原则

4.1　工艺编制

4.1.1　钢质楔横轧件的生产工序主要包括:下料——加热——轧制——热校直——热处理——表面清理——冷矫直——成品锯切——检验等,工序排布不仅应考虑整个制造流程物料流转的便利性,还应考虑生产成本控制、客户质量要求、设备状况等。

4.1.2　每道工序宜根据产品特性进行抽检。

4.1.3　热校直无法连线进行时,应注意温降,保证热态校直。

4.1.4　需进行冷矫直的,应考虑残余应力的影响。

4.2　工艺参数确定

4.2.1　原材料

原材料宜选用轧制比不小于 9 的棒料,必要时,应进行超声波探伤。

4.2.2　温度

4.2.2.1　变形温度的选择应有利于避免疏松和空洞等轧制缺陷的产生。

4.2.2.2　加热温度应避免坯料过热、过烧,加热时间以坯料均匀达到始轧温度为依据,并减少氧化和脱碳。

4.2.2.3　轧制时,温降快的轧件宜选择轧制温度上限;对于尺寸精度要求较高的轧件,宜选择轧制温度下限。

4.2.2.4 热校直温度应不低于相变温度。

4.2.3 轧制

4.2.3.1 依据上料方式与加热能力设定生产节拍,轴向上料生产节拍宜小于 3 件/min,径向上料生产节拍宜小于 10 件/min。

4.2.3.2 依生产节拍和轧辊直径确定轧辊转速,一般为 5 r/min～10 r/min。

4.2.3.3 轧制时应对模具进行冷却,宜使用水冷,对于降温速度快的轧件,宜减少水量。

4.2.4 热处理

4.2.4.1 轧件热处理方式主要有正火、等温正火、控温冷却、调质等,根据客户要求选择合适的热处理方式及参数。

4.2.4.2 应根据产品特点规定装炉方式,防止热处理变形。

4.2.5 表面清理

采用抛丸或喷砂(丸)清理轧件表面氧化皮,钢丸直径一般为 0.8 mm～3 mm。

4.3 设备选择

4.3.1 下料

下料设备通常有剪床、带锯床和圆盘锯等,根据产品特性选择合适的下料设备。

4.3.2 加热

加热方式通常有电加热、火焰加热,宜使用中频感应加热,并加装温度检测和分选装置。

4.3.3 轧制

4.3.3.1 楔横轧机分整体式和分体式,可根据实际情况选择轧机。

4.3.3.2 上料方式分轴向上料和径向上料,可根据产品精度、生产效率和劳动强度等选择合适的上料方式,多采用轴向上料。

4.3.3.3 根据产品直径、长度选择轧机型号,表1为常用轧机规格选择表,对于6个凸台以上且最大断面收缩率大于75%的轧件,轧机选择应提高一个规格。

表 1　楔横轧规格选择表　　　　　　　　　　　单位为毫米

轧机规格(轧辊直径或中心距)	500	630	800	1 000	1 200	1 400	1 500
轧件最大直径	40	50	80	100	120	150	160
轧件最大长度	400	450	700	800	1 100	1 200	1 200

4.3.4 热校直

热校直机宜选用三辊校直机。

4.3.5 热处理

根据产品要求选择相应的热处理设备。

4.3.6 表面清理

可根据产品尺寸、材质、形状、表面质量、加工精度要求等选择合适的表面清理设备。

4.3.7 冷矫直

选择合适的设备对直线度超差的轧件进行冷矫直,并据客户要求去除残余应力。

4.3.8 成品锯切

可使用无齿锯或带锯床,使用无齿锯时应防止锯口处出现过烧组织。

4.4 模具设计

4.4.1 模具参数成形角(α)、展宽角(β)的选择应综合考虑轧件断面收缩率(ψ)、模具辊面长度和避免产品缺陷等因素,成形角宜在 18°~34°范围内选择,展宽角宜在 4°~12°范围内选择。

4.4.2 模具两侧型腔应尽量相同,对较短的轴向非对称工件可采取两件或多件组合成对称件进行轧制。

4.4.3 应将不参与轧制或变形量小的一端置于轧制工件的末端以减小料头损失。

4.4.4 断面收缩率大于 80%时,可采用二次起楔或减小成形角的设计方法。

4.4.5 对易产生疏松和空洞等缺陷的部位,应增大成形角。

4.4.6 为减少螺旋痕,可在成形面与顶面之间设计过渡圆角 R。

4.4.7 为保证轧件旋转,可在成形角斜面上打防滑痕。

4.4.8 应在模具上设计卸载段,以减少工件弯曲。

4.5 质量控制

4.5.1 原材料和产品质量应符合 GB/T 32258 的规定,客户有要求时,按双方协议执行。

4.5.2 应根据产品特性和客户要求制定检验规范。

4.5.3 表面清理后宜进行 100%超声波探伤。

ICS 77.140.85
J 32

中华人民共和国国家标准

GB/T 33879—2017

多向精密模锻件 通用技术条件

Multi-way precision die forgings—General specification

2017-07-12 发布

2018-02-01 实施

中华人民共和国国家质量监督检验检疫总局
中国国家标准化管理委员会 发布

前　言

本标准按照 GB/T 1.1—2009 给出的规则起草。

本标准由全国锻压标准化技术委员会(SAC/TC 74)提出并归口。

本标准起草单位:中国二十二冶集团有限公司、二十二冶集团精密锻造有限公司、北京机电研究所。

本标准主要起草人:万以明、李明权、李景生、周林、宋昌哲、赵文成、代勇、金红、陈文敬、魏巍。

多向精密模锻件　通用技术条件

1　范围

本标准规定了多向精密模锻件(以下简称"锻件")的技术要求、试验方法、检验规则、标志、标签和随行文件、包装、运输和贮存。

本标准适用于采用精密模具、多向模锻工艺生产的多向精密模锻件。

2　规范性引用文件

下列文件对于本文件的应用是必不可少的。凡是注日期的引用文件,仅注日期的版本适用于本文件。凡是不注日期的引用文件,其最新版本(包括所有的修改单)适用于本文件。

GB/T 223(所有部分)　钢铁及合金化学分析方法

GB/T 228.1　金属材料　拉伸试验　第1部分:室温试验方法

GB/T 229　金属材料　夏比摆锤冲击试验方法

GB/T 231.1　金属材料　布氏硬度试验　第1部分:试验方法

GB/T 699　优质碳素结构钢

GB/T 700　碳素结构钢

GB/T 1220　不锈钢棒

GB/T 3077　合金结构钢

GB/T 4334　金属和合金的腐蚀　不锈钢晶间腐蚀试验方法

GB/T 6394　金属平均晶粒度测定法

GB/T 6402　钢锻件超声检测方法

GB/T 8541　锻压术语

GB/T 12228　通用阀门碳素钢锻件技术条件

GB/T 12361　钢质模锻件　通用技术条件

GB/T 12362　钢质模锻件　公差及机械加工余量

3　术语和定义

GB/T 8541界定的以及下列术语和定义适用于本文件。

3.1

多向精密模锻件　multi-way precision die forgings

在工艺温度范围内,通过专用模具、采用多向模锻技术获得的高精度、满足产品要求的精密锻件。

4　技术要求

4.1　原材料

4.1.1　锻件所选用的原材料应符合 GB/T 699、GB/T 700、GB/T 1220、GB/T 3077 或 GB/T 12228 的规定,也可选用供方与需方协商确定的原材料。原材料技术要求应在技术协议或合同中注明。

4.1.2 锻件的原材料应有质量合格证书,保证材料符合规定的技术要求。

4.1.3 原材料应经复验合格后方可投入生产。复验项目由供方与需方协商确定。

4.2 锻件关键尺寸及公差

4.2.1 锻件关键尺寸

典型锻件关键尺寸宜满足表1～表5的规定。

表 1 A 类锻件关键尺寸

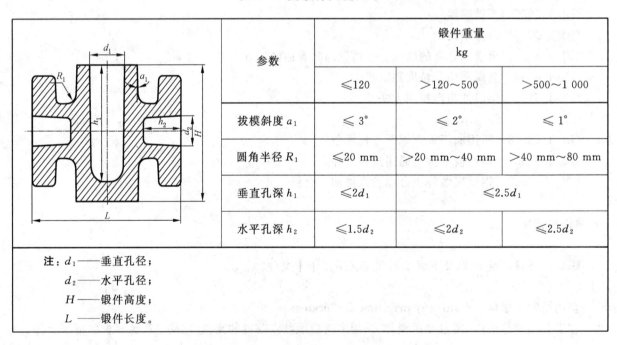

参数	锻件重量 kg		
	≤600	>600～900	>900～1 200
圆角半径 R_1	≤35 mm	>35 mm～60 mm	>60 mm～80 mm
垂直孔深 h_1	≤$2d_1$	≤$2.5d_1$	

注:d_1——垂直孔径;
　　H——锻件高度。

表 2 B 类锻件关键尺寸

参数	锻件重量 kg		
	≤120	>120～500	>500～1 000
拔模斜度 a_1	≤3°	≤2°	≤1°
圆角半径 R_1	≤20 mm	>20 mm～40 mm	>40 mm～80 mm
垂直孔深 h_1	≤$2d_1$	≤$2.5d_1$	
水平孔深 h_2	≤$1.5d_2$	≤$2d_2$	≤$2.5d_2$

注:d_1——垂直孔径;
　　d_2——水平孔径;
　　H——锻件高度;
　　L——锻件长度。

表 3　C 类锻件关键尺寸

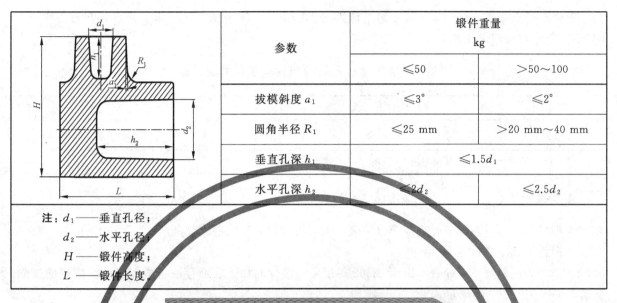

参数	锻件重量 kg	
	≤50	>50～100
拔模斜度 a_1	≤3°	≤2°
圆角半径 R_1	≤25 mm	>20 mm～40 mm
垂直孔深 h_1	≤$1.5d_1$	
水平孔深 h_2	≤$2d_2$	≤$2.5d_2$

注：d_1——垂直孔径；
　　d_2——水平孔径；
　　H——锻件高度；
　　L——锻件长度。

表 4　D 类锻件关键尺寸

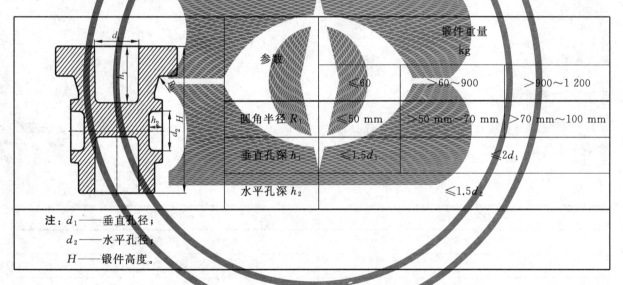

参数	锻件重量 kg		
	≤60	>60～900	>900～1 200
圆角半径 R_1	≤50 mm	>50 mm～70 mm	>70 mm～100 mm
垂直孔深 h_1	≤$1.5d_1$	≤$2d_1$	
水平孔深 h_2	≤$1.5d_2$		

注：d_1——垂直孔径；
　　d_2——水平孔径；
　　H——锻件高度。

表 5　E 类锻件关键尺寸

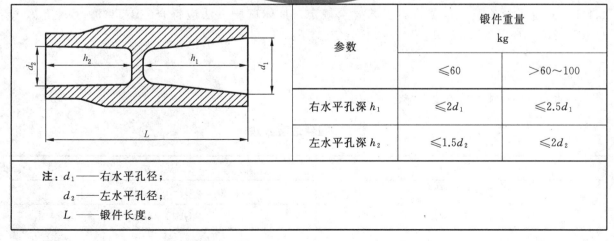

参数	锻件重量 kg	
	≤60	>60～100
右水平孔深 h_1	≤$2d_1$	≤$2.5d_1$
左水平孔深 h_2	≤$1.5d_2$	≤$2d_2$

注：d_1——右水平孔径；
　　d_2——左水平孔径；
　　L——锻件长度。

4.2.2 锻件尺寸公差

锻件重量不超过 250 kg 时,尺寸偏差应满足 GB/T 12362 中精密级要求。锻件重量超过 250 kg 时,偏差尺寸宜采用表 6 的规定。

表 6 重量超过 250 kg 锻件关键尺寸的公差

单位为毫米

基本尺寸	≤120	>120~180	>180~315	>315~500	>500~800	>800~1 250
尺寸公差	$7.0^{+4.7}_{-2.3}$	$8.0^{+5.3}_{-2.7}$	$9.0^{+6.0}_{-3.0}$	$10.0^{+6.7}_{-3.3}$	$11.0^{+7.3}_{-3.7}$	$12.0^{+8.0}_{-4.0}$

注:内孔尺寸允许偏差,其偏差的"+"、"-"与上述规定相反。

4.3 锻件其他要求

4.3.1 锻件热处理后表面氧化皮应予以清理。表面清理宜采用喷砂或抛丸。

4.3.2 锻件表面不应有毛刺、错位。

4.3.3 锻件表面缺陷不应超过 GB/T 12362 的规定。锻件非加工表面存在折叠、裂纹时,应打磨清除,应满足 GB/T 12361 的规定。

4.3.4 根据需方要求,可对锻件力学性能、金相组织、晶间腐蚀和无损检测等进行规定,具体要求由供方与需方协商确定。

5 试验方法

5.1 原材料试验

5.1.1 原材料复验项目至少应包括化学成分、尺寸、表面质量等。每批次原材料的复验试验方法应符合表 7 的规定。

表 7 原材料复验试验方法

检验项目	试验方法
化学成分	GB/T 223(所有部分)
尺寸	卡尺、卷尺
表面质量	目视

5.1.2 其他复验项目可根据供方工艺要求确定。具体试验方法应符合 GB/T 699、GB/T 700、GB/T 1220、GB/T 3077 或 GB/T 12228 的规定。

5.2 锻件试验

每批锻件的相关试验方法应符合表 8 的规定。

表 8 锻件试验方法

检验项目	试验方法
金属拉伸性能	GB/T 228.1
金属布氏硬度	GB/T 231.1

表 8（续）

检验项目	试验方法
金属冲击韧性	GB/T 229
金属平均晶粒度	GB/T 6394
晶间腐蚀	GB/T 4334
超声检测	GB/T 6402
尺寸	卡尺、千分尺
表面质量	目视

6 检验规则

6.1 检查和验收

锻件的质量应由供方质量监督部门进行检查和验收。

6.2 检验方法

6.2.1 每批次按需进行抽检或全检。检验项目由供方与需方协商确定。

6.2.2 各项检验项目的试验部位、试样切取方向和数量，由供方与需方协商确定。

7 标志、标签和随行文件

7.1 标志、标签

锻件宜标志产品编号或其他可追溯性标志，标志位置及其他标志内容可由供方与需方协商确定。

7.2 随行文件

7.2.1 锻件随行文件应有产品质量合格证书。质量合格证书应包括以下内容：
——需方名称或代号；
——锻件名称（或代号）、数量、出厂日期；
——锻件材料牌号、化学成分、锻件交货状态；
——熔炼炉号、热处理炉号和产品批号；
——对特殊要求进行补充检验的结论；
——质量检验及合格标记；
——供方名称；
——其他由供方与需方协商确定的内容。

7.2.2 其他随行文件可由供方与需方协商确定。

8 包装、运输和贮存

锻件包装、运输和贮存要求应在协议或合同中规定。

ICS 77.140.85
J 32

中华人民共和国国家标准

GB/T 34356—2017

低温环境用法兰锻件

Flange forgings for low temperature service

2017-10-14 发布

2018-05-01 实施

中华人民共和国国家质量监督检验检疫总局
中国国家标准化管理委员会 发布

前　言

本标准按照 GB/T 1.1—2009 给出的规则起草。

本标准由全国锻压标准化技术委员会(SAC/TC 74)提出并归口。

本标准起草单位:山西金瑞高压环件有限公司、北京机电研究所、贵州安大航空锻造有限责任公司、武汉理工大学、机械科学研究院浙江分院有限公司。

本标准主要起草人:兰鹏光、绫建、周林、金红、陈祖祥、华林、计亚平、陈鹏、戎亮、杨孝荣、邓松、陈文敬、魏巍。

低温环境用法兰锻件

1 范围

本标准规定了低温环境用(—73 ℃～—29 ℃)法兰锻件(以下简称"锻件")的术语和定义、订货内容和一般要求、技术要求、试验方法、检验规则及标志、标签和随行文件。

本标准适用于低温环境下(—73 ℃～—29 ℃)石油或天然气管道用碳素钢或合金钢法兰锻件。

2 规范性引用文件

下列文件对于本文件的应用是必不可少的。凡是注日期的引用文件,仅注日期的版本适用于本文件。凡是不注日期的引用文件,其最新版本(包括所有的修改单)适用于本文件。

GB/T 8541　锻压术语

HG/T 20615　钢制管法兰(Class 系列)

HG/T 20623　大直径钢制管法兰(Class 系列)

ASTM A388/A388M　钢锻件的超声波检验的标准实施规程(Standard Practice for Ultrasonic Examination of Steel Forgings)

ASTM A788/A788M-2015　通用要求钢锻件的标准规格(Standard Specification for Steel Forgings，General Requirements)

ASTM A961/A961M　钢制法兰、锻制配件、阀门以及管道应用零件的标准规格(Standard Specification for Common Requirements for Steel Flanges，Forged Fittings，Valves，and Parts for Piping Applications)

ASTM E23-2012c　金属材料切口冲击试验的标准试验方法(Standard Test Methods for Notched Bar Impact Testing of Metallic Materials)

ASME B16.5　管法兰和法兰管件.NPS1/2 至 NPS24 公制/英制标准(Pipe Flanges and Flanged Fittings.NPS1/2 Through NPS24 Metric/Inch Standard)

ASME B16.47　大直径钢法兰.NPS 26～NPS 60 公制/英制标准(Large Diameter Steel Flanges. NPS 26 Through NPS 60 Metric/Inch Standard)

ASME　锅炉及压力容器规范　国际性规范.第Ⅷ卷 1 册,压力容器.UG-84(Boiler and Pressure Vessel Code.Section Ⅷ—Division 1，Pressure Vessel.UG-84 articles；Ⅸ，welding assessment)

ASME　锅炉及压力容器规范　国际性规范.第Ⅸ卷　焊接和钎接评定(Boiler and Pressure Vessel Code.Section Ⅸ，Welding)

AWS A5.5/A5.5M　保护金属极电弧焊接用低合金钢电焊电极规范[Specification for Low—Alloy Steel Electrodes for Shielded Metal Arc Welding (10th Edition)]

MSS SP-44　钢质管道法兰(Steel Pipeline Flanges)

3 术语和定义

GB/T 8541 界定的以及下列术语和定义适用于本文件。

3.1

白点　flakes

在热加工后的冷却过程中,由于氢的溶解度降低析出和局部相变而产生的应力引起的短而不连续的材料内部裂纹。

3.2

表面线性缺陷(或痕迹)　linear surface imperfection(or indication)

长度至少是宽度 3 倍的缺陷。

4　订货内容和一般要求

4.1　需方应在采购订货单上明确以下订货信息:

　　a)　钢号;

　　b)　订货数量;

　　c)　产品执行标准,规格、压力等级、密封面形式;

　　d)　补充要求;

　　e)　附加要求。

4.2　按照本标准制造的锻件应符合 ASTM A961/A961M 的要求,包括订货单中标明的所有补充性要求。本标准与 ASTM A961/A961M 冲突时,以本标准为准。

4.3　当需方有特殊要求时,应符合附录 A 的规定,并在订单上注明。

4.4　锻件尺寸标准应符合 HG/T 20615、HG/T 20623、ASME B16.5、ASME B16.47、MSS SP-44 或订单规定的其他标准以及加工图纸的要求。

4.5　本标准涵盖了 8 个钢号的材料、4 个强度等级以及 3 个冲击韧性等级。等级的选择应根据使用温度条件及力学性能要求。

5　技术要求

5.1　材料和锻件制造要求

5.1.1　原材料冶炼应符合 ASTM A961/A961M 的规定。推荐采用真空脱气、炉外精炼或电渣重熔的冶炼方法。材料应为钢锭、连铸坯或轧坯。

5.1.2　锻件产品应符合 ASTM A788/A788M—2015 中第 3 章的规定。

5.1.3　锻件应在组织转变温度范围以下充分冷却。冷却方法应保证不出现裂纹、白点等。

5.1.4　锻件热处理应符合如下要求:

　　a)　锻件热处理应包括退火、正火、正火+回火、析出硬化、调质、正火时效析出硬化、淬火时效析出硬化中的一种或几种。除时效析出硬化处理外,所有热处理方法的步骤应符合 ASTM A961/A961M 的规定。时效析出硬化要求为:加热至 538 ℃~677 ℃ 范围,保温时间不低于 0.5 h,冷却方式和冷却速度不做规定。

　　b)　重新热处理:产品的拉伸性能或冲击性能不符合本标准的要求时,供方可按照本标准的热处理规范对锻件重新热处理,重新热处理次数不超过 2 次,回火次数不限。

5.2　化学成分

5.2.1　化学冶炼分析应符合 ASTM A961/A961M 规定,化学成分应符合表 1 规定。

5.2.2　锻件不准许使用含铅钢。

表 1　化学成分要求　　　　　　　　　　　　　　　　　　　　　　　　%

元素	成分分析	钢号							
		L1[a]	L2[a]	L3	L4	L5	L6	L7[b]	L8
C	熔炼	≤0.20	≤0.30	≤0.22	≤0.18	≤0.07	≤0.07	≤0.20	≤0.20
	成品	≤0.23	≤0.33	≤0.25	≤0.20	≤0.09	≤0.09	≤0.22	≤0.22
Mn	熔炼	0.60~1.50	0.60~1.35	1.15~1.50	0.45~0.65	0.40~0.70	1.85~2.20	≤0.90	0.20~0.40
	成品	0.55~1.60	0.55~1.45	1.05~1.60	0.40~0.70	0.35~0.75	1.75~2.30	≤1.00	0.15~0.45
P	熔炼	≤0.030	≤0.030	≤0.025	≤0.025	≤0.025	≤0.025	≤0.025	≤0.020
	成品	≤0.035	≤0.035	≤0.030	≤0.030	≤0.030	≤0.030	≤0.030	≤0.025
S	熔炼	≤0.030	≤0.030	≤0.025	≤0.025	≤0.025	≤0.025	≤0.025	≤0.020
	成品	≤0.040	≤0.040	≤0.035	≤0.035	≤0.035	≤0.035	≤0.035	≤0.025
Si	熔炼	≤0.35	≤0.35	≤0.30	≤0.35	≤0.35	≤0.15	≤0.35	≤0.35
	成品	≤0.37	≤0.37	≤0.32	≤0.37	≤0.37	≤0.17	≤0.37	≤0.37
Cr	熔炼	≤0.30	≤0.30	≤0.30	≤0.30	0.60~0.90	≤0.30	≤0.30	1.50~2.00
	成品	≤0.34	≤0.34	≤0.34	≤0.34	0.56~0.94	≤0.34	≤0.34	1.44~2.06
Ni	熔炼	≤0.40	≤0.40	≤0.40	1.65~2.00	0.70~1.00	≤0.40	3.2~3.7	2.8~3.9
	成品	≤0.43	≤0.43	≤0.43	1.60~2.05	0.67~1.03	≤0.43	3.18~3.82	2.68~3.97
Mo	熔炼	≤0.12	≤0.12	≤0.12	0.20~0.30	0.15~0.25	0.25~0.35	≤0.12	0.40~0.60
	成品	≤0.13	≤0.13	≤0.13	0.19~0.33	0.14~0.28	0.23~0.38	≤0.13	0.35~0.65
V	熔炼	≤0.05	≤0.05	0.04~0.11	≤0.05	≤0.05	≤0.05	≤0.05	≤0.05
	成品	≤0.06	≤0.06	0.03~0.13	≤0.06	≤0.06	≤0.06	≤0.06	≤0.06
N	熔炼	—	—	0.010~0.030	—	—	—	—	—
	成品	—	—	0.005~0.035	—	—	—	—	—
Cu	熔炼	≤0.40	≤0.40	≥0.20[c]	≤0.40	1.00~1.30	≤0.40	≤0.40	≤0.40
	成品	≤0.43	≤0.43	≥0.18[c]	≤0.43	0.95~1.35	≤0.43	≤0.43	≤0.43
Nb	熔炼	≤0.02	≤0.02	≤0.02	≤0.02	≥0.03	0.06~0.10	≤0.02	≤0.02
	成品	≤0.03	≤0.03	≤0.03	≤0.03	≥0.02	0.05~0.11	≤0.03	≤0.03

[a] 冶炼分析中铜、镍、铬和钼的含量之和不超过 1.00%。

[b] 冶炼分析中铬、钼和钒的含量之和不超过 0.32%。

[c] 如果有规定，采用规定值。

5.3　力学性能要求

5.3.1　锻件焊颈处材料的力学性能应符合表 2 中的要求。

表 2　力学性能要求

机械性能	等级 1	等级 2	等级 3	等级 4
屈服强度 $R_{p0.2}$ [a]/MPa	≥290	≥360	≥415	≥515
抗拉强度 R_m/MPa	≥415	≥455	≥515	≥620
伸长率 A/%	≥22	≥22	≥20	≥20
断后收缩率 Z/%	≥40	≥40	≥40	≥40
硬度/HBW	149～207	149～217	156～235	179～265
平均最小冲击值[b,c]/J	≥41	≥54	≥68	≥68
单个最小冲击值[b,d]/J	≥33	≥43	≥54	≥54

注：钢号 L1 对应等级 1 和 2；钢号 L2 对应等级 1、2 和 3；钢号 L3 对应等级 1、2 和 3；钢号 L4 对应等级 1、2 和 3；钢号 L7 对应等级 1 和 2；钢号 L5、L6、L8 对应所有等级。

[a] 规定残余延伸率为 0.2% 时的应力。

[b] 3 个边长为 10 mm 的夏比 V 型缺口试样为一组。小尺寸试样的判定值随试样宽度的减小成比例减小。

[c] 力学性能要求旨在减少断裂发生，并不能保证不断裂。若要最大程度降低断裂，应在工作温度范围增加附加要求。附加要求应由需方提出并经过供方同意。

[d] 每组 3 个试样中只能有一个下限值。

5.3.2　拉伸要求应符合 ASTM A961/A961M 的规定。同时应注意以下两种情况：

　　a)　每一热处理装料批次的每一冶炼炉次应进行一次拉伸试验；

　　b)　当热处理过程相同时，按批装料或连续装料且配备高温记录仪的热处理炉温度均匀性在 ±14 ℃ 范围内，只需对每一冶炼炉次进行一次拉伸试验，测试试样的材料取自一个炉的装料。

5.3.3　每个法兰锻件应有足够的硬度测点，且硬度值应符合表 2 规定，测试法兰锻件的数量由供需双方协商确定。需方可在产品的任意位置进行复验，但是不能作为产品拒收依据。

5.3.4　冲击性能要求应满足如下条件：

　　a)　如果焊颈截面的厚度不小于 6 mm，则焊颈部位材料的冲击性能应满足表 2 的要求；

　　b)　试样应取自热处理后的锻件，或用于制造锻件的单独锻造试块，试块制作要求应符合 ASTM A961/A961M 的要求；

　　c)　如果焊颈的厚度小于等于 50 mm，试样应在焊颈中心部位选取，如果焊颈的厚度大于 50 mm，试样应在表面与厚度中心的中间位置选取，试样应按照法兰孔的径向取样；

　　d)　每次冲击试验，试样为 1 组 3 个，且 3 个试样应属于同一热处理装料批次的同一熔炼炉号；

　　e)　除非另有规定，测试温度按照表 3 要求执行。

表 3　冲击测试温度[a,b]

等级	测试温度/℃
L1	−29
L2	−46
L3	−46
L4	−62
L5	−62

表 3（续）

等级	测试温度/℃
L6	−62
L7	−73
L8	−73

a 表中温度为最低测量温度(特殊规定除外)。如果最低设计温度低于表 3 的规定,此温度作为测试温度时,则实际使用的钢材需增加厚度才能满足使用需求。

b 需方可指定低于试验温度的使用温度及其对应的法兰焊颈截面厚度(加大管外径)。

5.4 成品分析

需方应按照 ASTM A961/A961M5 对法兰锻件进行成品分析。

5.5 超声波检查要求

如果法兰焊颈的直径大于或者等于 610 mm,应对焊接端 50 mm 范围内的所有部位进行超声波检测。超声波检查的要求可由供需双方协商确定。

5.6 静水压试验要求

根据本标准生产的锻件应符合法兰成品的静水压试验要求,可由供需双方协商确定。

5.7 补焊要求

法兰需要补焊时应经过需方批准。并应注意以下几点:

a) 补焊处与基体应按照第 5.7b)的要求进行热处理,在表 3 的试验温度下,补焊处的力学性能和冲击性能应符合表 2 的要求。补焊可采用 SMAW 手工电弧焊(使用低氢焊条),GMAW 气体保护焊,FCAW 二氧化碳气体保护焊或 GTAW 钨极气体保护焊。电焊条应满足 AWS A5.5/A5.5M 的要求。GMAW 气体保护焊,仅适用于射流过渡或者脉冲电弧焊。FCAW 二氧化碳气体保护焊,仅适用于碳或碳钼母材修复。焊修工艺应符合 ASME 锅炉及压力容器规范 国际性规范.第Ⅷ卷 1 册,压力容器.UG-84;第Ⅸ卷 焊接和钎接评定的要求。

b) 法兰焊修后应进行局部热处理或整体热处理。

c) 重新热处理后,产品应依据第 5.5 进行超声波检验。

5.8 工艺、表面处理及外观

除符合 ASTM A961/A961M 要求外锻件不能有以下损坏,否则需进行表面机加工处理:

a) 焊接端:机加工后的焊接坡口应目测合格,不准许存在折叠夹杂等缺陷;

b) 产品表面:不能有超过 3 mm 的表面线性缺陷,如碰伤、划痕、蚀点等。

6 试验方法

6.1 力学性能试验

力学性能测试方法应符合 ASTM A961/A961M 的要求。取样要求如下:

a) 外径小于 610 mm 的法兰,锻造试块的尺寸不小于宽 50 mm、厚 50 mm、长 300 mm。试样应在平行于锻造试块长度方向的纵轴上选取。

b) 外径大于或等于 610 mm 的法兰,锻造试块的尺寸及试样取样方向由供需双方协商确定。

c) 试样应在法兰颈部最薄截面的中心处或距离锻造试块表面 19 mm 处选取。法兰上的取样方向由供需双方协商确定。

6.2 超声波试验

纵波检测使用直径为 25 mm～29 mm 或者面积为 25 mm² 的 2.25 MHz 传感器。检测应按照 ASTM A388/A388M 的通用要求执行。

6.3 静水压试验

需方可根据 ASTM A961/A961M 中关于静水压试验的补充性要求,指定第三方进行检测。

6.4 补焊试验

补焊的相关程序应按 ASTM A961/A961M 要求执行。

7 检验规则

7.1 检验方法

检验条款按 ASTM A961/A961M 执行。

7.2 超声波检验规则

出现下列 3 种情况时判定为废品:

a) 任何区域检测出大于或等于 6 mm 平底孔反射信号;

b) 多个显示的波幅超过参考平底孔波幅的 50%,并伴随 50% 的底波损失;

c) 任何底波完全损失的显示。

7.3 拒收和复检

7.3.1 在交付后,如果在使用中发现产品不合格,导致不能使用,产品将报废,并且通知供方。

7.3.2 需方应按照 ASTM A961/A961M 要求进行复验。

8 标志、标签和随行文件

8.1 证书

除标准 ASTM A961/A961M 对证书要求外,试验报告也应提供给需方或其代表。试验报告需包括以下内容:

a) 热处理类型包括温度范围、次数及冷却方式,见 5.1.4;

b) 冶炼化学成分分析结果,报告结果应符合表 1 的要求;

c) 产品化学成分分析结果,报告结果应符合表 1 的要求;

d) 拉伸性能结果,包括屈服强度和抗拉强度、伸长率及断面收缩率,报告结果应符合表 2 的要求;

e) 冲击性能结果,报告结果应符合表 2 的要求;

f) 硬度试验结果,报告结果应符合表 2 要求;

g) 超声检验结果(如果进行此项检验则需提供);

h)　采购订单中规定的任何补充试验。

8.2　产品标识和标签

8.2.1　除符合 ASTMA961/A961M 的产品标识规定外,还应符合:

a)　冲击试验温度应清晰打钢印到每一法兰上;

b)　如果锻件经过调质或经过淬火和时效处理,应在锻件的 ASTM 牌号后标记 QT 或 QA;

c)　焊补后的锻件应在 ASTM 牌号后标记 W。

8.2.2　条形码除执行 8.2.1 要求外,也可以作为一种补充的识别方法。需方可在订单中规定使用的条形码系统。如果由供方提供条形码,条形码系统应符合已发布的条形码工业标准。如果条形码用于小零件,则条形码需印到盒子上或贴在牢固标签上。

附 录 A

（规范性附录）

补 充 要 求

A.1 一般要求

ASTM A961/A961M 中的所有补充要求与本附录只有在需方购货订单规定时才适用。

A.2 超声波检验

直径小于 610 mm 的法兰应按照 5.5 和 6.2 要求进行超声波检验。

A.3 附加拉伸及冲击试验

除 5.3 要求外，供需双方应商定取样位置，从代表性锻件取一组抗拉试样、一组冲击试样。试样试验结果应符合表 1 及表 3 的要求，并提供给需方。

A.4 碳当量

A.4.1 钢号 L1、L2 及 L3 熔炼分析的最大碳当量应符合表 A.1 的要求。

表 A.1 最大碳当量值

等级	最大厚度小于或等于 50.8 mm	最大厚度大于 50.8 mm
1	0.45	0.46
2	0.45	0.46
3	0.47	0.46

A.4.2 碳当量按以下公式判定：

$$CE = C + Mn/6 + (Cr + Mo + V)/5 + (Ni + Cu)/15$$

A.4.3 供需双方同意时碳当量可高于最大值。

A.5 缺口韧性，50％最小剪切

除 5.3.4 要求外，冲击试样应在订单规定的温度下呈现至少 50％剪切面积。

A.6 附加超声波检测要求

除 5.5、6.2 和 7.2 要求外，锻件应按照 ASTM A388/A388M 使用斜探法进行超声波检测。测试范围为距焊接端 50 mm 范围内，验收要求由供需双方协商确定。

A.7 缺口韧性、测量、百分比剪切和横向膨胀值的报告

除 5.3.4 要求外,剪切面积百分比和横向膨胀值需要测量并做报告。其测量方法和报告,应符合
ASTM E23-2012c 中第 9 章、第 10 章规定的方法。

———————————

ICS 17.040
J 32

中华人民共和国国家标准

GB/T 34358—2017

自由锻件、辗轧环件热态尺寸测量

Dimension measurement of hot free forgings and rolled rings

2017-10-14 发布

2018-05-01 实施

中华人民共和国国家质量监督检验检疫总局
中国国家标准化管理委员会 发布

前　言

本标准按照 GB/T 1.1—2009 给出的规则起草。

本标准由全国锻压标准化技术委员会(SAC/TC 74)提出并归口。

本标准起草单位:贵州安大航空锻造有限责任公司、北京机电研究所、湖北三环锻造有限公司、宁波蜗牛锻造有限公司、武汉理工大学、山西金瑞高压环件有限公司。

本标准主要起草人:王斌、魏志坚、金红、魏巍、李朝晖、甘万兵、魏百江、华林、兰鹏光、蒋睿华、叶俊青、陈祖祥、余国林、吴忠林、李生仕、续建、韩星会、陈鹏、周林、陈文敬。

自由锻件、辗轧环件热态尺寸测量

1 范围

本标准规定了自由锻件、辗轧环件（以下简称"锻件"）理论热态尺寸的用途、计算公式及其应用、热态尺寸的测量。

本标准适用于锻件的热态尺寸测量。

2 规范性引用文件

下列文件对于本文件的应用是必不可少的。凡是注日期的引用文件，仅注日期的版本适用于本文件。凡是不注日期的引用文件，其最新版本（包括所有的修改单）适用于本文件。

GB/T 4339 金属材料热膨胀特征参数的测定

GB/T 8541 锻压术语

GB 13318 锻造生产安全与环保通则

3 术语和定义

GB/T 8541 界定的以及下列术语和定义适用于本文件。

3.1

辗轧环件 rolled rings

金属材料采用轧环技术成形的环形锻件。

3.2

锻件热态尺寸 dimension of hot forgings

一般指锻件温度在终锻温度时的尺寸。

3.3

锻件冷态尺寸 dimension of cold forgings

锻件温度为室温时的尺寸。

4 理论热态尺寸的用途、计算公式及其应用

4.1 用途

锻件理论热态尺寸的用途如下：

a) 指导实际生产过程操作以控制锻件热态尺寸，保证锻件冷态尺寸符合工艺文件要求；

b) 指导锻件生产用模具型腔的尺寸设计。

4.2 计算公式

4.2.1 工程应用中，锻件的理论热态尺寸按式（1）计算：

$$L_t = L_0[1 + \alpha \times (t - 20)] \qquad \cdots\cdots\cdots\cdots\cdots\cdots\cdots(1)$$

式中：

L_t——锻件温度为 t 时的理论热态尺寸，单位为毫米（mm）；

L_0——锻件温度为 20 ℃时的冷态尺寸，单位为毫米（mm）；

α ——锻件材料的线胀系数（20 ℃~t），单位为每摄氏度（℃$^{-1}$）；

t ——锻件的温度，单位为摄氏度（℃）。

4.2.2 实际生产中，为计算方便，一般计算锻件终锻温度时的理论热态尺寸，按式（2）计算：

$$L_t = L_0(1+\delta) \qquad\qquad\qquad\qquad\qquad (2)$$

式中：

L_t——锻件终锻温度时的理论热态尺寸，单位为毫米（mm）；

L_0——锻件温度为室温时的冷态尺寸，单位为毫米（mm）；

δ ——金属材料终锻温度时的收缩率。

4.3 计算公式的应用

4.3.1 式（1）的应用

4.3.1.1 锻件冷态尺寸 L_0、锻件温度 t、材料的线胀系数 α（20 ℃~t）已知，根据式（1）可计算出锻件温度为 t 时的理论热态尺寸 L_t。

4.3.1.2 锻件温度 t 为实际测量温度，采用红外测温仪、光电测温仪、表面温度计、光学高温计等进行测量。指导模具型腔的尺寸设计时，锻件温度 t 一般取锻件锻造温度范围允许的最小值。

4.3.1.3 材料的线胀系数 α 为材料常数，按 GB/T 4339 进行测定。部分材料的线胀系数 α 可在相关材料手册中查询。附录 A 表 A.1 中给出了部分常用金属材料在某一温度点的线胀系数 α，供计算锻件理论热态尺寸 L_t 时参考使用，实际应用时，应视锻件本体温度偏离给定温度的程度作适当的修正。

4.3.2 式（2）的应用

4.3.2.1 若锻件冷态尺寸 L_0、终锻温度时材料的收缩率 δ 已知，根据式（2）可计算出锻件终锻温度时的理论热态尺寸 L_t。

4.3.2.2 各类常用金属材料终锻温度时的收缩率 δ 见表 1。实际应用时，收缩率 δ 应根据具体材料牌号及实际停锻温度进行选取。如停锻温度与终锻温度相差较大，收缩率 δ 应适当调整。

表 1 各类常用金属材料终锻温度时的收缩率

序号	材料类别	收缩率 δ
1	钢[a]	0.8%~1.5%
2	不锈钢	1.0%~1.8%
3	高温合金	1.2%~1.8%
4	钛合金	0.5%~0.9%
5	铝合金	0.6%~1.0%
6	铜合金	0.6%~1.3%
7	镁合金	0.7%~0.8%
[a] 包括碳素结构钢、优质碳素结构钢、合金结构钢、碳素工具钢、合金工具钢、高速工具钢、轴承钢等。		

5 热态尺寸的测量

5.1 测量方法

测量方法分为非接触式测量及接触式测量两大类。非接触式测量是指测量人员借助测量装置及系统,与锻件间隔一定距离对其尺寸进行的测量;接触式测量由测量人员使用测量工具直接接触锻件对其尺寸进行的测量。

5.2 测量工具

5.2.1 非接触式测量采用相应的测量装置及系统自动测量,包括 CCD 图像测量、激光扫描测量、结构光测量以及其他能满足要求的测量装置及系统。测量装置及系统应定期校验,以保证其处于正常状态。

5.2.2 接触式测量采用钢板尺、卡钳、量杆或其他自制的测量工装作为测量工具。测量使用的计量工具应定期进行校检,并在有效期内。

5.3 测量人员要求

测量人员应熟悉所使用的测量方法,能熟练使用测量工具或测量装置及系统,经过培训并考核合格。

5.4 测量环境要求

5.4.1 非接触式测量时,厂房应有足够空间安装相应的测量装置及系统,温度、光照度、噪声、振动等应满足相应测量装置及系统对环境的要求。

5.4.2 接触式测量时,厂房应有良好的自然采光和照明,应符合 GB 13318 的规定。在自然光不充足的情况下,应有局部照明,工作场地照明一般不低于 50 lx。

附　录　A
（资料性附录）
常用金属材料的线胀系数

表 A.1 给出了常用金属材料的线胀系数。

表 A.1　常用金属材料的线胀系数

序号	材料类型	材料牌号	温度 t ℃	线胀系数 $\alpha(20\ ℃\sim t)$ $\times10^{-6}\ ℃^{-1}$
1	碳素结构钢	Q195	700	14.8
2		Q235A	700	14.8
3		Q235B	700	14.6
4	优质碳素结构钢	10	700	14.9
5		10F	700	14.9
6		15	600	13.9
7		15Mn	600	14.9
8		16Mn	700	14.0
9		20	800	12.93
			900	12.48
10		25	800	12.64
			900	12.41
11		30	700	14.7
			800	11.33
12		35	700	14.88
13		40	700	14.85
			800	11.84
			900	12.65
14		45	700	15.08
			800	12.5
			900	13.56
15		50Mn	600	14.6
16		50	500	14.13
17		55	700	14.9
18		60	700	14.5
19		65	700	14.62
			800	14.68

表 A.1（续）

序号	材料类型	材料牌号	温度 t ℃	线胀系数 α(20 ℃～t) ×10⁻⁶ ℃⁻¹
20	合金结构钢	15Cr	600	14.2
21		20Cr	600	14.2
22		38CrA	700	15.4
23		40Cr	700	15.4
24		30CrMoA	700	14.5
25		35CrMo	700	14.8
26		20CrMnTi	700	14.5
27		30CrMnSi	800	13.4
			900	12.7
28		38CrMoAl	600	13.81
29		40CrNiMoA	700	15.0
30		12CrNi4A	600	15.6
31		18Cr2Ni4WA	700	13.8
32		30CrMnSiNi2A	800	11.15
			900	12.1
33	碳素工具钢	T10	700	15.8
34		T10A	700	15.8
35		T12	700	15.8
36		T12A	700	15.8
37	合金工具钢	Cr12MoV	600	12.2
38		4Cr5MoSiV	700	13.6
39		4Cr5MoSiV1(H13)	700	13.5
40	高速工具钢	W6Mo5Cr4V2	750	12.13
41	轴承钢	GCr15	800	13.95
			900	14.85
42		GCr15SiMo	800	14.62
			900	15.45
43	不锈钢	1Cr13	500	12.0
44		2Cr13	500	12.0
45		3Cr13	800	13.2
46		4Cr13	500	12.0
47		1Cr11Ni2W2MoV	600	12.2
48		Cr17Ni2	500	11.0

表 A.1（续）

序号	材料类型	材料牌号	温度 t ℃	线胀系数 α(20 ℃～t) ×10⁻⁶ ℃⁻¹
49	不锈钢	1Cr18Ni9Ti	700	18.6
50		4Cr10Si2Mo	800	13.0
51		4Cr14Ni14W2Mo	700	18.9
52		9Cr18	500	12.0
53	高温合金	GH1016	900	16.85
54		GH1035	900	17.4
55		GH1035A	900	17.3
56		GH1131	900	17.59
57		GH1140	900	16.7
58		GH2036	700	23.13
59		GH2132	900	20.45
60		GH2150	900	16.9
61		GH2302	900	16.6
			1 000	19.2
62		GH2696	800	19.9
63		GH2706	815	17.64
64		GH2761	930	16.0
65		GH2901	900	16.5
66		GH2907	800	12.2
67		GH3030	900	18.0
68		GH3039	900	15.8
69		GH3044	900	15.6
70		GH3128	900	15.66
71		GH3536	900	16.1
72		GH3600	800	15.7
			1 000	16.2
73		GH3625	900	15.8
			930	16.4
74		GH3652	800	15.94
75		GH4033	900	17.15
76		GH4037	900	16.67
77		GH4049	900	16.33
78		GH4080A	900	17.12

表 A.1（续）

序号	材料类型	材料牌号	温度 t ℃	线胀系数 $\alpha(20\ ℃\sim t)$ $\times 10^{-6}\ ℃^{-1}$
79	高温合金	GH4090	900	17.38
80		GH4099	900	15.3
			1 000	17.4
81		GH4105	1 000	19.7
82		GH4133	900	17.6
83		GH4141	900	15.91
84		GH4145	800	16.2
85		GH4163	900	17.4
86		GH4169	900	18.4
			1 000	18.7
87		GH4170	900	15.9
			1 000	16.5
88		GH4220	1 000	17.7
89		GH4500	800	15.6
90		GH4698	800	16.3
91		GH4738	900	15.95
92		GH4710	700	14.41
93		GH4742	900	15.5
94		GH5188	900	15.7
			1 000	16.2
95		GH5605	900	16.3
			1 000	17.0
96	钛合金	TA1	600	9.5
			700	9.6
97		TA2	600	9.5
			700	9.6
98		TA3	600	9.5
			700	9.6
99		TA7	800	10.1
			900	10.5
100		TA15	800	9.7
101		TC4	800	10.5
102		TC6	800	10.3
103		TC11	700	10.4

表 A.1（续）

序号	材料类型	材料牌号	温度 t ℃	线胀系数 $\alpha(20\ ℃\sim t)$ $\times 10^{-6}\ ℃^{-1}$
104	铝合金	2A02(LY2)	300	26.0
105		2A11(LY11)	300	25.0
106		2A12(LY12)	300	24.7
107		2A50(LD5)	300	23.8
108		2A70(LD7)	300	23.2
109		2A80(LD8)	300	24.9
110		2A90(LD9)	300	24.2
111		2A14(LD10)	300	24.5
112		3A21(LF21)	300	25.0
113		5A02(LF2)	400	27.6
114		5A03(LF3)	400	26.1
115		5A05(LF5)	300	25.9
116		5A06(LF6)	400	26.5
117		7A04(LC4)	300	26.2
118		7A09(LC9)	300	25.2
119	镁合金	MB8	300	30.58

ICS 77.120.10
J 32

中华人民共和国国家标准

GB/T 34359—2017

变形铝合金精密锻件 通用技术条件

Deformed aluminum alloy precision forgings—General specifications

2017-10-14 发布

2018-05-01 实施

中华人民共和国国家质量监督检验检疫总局
中国国家标准化管理委员会 发布

前　言

本标准按照 GB/T 1.1—2009 给出的规则起草。

本标准由全国锻压标准化技术委员会(SAC/TC 74)提出并归口。

本标准起草单位:芜湖禾田汽车工业有限公司、北京机电研究所、湖北三环锻造有限公司、贵州安大航空锻造有限责任公司、江苏太平洋精锻科技股份有限公司、江苏龙城精锻有限公司、宁波蜗牛锻造有限公司。

本标准主要起草人:潘琦俊、潘海斌、魏巍、金红、胡柏丽、张运军、王斌、夏汉关、庄晓伟、魏百江、吴忠林、包其华、黎诚、赵迎军、晏洋、王战兵、蒋睿华、王晓飞、陶立平、郑俊涛、陈文敬、周林。

变形铝合金精密锻件 通用技术条件

1 范围

本标准规定了变形铝合金精密锻件(以下简称"锻件")的分类、技术要求、试验方法、检验规则和标识、质量合格证书、包装、运输和储存。

本标准适用于质量小于 15 kg 的变形铝合金热模锻件。

2 规范性引用文件

下列文件对于本文件的应用是必不可少的。凡是注日期的引用文件,仅注日期的版本适用于本文件。凡是不注日期的引用文件,其最新版本(包括所有的修改单)适用于本文件。

GB/T 231.1 金属材料 布氏硬度试验 第 1 部分:试验方法

GB/T 2828(所有部分) 计数抽样检验程序

GB/T 2829 周期检验计数抽样程序及表(适用于对过程稳定性的检验)

GB/T 3191 铝及铝合金挤压棒材

GB/T 3199 铝及铝合金加工产品包装、标志、运输、贮存

GB/T 3246.1 变形铝及铝合金制品组织检验方法 第 1 部分:显微组织检验方法

GB/T 3246.2—2012 变形铝及铝合金制品组织检验方法 第 2 部分:低倍组织检验方法

GB/T 6519 变形铝、镁合金产品超声波检验方法

GB/T 6892 一般工业用铝及铝合金挤压型材

GB/T 7999 铝及铝合金光电直接发射光谱分析方法

GB/T 8541 锻压术语

GB/T 8545—2012 铝及铝合金模锻件的尺寸偏差及加工余量

GB/T 9452 热处理炉有效加热区测定方法

GB/T 10125 人造气氛腐蚀试验 盐雾试验

GB/T 11346 铝合金铸件 X 射线照相检验针孔(圆形)分级

GB/T 12363 锻件功能分类

GB/T 16475 变形铝及铝合金状态代号

GB/T 16865 变形铝、镁及其合金加工制品拉伸试验用试样及方法

GB/T 17432 变形铝及铝合金化学成分分析取样方法

GB/T 18851(所有部分) 无损检测 渗透检测

GB/T 20975(所有部分) 铝及铝合金化学分析方法

3 术语和定义

GB/T 8541 界定的术语和定义适用于本文件。

4 分类

4.1 锻件根据 GB/T 12363 分类,分为 Ⅰ、Ⅱ、Ⅲ、Ⅳ 四类。

4.2 锻件类别在产品图中标明。

5 技术要求

5.1 原材料

5.1.1 锻件选用铝合金材料的化学成分宜符合 GB/T 3190 的规定,一般要求宜符合 GB/T 3191 的规定,也可由供需双方协商确定。

5.1.2 挤压棒材、型材、可锻铸棒宜进行均匀化处理。

5.1.3 挤压棒材、型材、可锻铸棒的表面质量不应有超出表1规定的缺陷。

表 1 原材料质量要求

序号	缺 陷 判 定 处 数							
	$L \leqslant 300$ mm		$L > 300$ mm~500 mm		$L > 500$ mm~800 mm		$L > 800$ mm~1 000 mm	
	合格	不合格	合格	不合格	合格	不合格	合格	不合格
1	0	1	0	1	1	2	2	3
	碰磕缺陷:宽度不大于 1.2 mm,长度不大于 2 mm,高度或深度不大于 0.15 mm。							
2	合格	不合格	合格	不合格	合格	不合格	合格	不合格
	0	1	0	1	1	2	2	3
	拉伤缺陷:宽度不大于 1.2 mm,长度不大于 50 mm,高度或深度不大于 0.10 mm。							
3	表面:除控制材料流痕外,不应有气泡、缩孔和麻点存在。弯曲、扭曲程度应符合 GB/T 6892 的规定。 内部:气孔、针孔、夹杂、夹渣、疏松、偏析、裂纹等冶金缺陷通常不作破坏性检查,挤压前铸锭的质量控制应按照 GB/T 11346 的规定进行。							

5.1.4 挤压棒材或型材不应有成层和缩尾存在,粗晶环深度要求应符合 GB/T 3191 规定。

5.1.5 氧化膜缺陷的起算长度大于 0.3 mm,0.3 mm~1.0 mm 长度的氧化膜缺陷点数不大于 2 点,不应存在大于 1 mm 的氧化膜缺陷。

5.1.6 按供需双方确定的检验项目进行检验和复验。

5.2 工艺

5.2.1 下料设备可采用圆盘锯、高速带锯等。

5.2.2 锻前加热设备(包括模具加热炉)应选用相应的加热设备并符合 GB/T 9452 的规定。铝锻坯、工模具加热炉的技术要求见表2。

表 2 铝锻坯、工模具加热炉技术要求

加热炉 类别	有效加热区 保温精度 ℃	控温 精度 ℃	记录表指示精度 (不低于) ℃	记录纸刻度 (不大于) ℃/mm	炉子检测 周期 月	仪表检定 周期 月
铝锻坯加热炉	±5	±5	0.5	6	6	6
工模具加热炉	±25	±10	0.5	10	12	12
测试点数应按 GB/T 9452 规定。						

5.2.3 锻造设备的选择应根据生产工艺要求和企业实际情况确定。

5.2.4 锻件飞边切断处的毛刺宜通过振动光饰予以清除。

5.2.5 锻件表面可用抛丸、喷砂等方法清理,可用钝化、阳极氧化等表面处理方式。

5.3 热处理

5.3.1 锻件热处理状态及代号按 GB/T 16475 规定。

5.3.2 固溶和时效热处理之间的时间间隔一般不超过 24 h。

5.3.3 淬火加热炉和时效强化加热炉炉温的均匀性不超过±5 ℃。

5.3.4 加热设备的周期校验应符合 GB/T 9452 规定。

5.3.5 热处理一般要求可参照 YS/T 591。

5.4 锻件质量

5.4.1 表面质量

5.4.1.1 表面不应有缺料、起皮、气泡、毛刺,可有轻微的碰伤、划伤、压坑、擦伤等缺陷。

5.4.1.2 锻造成形后,如表面有裂纹,应予以清除。裂纹位于待加工处,其打磨深度应保证留有三分之一的名义加工余量;裂纹位于非加工处,其打磨深度不应超过该处尺寸偏差的三分之二。

5.4.1.3 清除裂纹的痕迹要求:清除裂纹处与其周边应圆弧过渡,修痕的宽深比不小于 6。

5.4.2 力学性能

锻件力学性能应符合需方要求,锻件硬度通常采用布氏试验方法检测。未规定硬度范围时可按 YS/T 591 的规定执行。取样及检验位置应在图样中标明。

5.4.3 显微组织

不应有过烧存在。

5.4.4 低倍组织

5.4.4.1 流线方向应符合产品图样的规定,不应有穿流和严重涡流。

5.4.4.2 不应有目视可见的裂纹、气孔、折叠、偏析和夹杂物等缺陷。

5.4.4.3 表面粗晶层深度不大于 3 mm。在分模线处,粗晶层深度不大于 8 mm,宽度不大于 7 mm。

5.4.4.4 晶粒度应不低于 GB/T 3246.2—2012 中四级分级标准。

5.5 盐雾腐蚀性能

耐中性盐雾腐蚀性能时间大于 240 h,试验后划线处的单边腐蚀延伸不超过 2 mm。

5.6 尺寸偏差

锻件的尺寸偏差应符合 GB/T 8545—2012 中 A 级规定。

6 试验方法

6.1 化学成分

化学成分分析取样按 GB/T 17432 规定,试验方法可采用 GB/T 7999 或 GB/T 20975,仲裁分析方法应符合 GB/T 20975 的规定。

6.2 表面质量

表面质量可在自然散射光下目视检验。

6.3 力学性能

室温拉伸力学性能试验方法应符合 GB/T 16865 的规定。布氏硬度试验方法应符合 GB/T 231.1 的规定。

6.4 显微组织

显微组织检验方法应符合 GB/T 3246.1 的规定。

6.5 低倍组织

低倍组织检验方法应符合 GB/T 3246.2 的规定。

6.6 盐雾试验

盐雾试验方法应符合 GB/T 10125 的规定。

6.7 尺寸偏差

锻件的尺寸及外形应用相应精度的量具或专用工具进行测量。

6.8 无损检测

超声波检验方法应符合 GB/T 6519 的规定。荧光渗透检验方法应符合 GB/T 18851 的规定。

6.9 特殊检验项目

当锻件需要增加特殊检验项目而又没有相应国家标准或行业标准时,可采用企业标准,并在技术协议中注明。

7 检验规则

7.1 检查和验收

7.1.1 锻件交付检验由供方根据图纸、技术协议及相关标准进行,出具质量合格证书。

7.1.2 需方根据供方的质量合格证书和相关文件,按 GB/T 2828、GB/T 2829 进行抽查验收。

7.2 组批

锻件应成批提交验收,每批应由同一牌号、同一生产批和同一热处理炉次的产品组成。

7.3 计量

锻件应按产品数量计量。

7.4 检验项目和数量

各类锻件成品出厂前的检验项目和取样数量应符合表 3 规定。

表 3　各类锻件的检验项目和取样数量

锻件类别	Ⅰ	Ⅱ	Ⅲ	Ⅳ
化学成分	每批抽取至少3件	每批抽取至少3件	每批抽取至少1件	每批抽取至少1件
表面质量	100%	100%	100%	100%
盐雾试验	每批抽取至少3件	每批抽取至少3件	每批抽取至少1件	每批抽取至少1件
尺寸偏差	抽检或100%	抽检或100%	抽检或100%	抽检
布氏硬度	抽检	抽检	抽检	抽检
力学性能	每批抽取至少3件	每批抽取至少3件	每批抽取至少1件	每批抽取至少1件
显微组织	每批抽取至少3件	每批抽取至少3件	每批抽取至少1件	每批抽取至少1件
低倍组织	每批抽取至少3件	每批抽取至少3件	每批抽取至少1件	每批抽取至少1件
无损检测	100%	100%	每批抽取不少于10件	每批抽取不少于3件

抽检方法按 GB/T 2828、GB/T 2829 执行。
特殊项目检测由供需双方共同确定。

8　标识、质量合格证书、包装、运输和储存

8.1　标识

锻件应做标识，标识的内容、位置等由供需双方协商确定。

8.2　质量合格证书

锻件质量合格证书应包括以下内容：

a)　供方名称或代号；

b)　锻件名称、数量、生产日期、出厂日期；

c)　锻件材料牌号、化学成分、力学性能；

d)　熔炼炉号、热处理炉次；

e)　对特殊要求进行补充检验的结论；

f)　质量检验及合格标记。

超出上述内容，由供需双方协商确定。

8.3　包装、运输和储存

8.3.1　包装

8.3.1.1　锻件的包装应符合 GB/T 3199 的规定。

8.3.1.2　宜单件隔离包装。

8.3.1.3　包装箱应有放置不应上下颠倒的标志以及锻件名称或代号、重量、件数等标识。

8.3.1.4　不应与钢铁类产品或零件混装。

8.3.1.5　应有防水措施。

8.3.2　运输和储存

锻件的运输和储存应符合 GB/T 3199 的规定。

参 考 文 献

[1]　GB/T 3190　变形铝及铝合金化学成分
[2]　YS/T 591　变形铝及铝合金热处理

————————

ICS 25.020
J 32

中华人民共和国国家标准

GB/T 34360—2017

冲压件材料消耗工艺定额编制要求

Compiling requirement of technological norm for
stamping part material consumption

2017-10-14 发布　　　　　　　　　　　　2018-05-01 实施

中华人民共和国国家质量监督检验检疫总局
中国国家标准化管理委员会　发布

前　言

本标准按照 GB/T 1.1—2009 给出的规则起草。

本标准由全国锻压标准化技术委员会(SAC/TC 74)提出并归口。

本标准起草单位:一拖(洛阳)福莱格车身有限公司、北京机电研究所。

本标准主要起草人:戴路、祝晶、姚文博、魏巍、王彤勇、张振伟、金红、周林、陈文敬。

冲压件材料消耗工艺定额编制要求

1 范围

本标准规定了冲压件材料消耗工艺定额的编制原则和方法。

本标准适用于板材、卷材(含带材)成批生产中的普通冲压件。

2 规范性引用文件

下列文件对于本文件的应用是必不可少的。凡是注日期的引用文件,仅注日期的版本适用于本文件。凡是不注日期的引用文件,其最新版本(包括所有的修改单)适用于本文件。

GB/T 8541 锻压术语

3 术语和定义

GB/T 8541 界定的以及下列术语和定义适用于本文件。

3.1

余料 rest of the materials

在板材剪成坯料过程中产生的且无法用于当批坯料生产的材料。

3.2

废料 unuseful materials

在零件冲压成形过程中产生的不构成零件本身的材料。

4 冲压件材料消耗工艺定额的技术要素

4.1 定额构成

4.1.1 下料损耗

4.1.1.1 板材剪成坯料(条料)时,在板材的长度和宽度方向所产生的余料。

4.1.1.2 对于卷材,其余料还包括开卷过程中剪切下的料头和料尾。

4.1.1.3 板材正常下料过程中产生的切口损耗。

4.1.2 冲压损耗

4.1.2.1 工艺性损耗指冲压件在生产过程中,工艺上必需的各种工艺留量(如冲裁件的搭边、拉深件的修边余量等)。

4.1.2.2 设计性损耗指冲压件的结构废料(如冲压件的各种形孔废料等)。

4.1.3 零件净重

是指符合产品图样要求的成品零件的质量(不包括各种涂层的质量)。

4.2 计算方法

4.2.1 选料法

4.2.1.1 根据冲压件的毛坯尺寸进行合理的排样,选择出与之适应且经济合理的材料规格,按其规格及制定的排样计算出可制冲压件数量,并把下料损耗匀摊到每一个冲压件上以计算材料消耗工艺定额的方法。选料法主要适用于成批生产的企业。

4.2.1.2 板材冲压件材料消耗工艺定额按式(1)计算:

$$C = \frac{G}{N} \quad\quad\quad\cdots\cdots\cdots\cdots\cdots\cdots(1)$$

式中:

C ——单件冲压件材料消耗工艺定额,单位为千克(kg);

G ——板材的质量(按标准规定的板材长度和宽度加上公差上偏差的1/2计算),单位为千克(kg);

N ——板材可冲制冲压件数。计算方法如下:

  a) 单排排样(见图1),板材可冲制冲压件数按式(2)~式(7)计算:

$$B_1 = D + 2b \quad\quad\quad\cdots\cdots\cdots\cdots\cdots(2)$$

    式中:

    B_1——条料宽度,单位为毫米(mm);

    D ——落料直径,单位为毫米(mm);

    b ——沿边搭边,单位为毫米(mm)。

$$A = D + a \quad\quad\quad\cdots\cdots\cdots\cdots\cdots(3)$$

    式中:

    A ——步距,单位为毫米(mm);

    a ——工件间搭边,单位为毫米(mm)。

    板材切成条料数(n_1):

$$n_1 = \frac{L}{B_1}(取整数) \quad\quad\quad\cdots\cdots\cdots\cdots(4)$$

    式中:

    L——用于剪切的板材的长度,单位为毫米(mm)。

$$n_1 = \frac{B}{B_1}(取整数) \quad\quad\quad\cdots\cdots\cdots\cdots(5)$$

    式中:

    B——用于剪切的板材的宽度,单位为毫米(mm)。

    当 B_1 小于剪床允许的最小压边宽度时,应在 L 或 B 上减去最小压边宽度的值,然后计算可用于冲压生产的条料数。

    每条条料可冲制冲压件数(n_2):

$$n_2 = \frac{L_1 - b}{A}(取整数) \quad\quad\quad\cdots\cdots\cdots\cdots(6)$$

    式中:

    L_1——条料长度,单位为毫米(mm),如图1中所示。

    每张板材可冲制冲压件数(N):

$$N = n_1 n_2 \quad\quad\quad\cdots\cdots\cdots\cdots\cdots(7)$$

    根据式(4)~式(7)最终有两个可冲制冲压件数,取其中相对较大的值为最终的可冲制冲压件数量。

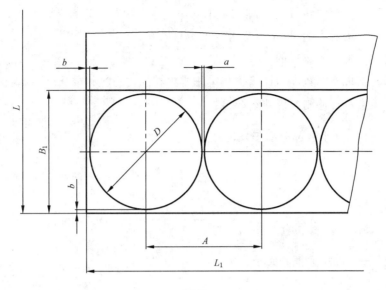

图 1

b) 多排平行排样(见图2),板材可冲制冲压件数按式(8)、式(9)计算:

条料宽度:

$$B_1 = n_p D + 2b + (n_p - 1)a \quad\cdots\cdots\cdots\cdots\cdots\cdots\cdots(8)$$

式中:

n_p——冲裁件排样的排数。

板材切成条料数(n_1)计算法与单排排样相同,按式(4)或式(5)计算。

每条条料可冲制冲压件数(n_2):

$$n_2 = \frac{L_1 - b}{A} n_p \quad\cdots\cdots\cdots\cdots\cdots\cdots\cdots(9)$$

每张板材可冲制冲压件数(N),按式(7)计算。

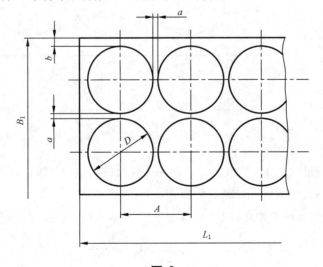

图 2

c) 多排参差排样(见图3),板材可冲制冲压件数按式(10)~式(13)计算:

$$B_1 = D + 2b + (D + a)\cos\alpha(n_p - 1) \quad\cdots\cdots\cdots\cdots(10)$$

式中:

α ——等边三角形内角的1/2,单位为度(°);

D ——落料直径,单位为毫米(mm);

b ——沿边搭边,单位为毫米(mm);

n_p ——冲裁件排样的排数。

板材切成条料数(n_1)计算法与单排排样相同,按式(4)或式(5)计算。

每条条料可冲制冲压件数(n_2):

当$\dfrac{L_1-b}{A}$的小数部分小于0.5时:

$$n_2=n_p\frac{L_1-b}{A}-\frac{n_p}{2}(n_p\text{为偶数}) \quad\cdots\cdots\cdots\cdots\cdots\cdots(11)$$

$$n_2=n_p\frac{L_1-b}{A}-\frac{n_p-1}{2}(n_p\text{为奇数})\cdots\cdots\cdots\cdots\cdots\cdots(12)$$

当$\dfrac{L_1-b}{A}$的小数部分大于0.5时:

$$n_2=n_p\frac{L_1-b}{A} \quad\cdots\cdots\cdots\cdots\cdots\cdots\cdots\cdots\cdots(13)$$

式中:$\dfrac{L_1-b}{A}$取整数。

每张板材可冲制冲压件数(N)按式(7)计算。

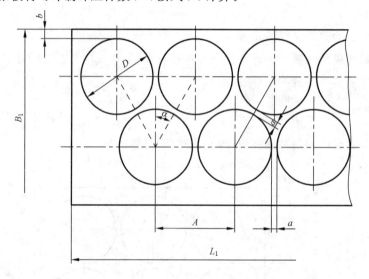

图 3

d) 较复杂排样(见图4),板材可冲制冲压件数按式(14)计算:

板材切成条料数(n_1)按式(4)或式(5)计算。

每条条料可冲制冲压件数(n_2):

$$n_2=\frac{L_1-l}{A} \quad\cdots\cdots\cdots\cdots\cdots\cdots\cdots\cdots\cdots(14)$$

式中:

l ——首件冲压件中心至条料进料端面间的距离,单位为毫米(mm);

L_1——条料长度,单位为毫米(mm);

A ——步距,单位为毫米(mm)。

板材可冲制冲压件数(N)按式(7)计算。

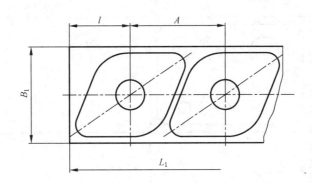

图 4

上述 4 种计算过程中 a、b 的数值选取见附录 A。

4.2.1.3 卷材冲压件材料消耗工艺定额按式(15)计算：

$$C = g_毛(1 + K) \qquad\qquad\qquad (15)$$

式中：

C ——单件冲压件材料消耗工艺定额，单位为千克(kg)；

$g_毛$——单件冲压件的毛坯重(按冲压件的毛坯尺寸计算)，单位为千克(kg)；

K ——冲压件毛坯所应分担的卷材(带材)料头料尾损失的百分比(一般介于 1%～6%之间)。

4.2.1.4 利用余料、结构废料生产的冲压件的材料消耗工艺定额、余料利用率、废料利用率及保证率的计算法如下：

a) 材料消耗工艺定额计算法：根据剪切排样图，冲压件的单件消耗工艺定额按式(1)计算，但不计入整机产品的材料消耗工艺定额中；

b) 余料利用率的计算法：余料利用率是指用板材冲压件毛坯剪切过程中所产生的余料冲制零件(见图 5)被利用的百分数。按式(16)计算：

$$K_余 = \frac{Nn_b}{nn_a} \times 100\% \qquad\qquad\qquad (16)$$

式中：

$K_余$——余料利用率；

N ——板材可冲制甲种冲压件的件数；

n ——甲种冲压件的余料可冲制乙种冲压件的件数；

n_a ——单台产品所需甲种的件数；

n_b ——单台产品所需乙种的件数。

c) 废料利用率的计算法：废料利用率是指用冲压件的结构废料冲制零件被利用的百分数，按式(17)计算：

$$K_废 = \frac{n_c}{n_3 n_a} \times 100\% \qquad\qquad\qquad (17)$$

式中：

$K_废$——废料利用率；

n_c ——用废料冲制另一种冲压件单台产品所需件数；

n_3 ——用废料可冲制另一种冲压件的件数；

n_a ——单台产品所需冲压件的件数。

d) 余、废料保证率的计算方法：余料保证率、废料保证率分别是指使用余料或废料的冲压件所能满足产品需要提供材料的程度，用百分数表示，见图 5。

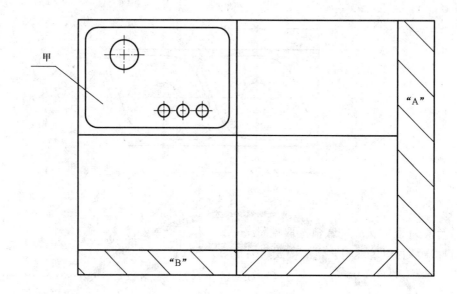

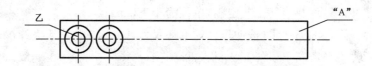

说明：

"A"——板材长度方向产生的余料；

"B"——板材宽度方向产生的余料；

甲　——板材生产的主冲压件；

乙　——利用生产甲零件所产生的余料"A"生产的冲压件。

图 5

余料保证率按式(18)计算：

$$K_{余保} = \frac{nn_a}{Nn_b} \times 100\%$$ ·················(18)

式中：

$K_{余保}$——余料保证率；

n　——甲种冲压件的余料可冲制乙种冲压件的件数；

N　——板材可冲制甲种冲压件的件数；

n_a　——单台产品所需甲种的件数；

n_b　——单台产品所需乙种的件数。

废料保证率按式(19)计算：

$$K_{废保} = \frac{n_3 n_a}{n_c} \times 100\%$$ ·················(19)

式中：

$K_{废保}$——废料保证率；

n_c　——用废料冲制另一种冲压件单台产品所需件数；

n_3　——用废料可冲制另一种冲压件的件数；

n_a　——单台产品所需冲压件的件数。

4.2.1.5　材料利用率的计算法：是指零件净重占材料消耗工艺定额的百分数，是表示材料被利用的程度，按式(20)计算：

$$K_利 = \frac{g_净}{C} \times 100\% \qquad\qquad\qquad (20)$$

式中：

$K_利$——单件冲压件材料利用率；

$g_净$——单件零件的净重，单位为千克(kg)；

C ——单件冲压件材料消耗工艺定额，单位为千克(kg)。

当 $K_利$ 表示整机产品的材料利用率时，$g_净$ 应是一台产品的所有零件净重之和，C 应是一台整机产品的材料消耗工艺定额。

4.2.1.6 详细计算过程见附录 B。

4.2.2 系数法

4.2.2.1 系数法是根据冲压件在下料过程中，材料下料利用率或下料余料率的高低来计算材料消耗工艺定额的方法。

4.2.2.2 采用下料利用率法(K_1 系数法)来计算材料消耗工艺定额，按式(21)计算：

$$C = \frac{g_毛}{K_1} \qquad\qquad\qquad (21)$$

式中：

C ——单件冲压件材料消耗工艺定额，单位为千克(kg)；

$g_毛$——单件冲压件的毛坯质量，单位为千克(kg)；

K_1——下料利用率。

下料利用率按式(22)计算：

$$K_1 = \frac{G_毛}{W} \times 100\% \qquad\qquad\qquad (22)$$

式中：

$G_毛$——一批次内所产生的各种冲压件毛坯的总质量，单位为千克(kg)；

W ——一批次内投入所需材料的总质量，单位为千克(kg)。

4.2.2.3 采用下料余料利用率法(K_2 系数法)来计算材料工艺定额，按式(23)计算：

$$C = \frac{g_毛}{1 - K_2} \qquad\qquad\qquad (23)$$

式中：

$g_毛$——单件冲压件的毛坯质量，单位为千克(kg)；

K_2——下料余料率。

下料余料率按式(24)计算：

$$K_2 = \frac{G_余}{W} \times 100\% \qquad\qquad\qquad (24)$$

式中：

$G_余$——一批次内所产生余料的总质量，单位为千克(kg)。

4.2.2.4 材料利用率 $K_利$ 的计算法同式(20)。

4.3 定额明细表

计算完成后应出具相应定额明细表，见附录 C。

附 录 A
（规范性附录）
冲压件的工件间搭边与沿边搭边数值

普通板材冲压件的工件间搭边值(a)和沿边搭边值(b)见表 A.1。中碳、高碳和有色金属等板材的冲裁搭边值按普通钢板冲裁零件的搭边值乘以修正系数 K_{yd}，其修正系数值 K_{yd} 见表 A.2。

表 A.1 普通钢板冲裁零件的搭边值 　　　　　　　　单位为毫米

材料厚度	圆形（单排）		圆形（多排）		矩形					
					$l<100$		$l>100\sim200$		$l>200\sim300$	
范围	a	b	a	b	a	b	a	b	a	b
≤0.5	1.5	2.0			2.0	2.5	2.5	3.0	3.0	3.5
>0.5~1	1.5	2.0	2.0	3.0	2.0	2.5	2	2.5	2.5	3.0
>1~2	1.5	2.0			2.0	2.5	2	2.5	2.5	3.0
>2~3	2.0	2.5			3.0	3.5	3.0	4.0	3.0	3.5
>3~4	2.5	3.0	3.0	4.0	3.5	4.0	3.5	4.0	4	4.5
>4~5	3.0	4.0	4.0	5.0	4.0	5.0	4.0	5.0	4.5	5.5
>5~6	3.5	4.5	5.0	6.0	4.5	5.5	4.5	5.5	5.0	6.0
>6~8	5.0	6.0	6.0	7.0	5.0	6.0	5.0	6.0	5.5	6.5
>8	6.0	7.0	7.0	8.0	7.0	8.0	8.0	9.0	8.0	9.0

表 A.2 中、高碳钢和有色金属等板材的冲裁搭边值修正系数

材料名称	系数 K_{yd}	材料名称	系数 K_{yd}
高碳钢板	0.8	紫铜板	1.4
中碳钢板	0.9	铝 板	1.5
黄铜板	1.2	纸 板	1.5~2

附　录　B
（资料性附录）
板材冲压件材料消耗工艺定额计算法举例

B.1　单件冲压件材料消耗工艺定额的计算

B.1.1　举例:有一冲压件,零件号为 LJ-1,零件名称为"护瓦",每台车 2 件,钢号 Q215,料厚为 1.5 mm,外径为 ϕ228 mm±2 mm,其他尺寸见图 B.1。

单位为毫米

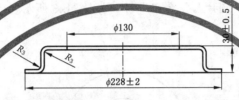

图 B.1

B.1.2　根据工艺计算,不进行最后修边,其落料直径 D 为 ϕ267 mm。进行排样(见图 B.2),确定条料宽度。根据式(2)计算条料宽度 B_1 为 271 mm。

单位为毫米

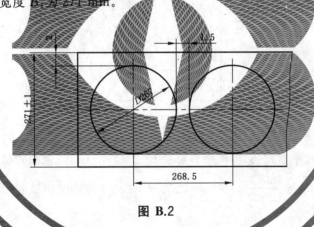

图 B.2

B.1.3　选用长度 L 为 1 700 mm、宽度 B 为 850^{+10}_{0} mm 规格的板材进行排样(见图 B.3),计算出每张板材可制冲压件数。

单位为毫米

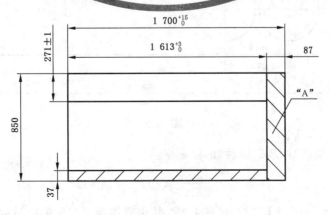

图 B.3

根据式(4)及式(6)计算每张板材出条料3条,每条出冲压件6件,每张板材可制冲压件数 N 为 3×6 $=18$ 件。

B.1.4 单件材料消耗工艺定额按式(1)计算,即: $C = \dfrac{G}{N}$ 。

钢板质量的计算,这里是考虑了长和宽的公差的 $1/2$ 计算而得的,即:

$$G = 1\ 707.5 \times 855 \times 1.5 \times 7.85 \times 10^{-6} = 17.19\ \text{kg}$$

$$C = \frac{17.19}{18} = 0.955\ \text{kg}$$

B.2 余料利用率及保证率的计算

另一冲压件 LJ-2,零件名称"锁片",每台车3件,利用图 B.3 所示之余料"A"87 mm×850 mm。零件图形尺寸见图 B.4。

单位为毫米

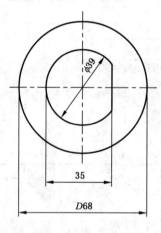

图 B.4

经过排样(见图 B.5),根据式(6)得该余料可制 LJ-2"锁片"12件;根据式(16)可计算出余料利用率:

$$K_{余} = \frac{18 \times 3}{12 \times 2} \times 100\% = 225\%\ (>100\%,即\ 100\%\ 被利用)$$

单位为毫米

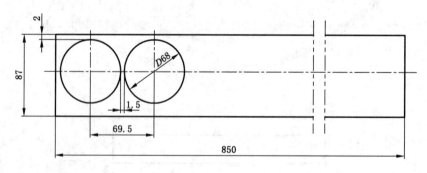

图 B.5

根据式(18)计算出余料对 LJ-2"锁片"的保证率:

$$K_{余保} = \frac{12 \times 2}{18 \times 3} \times 100\% = 44.4\%$$

这就是说 LJ-2"锁片"用完 LJ-1"护瓦"的余料"A"也只能满足它所需要量的 44.4%,其余不足部分需要另外投料。

B.3 结构废料的利用率及保证率的计算

LJ-1"护瓦"有一结构废料，直径为 $\phi130$ mm，可供 LJ-2"锁片"利用，每一块结构废料可冲制 1 件。根据式(17)计算出结构废料利用率：

$$K_{废}=\frac{3}{1\times2}\times100\%=150\%（>100\%，即 100\% 被利用）$$

根据式(19)计算出结构废料对 LJ-2"锁片"的保证率：

$$K_{废保}=\frac{1\times2}{3}\times100\%=66.6\%$$

B.4 填写冲压件材料消耗工艺定额明细表

根据上述数据，经过计算，便可得出明细表内的各项数据，见表 B.1。

表 B.1 冲压件材料消耗工艺定额明细表

材料名称 冷普钢板 钢号 Q215 规格 $(15\pm0.12)\times850^{+10}_{0}\times1\,700^{+15}_{0}$ 标准 GB/T 11253—2007

零件号	零件名称	零件净重 kg	单件毛坯		板材或余料可制冲压件数件	单件消耗工艺定额 kg	下料利用率 %	材料利用率 %	备注
			尺寸（长度×宽度）mm	质量 kg					
①	②	③	④	⑤	⑥	⑦	⑧	⑨	⑩
LJ-1	护瓦	0.5	271×268.5	0.86	18	0.955		52	
LJ-2	锁片	0.029	72×69.5	0.06	12	0.066			用 LJ-1 余料"A" 100% 利用，保证率 44.4%
									用其结构废料 $\phi130$ 100% 利用，保证率 66.6%

附 录 C
（规范性附录）
冲压件材料消耗工艺定额明细表

C.1 冲压件材料消耗工艺定额明细表

冲压件材料消耗工艺定额明细表见表 C.1。

表 C.1 冲压件材料消耗工艺定额明细表

材料名称＿＿＿＿ 牌号＿＿＿＿ 规格＿＿＿＿ 标准＿＿＿＿

零件号	零件名称	零件净重 kg	单件毛坯		板料或余料可制冲压件数件	单件消耗工艺定额 kg	下料利用率 %	材料利用率 %	备注
			尺寸 mm	质量 kg					
①	②	③	④	⑤	⑥	⑦	⑧	⑨	⑩

C.2 填表说明

C.2.1 在同一牌号、同一规格、同一标准的情况下,用原材料冲制的零件按顺序号排列在前,用余料、废料冲制的零件按顺序号排列在后。

C.2.2 由于材料消耗工艺定额的计算方法不同,填表时可根据各自需要填写。如用选料法来计算材料消耗工艺定额,可不填写"下料利用率"这一栏。

C.2.3 利用余料、废料生产的零件,应在备注栏中注明利用某零件的余料、废料,利用率及保证率。

C.2.4 本表填法:

①～②:按零件明细表的规定填列。

③:可用计算或称重确定。

④:系指未经冲压的毛坯尺寸或冲压用条料的料宽乘以步距。

⑤:按第4栏尺寸计算质量。

⑥:系指一张板材或一块余料、废料,按排样图和毛坯尺寸可制冲压件数量。

⑦:规格板材的质量除以板料或余料可制冲压件数。

⑧:系用单件毛坯质量除以单件消耗工艺定额。

⑨:系用零件净重除以单件消耗工艺定额。

⑩:按需填写。

ICS 77.140.85
J 32

中华人民共和国国家标准

GB/T 35078—2018

高速精密热镦锻件 通用技术条件

High speed precision hot upsetting forgings—General specification

2018-05-14 发布

2018-12-01 实施

国家市场监督管理总局
中国国家标准化管理委员会 发 布

前　言

本标准按照 GB/T 1.1—2009 给出的规则起草。

本标准由全国锻压标准化技术委员会(SAC/TC 74)提出并归口。

本标准起草单位:江苏森威精锻有限公司、北京机电研究所、广东省韶铸集团有限公司热精锻分厂、东风锻造有限公司、浙江五洲新春集团股份有限公司。

本标准主要起草人:龚爱军、朱华、周林、魏巍、刘梅华、吴玉坚、刘余、张卫民、利义旭、吴建彬、金红。

高速精密热镦锻件 通用技术条件

1 范围

本标准规定了高速精密热镦锻件(以下简称"锻件")的技术要求、试验方法和检验规则、标志、包装、运输和贮存。

本标准适用于采用高速精密热镦锻设备生产、生产节拍在每分钟 50 次以上、质量在 7.5 kg 以下且外径尺寸不大于 180 mm 的钢质精密热锻件。

2 规范性引用文件

下列文件对于本文件的应用是必不可少的。凡是注日期的引用文件,仅注日期的版本适用于本文件。凡是不注日期的引用文件,其最新版本(包括所有的修改单)适用于本文件。

GB/T 191 包装储运图示标志

GB/T 224 钢的脱碳层深度测定法

GB/T 226 钢的低倍组织及缺陷酸蚀检验法

GB/T 228.1 金属材料 拉伸试验 第 1 部分:室温试验方法

GB/T 229 金属材料 夏比摆锤冲击试验方法

GB/T 230.1 金属材料 洛氏硬度试验 第 1 部分:试验方法(A、B、C、D、E、F、G、H、K、N、T 标尺)

GB/T 231.1 金属材料 布氏硬度试验 第 1 部分:试验方法

GB/T 699 优质碳素结构钢

GB/T 700 碳素结构钢

GB/T 702 热轧钢棒尺寸、外形、重量及允许偏差

GB/T 3077 合金结构钢

GB/T 5216 保证淬透性结构钢

GB/T 6394 金属平均晶粒度测定法

GB/T 8541 锻压术语

GB/T 13298 金属显微组织检验方法

GB/T 13299 钢的显微组织评定方法

GB 13318—2003 锻造生产安全与环保通则

GB/T 13320 钢质模锻件 金相组织评级图及评定方法

GB/T 18254 高碳铬轴承钢

GB/T 19096—2003 技术制图 图样画法 未定义形状边的术语和注法

3 术语和定义

GB/T 8541 界定的术语和定义适用于本文件。

4 技术要求

4.1 验收依据

经供需双方共同签署的锻件图、技术协议和供货合同作为锻件成品检验、交付的主要依据。

4.2 原材料

4.2.1 锻件所选用的原材料应符合 GB/T 699、GB/T 700、GB/T 3077、GB/T 18254、GB/T 702、GB/T 5216 等标准的规定。

4.2.2 锻件所用钢材除按 4.2.1 的要求外,对不同的锻件生产厂可以采用企业标准或钢材供货商所签订的专门技术协议作为附加要求。

4.2.3 所选用钢材需经复验合格后方可投入生产。复验项目按钢材检验标准确定。

4.3 锻件质量

4.3.1 锻件结构要素

图 1 中,外模锻斜度 α、内模锻斜度 β、圆角 R_1 和 R_2 取值见表 1。

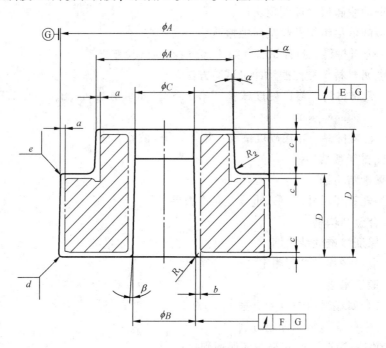

图 1 结构要素示意图

表 1 外模锻斜度 α、内模锻斜度 β、圆角 R_1 和 R_2

α (°)	β (°)	R_1 mm	R_2 mm
$0°15'$、$0°30'$、$0°45'$、$1°$、$1°30'$ $2°$、$2°30'$、$3°$	$0°15'$、$0°30'$、$0°45'$、$1°$、$1°30'$ $2°$、$2°30'$、$3°$、$4°$、$5°$	$1\sim2$	$2\sim5$

4.3.2 尺寸公差、形位公差及其他公差

锻件的形状和尺寸应符合锻件图和技术文件的规定。图 1 中,锻件外圆 ϕA、内孔和冲孔 ϕB 和 ϕC、长度 D、跳动 E 和 F 的最小公差由表 2 确定。

表 2　锻件最小公差　　　　　　　　　　　　　　　　　单位为毫米

ϕA	ϕB	ϕC	D	E	F
0.2～0.5	0.3～0.7	0.4～0.9	0.4～0.6	0.4～1.0	0.4～1.0
锻件的尺寸越大,公差越接近上限。					

4.3.3 余量设计和边的尺寸

图 1 中,外径最小余量 a、内径最小余量 b、端面最小余量 c、边的尺寸 d、边的尺寸 e 由表 3 确定。

表 3　锻件余量设计及边的尺寸推荐值　　　　　　　　　　　　　单位为毫米

ϕA	a	b	c	d	e
≤30	0.4	0.5	0.6	−1.0～+0.5	−1
>30～50	0.6	0.75	0.6	−1.5～+0.5	−1
>50～80	0.8	1.0	0.8	−2.0～+1.0	−2
>80～120	1.0	1.2	1.0	−2.0～+1.0	−2
>120～145	1.2	1.3	1.20	−3.0～+1.5	−3
>145～180	1.3	1.5	1.30	−5.0～+2.0	−5
边的尺寸 d、e 的定义见 GB/T 19096—2003 中第 3 章的内容。					

4.3.4 表面质量

应去除表面氧化皮,非加工表面不应存在折叠、裂纹等缺陷,加工表面的缺陷深度不应超过加工余量的 1/3。若无法满足,需经供需双方商定。锻件表面质量要求应在锻件图和技术文件中注明。

4.3.5 热处理

在锻件图上应注明锻件的热处理要求,一般为:
 a) 正火;
 b) 退火;
 c) 等温正火;
 d) 控制冷却;
 e) 调质;
 f) 余热淬火—回火。

4.3.6 组织和力学性能

4.3.6.1 锻件不应出现过热和过烧组织。

4.3.6.2 锻件的金属流线应符合锻件的外形。

4.3.6.3 锻件的脱碳层、硬度及其测量位置由供需双方协商确定,并在技术文件上注明。

4.3.6.4 锻件有力学性能试验要求时,应在锻件图或其他技术文件中做出说明。

5 试验方法和检验规则

5.1 一般要求

锻件检验应符合 GB 13318—2003 中 8.6 的规定。

5.2 检验组批

锻件检验组批分为两种,其选用由供需双方协商确定:

a) 第一种检验组批:由同一零件号、同一熔炉号、同一热处理炉次和同一生产批的锻件组成;

b) 第二种检验组批:由同一零件号、同一材料牌号、同一热处理规范的锻件组成。

5.3 检验项目和试验方法

锻件的检验项目、试验方法按表 4 规定。

表 4 锻件的检验项目、试验方法

编号	检验项目	试验方法
1	表面质量	目测、磁粉检测等
2	几何尺寸	通用检具、专用检具
3	硬度	GB/T 230.1、GB/T 231.1
4	组织	GB/T 224、GB/T 226、GB/T 6394、GB/T 13320、GB/T 13298、GB/T 13299
5	力学性能	GB/T 228.1、GB/T 229

6 标志、包装、运输和贮存

6.1 标志要求

6.1.1 锻件应做标记,无需做标记时,应由供需双方协商确定。

6.1.2 每批锻件均应附有质量检验部门签发的质量合格证。

6.1.3 包装箱储运图示标志应符合 GB/T 191 的规定,应标注以下主要内容:

a) 供方名称、地址、联系电话及传真;

b) 内装的产品名称、图号、数量、状态及件号;

c) 需方单位及地址;

d) 生产批号;

e) 包装日期及防锈有效期。

6.2 包装要求

锻件包装前应进行防锈处理,由供需双方协商确定防锈有效期。包装箱可采用木箱、钙塑瓦楞箱、金属包装箱或可重复使用的周转箱等,若需方同意,也可采用简易包装。包装时应采用合适措施防止运输过程中磕碰。

6.3 运输要求

锻件出厂运输过程中应注意防雨,避免磕碰,保证在正常运输中不致损伤。

6.4 贮存要求

包装后的锻件应按品种、型号整齐存放在通风和干燥的仓库内。

———————————

ICS 77.140.85
J 32

中华人民共和国国家标准

GB/T 35079—2018

多向精密模锻件　工艺编制原则

Multi-way precision die forgings—Technological design principle

2018-05-14 发布

2018-12-01 实施

国家市场监督管理总局
中国国家标准化管理委员会　发布

前　言

本标准按照 GB/T 1.1—2009 给出的规则起草。

本标准由全国锻压标准化技术委员会(SAC/TC 74)提出并归口。

本标准起草单位：中国二十二冶集团有限公司、二十二冶集团精密锻造有限公司、北京机电研究所。

本标准主要起草人：刘瑄、李明权、李景生、周林、金红、宋昌哲、徐文翠、周丽娟、魏巍。

多向精密模锻件　工艺编制原则

1　范围

本标准规定了采用多向模锻工艺成形的精密模锻件(以下简称"锻件")的工艺编制原则。

本标准适用于质量不大于 1 250 kg 且外形尺寸不大于 1 500 mm 的采用多向模锻工艺成形的锻件。

2　规范性引用文件

下列文件对于本文件的应用是必不可少的。凡是注日期的引用文件,仅注日期的版本适用于本文件。凡是不注日期的引用文件,其最新版本(包括所有的修改单)适用于本文件。

GB/T 702　热轧钢棒尺寸、外形、重量及允许偏差

GB/T 908　锻制钢棒尺寸、外形、重量及允许偏差

GB/T 8541　锻压术语

GB 13318　锻造生产安全与环保通则

GB/T 33879　多向精密模锻件　通用技术条件

3　术语和定义

GB/T 8541 界定的以及下列术语和定义适用于本文件。

3.1

多向模锻工艺　multi-way die forging process

采用多向模锻成形设备,在闭式模腔内对坯料进行多方向联合挤压、锻造的成形工艺。

3.2

多向精密模锻件　multi-way precision die forgings

在工艺温度范围内,通过专用模具、采用多向模锻技术获得的高精度、满足产品要求的精密模锻件。

4　编制原则

4.1　总则

4.1.1　工艺编制应综合考虑锻件材质、锻件形状复杂程度、质量要求、形位公差、尺寸精度、设备能力、成形方式、变形程度、模具寿命等因素。

4.1.2　工艺设计应遵循材料的变形规律,以锻件材料的变形抗力及流动应力为基础。可采用数值模拟等方法对工艺过程和参数进行优化。

4.1.3　工艺设计应利于模具的设计、制造和成本的降低,应利于生产现场快速换模和实现自动化。

4.1.4　工艺设计应利于金属填充和锻件脱模。

4.1.5　下料质量计算应充分考虑坯料在不同加热环境下的氧化烧损情况,避免下料质量不准确造成锻件填充不满或胀模。

4.1.6　应确保各个工序衔接流畅,降低转运时间对坯料温度的影响。

4.1.7 应尽量减少加热次数,宜采用一次加热锻造成形。

4.1.8 坯料应去除氧化皮。应选择合适的润滑剂及喷涂方式,避免锻件被拉伤以及模具提前失效。

4.1.9 应考虑坯料在模具型腔的定位、工件的放入取出、设备的精度及偏载等。

4.1.10 应合理安排模具各部位参与成形的顺序、速度和位移量,防止锻件出现折叠等锻造缺陷,且应利于圆角等过渡部位的填充。

4.1.11 工艺编制应充分考虑企业生产制造流程,便于物料流转,利于生产成本控制。

4.1.12 锻造生产车间作业环境、设备、工装及锻造过程的安全和环保应满足 GB 13318 的要求。

4.2 锻件设计原则

4.2.1 分模面选取

4.2.1.1 锻件分模面的选取应利于锻件脱模、金属充填型腔及模具加工。

4.2.1.2 锻件分模方式可采用水平分模、垂直分模、联合分模等方式。阀门阀体(含带水平法兰)、三通、弯头、变径管等锻件宜采用水平分模方式[见图 1 a)、b)、c)、d)];带上(下)端面法兰的阀门阀体锻件宜采用垂直[见图 1 e)]或联合分模方式[见图 1 f)]。

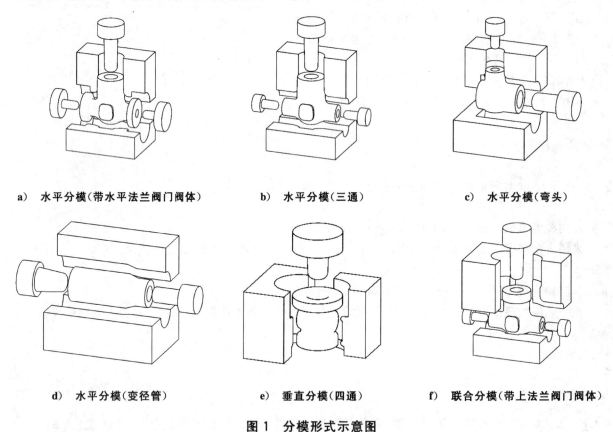

a) 水平分模(带水平法兰阀门阀体)　　　b) 水平分模(三通)　　　c) 水平分模(弯头)

d) 水平分模(变径管)　　　e) 垂直分模(四通)　　　f) 联合分模(带上法兰阀门阀体)

图 1　分模形式示意图

4.2.2 机械加工余量

锻件机械加工余量应符合表 1、表 2 的要求。

表 1 锻件表面单边机械加工余量

单位为毫米

锻件部位	锻件质量 kg			
	>5～60	>60～300	>300～700	>700～1 250
端面	3～5	5～8	8～10	10～15
其余部位	2～4		4～6	
底面余量可取较小值。				

表 2 锻件内孔直径的单边机械加工余量

单位为毫米

孔径	孔深					
	>20～60	>60～100	>100～200	>200～300	>300～400	>400～600
>30～60	2	2～3	—	—	—	—
>60～100	2	2～3	3～4	—	—	—
>100～150	2	2～3	3～4	4～6	—	—
>150～200	2	2～3	3～4	4～6	6～8	—
>200～300	2	2～3	3～4	4～6	6～8	8～10

4.2.3 锻件尺寸公差

锻件尺寸公差应符合 GB/T 33879 规定的要求。

4.2.4 模锻斜度、圆角半径、孔深

锻件的模锻斜度、圆角半径及孔深应符合 GB/T 33879 规定的要求。

4.3 主要工艺参数确定

4.3.1 变形和加热温度

4.3.1.1 变形温度的选择应有利于提高锻件材料的成形性及获得良好的锻后组织。典型材料的锻造温度见附录 A。

4.3.1.2 坯料加热时间以坯料均匀达到始锻温度为依据。对热传导系数较低的材料宜采用阶梯加热保温的方法,在满足加热要求的前提下减少金属氧化和表面脱碳。

4.3.2 变形力

4.3.2.1 可采用数值模拟方法计算各阶段变形力。

4.3.2.2 锻造带内孔的锻件时,应合理分配各方向挤压力,以防凸模承受过大偏载力而断裂。

4.3.2.3 合模力的大小应保证锻造过程中模具不胀开,锻件不形成毛刺。

4.3.3 锻造工步

4.3.3.1 阀门阀体(含带水平法兰)、三通等结构锻件一般采用合模—垂直方向穿孔(挤压)—水平方向穿孔(挤压)的成形方式,如图 2 所示。

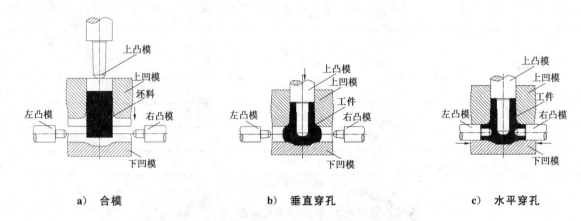

图 2　三通阀体锻件锻造工步示意图

4.3.3.2　变径管等锻件主要采用合模—水平方向穿孔(挤压)的成形方式,如图 3 所示。

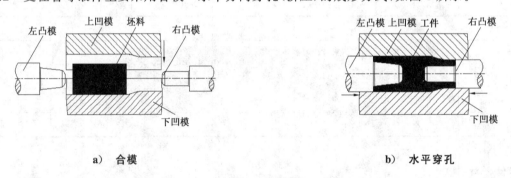

图 3　变径管锻件锻造工步示意图

4.3.3.3　带上(下)端面法兰的阀门阀体锻件主要采用垂直合模—垂直方向穿孔(挤压)—水平方向穿孔(挤压)的成形方式,如图 4 所示。

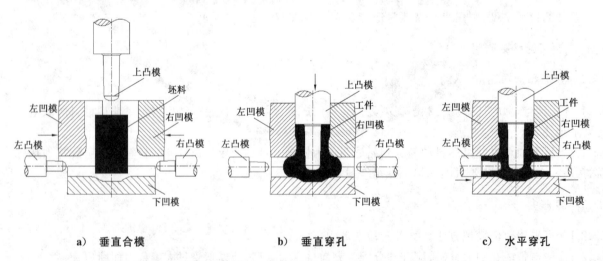

图 4　带主法兰三通锻件锻造工步示意图

4.3.3.4　锻造工步可采用数值模拟进行优化,保证锻件易于成形,无缺陷,且锻件金属流线完整。

4.4 模具

4.4.1 一般要求

4.4.1.1 凹模宜采用镶嵌组合结构形式,凸模宜采用分段组合结构形式。

4.4.1.2 应有导向机构,合模后模腔错移量应符合表3规定。

表 3　模腔错移量

单位为毫米

锻件质量 kg	>5～200	>200～700	>700～1 250
错移量	≤0.3	≤0.5	≤0.6

4.4.1.3 凸模可进行 TD 处理、渗氮等表面硬化处理,提高模具使用寿命。

4.4.1.4 模具尺寸设计时应考虑热膨胀。模具精度应满足锻件的尺寸、形位公差等要求。

4.4.1.5 应根据工艺要求选择合适的模具材料,模具硬度等力学性能应满足工艺要求,见附录 B。

4.4.2 预热、润滑、冷却

4.4.2.1 模具应预热,预热温度一般控制在 150 ℃～200 ℃之间。生产过程中模具温度一般控制在 200 ℃～400 ℃ 之间。

4.4.2.2 生产过程中应对模具表面喷涂润滑剂,润滑和冷却模具表面;润滑剂的选择应充分考虑锻件材质、成形方式、工况条件、模具温度变化等因素;润滑剂在使用中应易于清理且满足环保要求。

4.4.2.3 结构较复杂模具的润滑及冷却可通过采用半自动或自动喷涂装置实现,保证模具型腔及凸模的充分润滑和冷却。模具冷却亦可采用模具内部冷却等方式。

4.5 下料

4.5.1 根据锻件形状及技术经济要求,原材料宜选用棒材。棒材的尺寸、外形、质量应满足 GB/T 702、GB/T 908 的要求。

4.5.2 用于生产的原材料应进行复检,复检项目应至少包括化学成分、尺寸、外形、表面质量,必要时应进行超声波检测。

4.5.3 宜采用锯切方式下料,应去除料头、料尾。需要时应增加去毛刺、剥皮或其他改善坯料表面质量的方法。

4.5.4 坯料应称重,其下料质量允许偏差范围宜符合表4规定。

表 4　坯料质量允许偏差

坯料质量 kg	>5～20	>20～60	>60～150	>150～300	>300～500	>500～750	>750～1 250
质量偏差 %	0～3	0～2.5	0～1.5	0～1.2	0～1	0～1	0～1

4.6 氧化皮处理

热坯料表面的氧化皮应予以清除,清除方式不应降低表面质量,宜采用高压水清理的方式。

4.7 锻造

4.7.1 应根据坯料材质、形状、规格、生产批量和环保要求选取适合的加热设备。

4.7.2 坯料加热规范的制定应综合考虑材质、形状、规格、生产节拍、生产成本等各方面因素。

4.7.3 锻造过程中一般采用位移和压力联合控制的方式,凹模合模应采用压力控制,上凸模宜采用位移控制,参与锻件最终成形的凸模宜采用压力控制方式。

4.7.4 应根据锻件材质、规格、最大散热面积等确定锻件合理的冷却方式。

4.8 锻件表面清理

锻件表面的氧化皮及工艺混合物应予以清除,清除方式不应降低表面质量、改变材料性能或金相组织等,一般可采用抛丸、喷砂等方式。

4.9 锻件缺陷及处理

4.9.1 锻件内部不应有裂纹、折叠、穿流等影响锻件内在质量的缺陷。

4.9.2 锻件的表面缺陷类型一般有结疤、折叠、鞍裂、凹坑、刻痕、擦伤等,合格锻件不应有集中的、连续的或线状的表面缺陷。

4.9.3 锻件可通过检测缺陷深度表征表面缺陷程度。锻件的表面缺陷深度达到零件的最小壁厚时为有害缺陷。锻件的主要表面缺陷及处理方法见表5。

4.9.4 锻件允许焊补,需要进行焊补的,焊接工艺过程应评定合格,或应得到需方同意。

表5 锻件的主要表面缺陷及处理方法

缺陷分类	缺陷类型	缺陷程度	处理方法
有害缺陷	全部	缺陷的深度达到零件的最小壁厚	报废
非有害缺陷	结疤、折叠、鞍裂	$h \leqslant 5\%D$ 或 $h \leqslant 1.6$ mm,取较小值	不需要修复
		$h > 5\%D$ 或 $h > 1.6$ mm,取较小值	机加工或打磨
	凹坑、刻痕、擦伤	$h \leqslant 1.6$ mm	不需要修复
		1.6 mm$< h <$锻件最小壁厚	机加工或打磨
机加工或打磨的去除量应根据缺陷位置的锻件实际壁厚确定;任何情况下,锻件的实际壁厚不应小于规定的最小壁厚值。			
注:h——缺陷深度;D——检验位置实际壁厚。			

附　录　A

（规范性附录）

典型材料锻造温度范围要求

典型材料锻造温度范围要求见表 A.1。

表 A.1　典型材料锻造温度范围要求

材料牌(代)号	始锻温度 ℃	终锻温度 ℃	材料牌(代)号	始锻温度 ℃	终锻温度 ℃
20#	1 250	750	A105	1 250	750
Q345B	1 250	700	F11	1 200	800
12Cr1MoV	1 200	800	F22	1 200	800
30CrMo	1 180	800	F91	1 180	850
40CrNi2Mo	1 180	800	F304	1 180	850
40CrMnMo	1 180	850	F321	1 180	850
15-5PH	1 150	850	LF2	1 250	750

附　录　B

（规范性附录）

模具硬度要求

不同材质模具的硬度要求见表 B.1。

表 B.1　不同材质模具硬度要求

模具类型	模座（套）		凹模		凸模	
材料牌号	5CrNiMo	40Cr	B2	5CrNiMo	H13	3Cr2W8V
硬度 HRC	33～39	26～32	43～49	37～43	47～53（表面硬化处理时为 59～65）	47～53

ICS 77.140.85
J 32

中华人民共和国国家标准

GB/T 35082—2018

钢质冷挤压件　工艺规范

Steel cold extrusion part—Technical specification

2018-05-14 发布

2018-12-01 实施

国家市场监督管理总局
中国国家标准化管理委员会　发布

前　　言

本标准按照 GB/T 1.1—2009 给出的规则起草。

本标准由全国锻压标准化技术委员会(SAC/TC 74)提出并归口。

本标准起草单位：上海交通大学、江苏太平洋精锻科技股份有限公司、江苏龙城精锻有限公司、北京机电研究所、芜湖禾田汽车工业有限公司。

本标准主要起草人：赵震、胡成亮、陶立平、刘强、魏巍、潘琦俊、吴公明、申加圣、孙跃、胡柏丽、周林、黄泽培、金红。

钢质冷挤压件 工艺规范

1 范围

本标准规定了钢质冷挤压件(以下简称"冷挤压件")的工艺规范,包括变形方式分类、工艺方案确定,以及变形工序编制、主要工艺参数确定、毛坯制备和设备选择原则。

本标准适用于钢质冷挤压件。

2 规范性引用文件

下列文件对于本文件的应用是必不可少的。凡是注日期的引用文件,仅注日期的版本适用于本文件。凡是不注日期的引用文件,其最新版本(包括所有的修改单)适用于本文件。

GB/T 700 碳素结构钢

GB/T 1591 低合金高强度结构钢

GB/T 8541 锻压术语

3 术语和定义

GB/T 8541 界定的术语和定义适用于本文件。

4 符号

下列符号适用于本文件。

d_0 ——冷挤压件毛坯直径,单位为毫米(mm)。

d_1 ——正挤压件挤出部分外径、反挤压件内径,单位为毫米(mm)。

F_0 ——冷挤压件变形前横截面面积,单位为平方毫米(mm^2)。

F_1 ——冷挤压件变形后横截面面积,单位为平方毫米(mm^2)。

h_0 ——冷挤压件毛坯高度,单位为毫米(mm)。

L_1 ——杯形反挤压件孔深度,单位为毫米(mm)。

P ——挤压力,单位为千牛(kN)。

p ——单位挤压力,单位为兆帕斯卡(MPa)。

S ——冷挤压件壁厚,单位为毫米(mm)。

t ——冷挤压件底厚,单位为毫米(mm)。

α ——正挤压凹模入口角,单位为度(°)。

β ——反挤压凸模锥角,单位为度(°)。

ε_F ——断面减缩率,$\varepsilon_F = \dfrac{F_0 - F_1}{F_0} \times 100\%$。

$[\varepsilon_F]$——许用变形程度。

注:以上符号示意见图1。

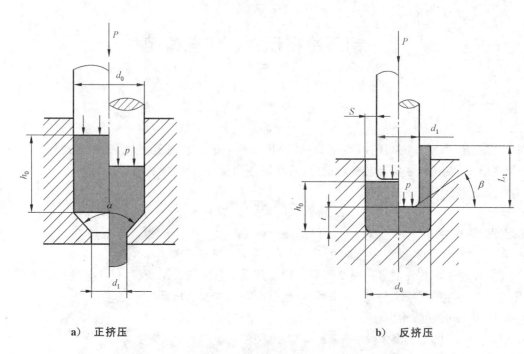

a) 正挤压   b) 反挤压

图 1   符号示意图

5 工艺规范

5.1 冷挤压变形方式分类

冷挤压变形方式分为正挤压(见图2)、反挤压(见图3)、复合挤压(见图4)、镦挤复合(见图5)、径向挤压(见图6)和自由缩径(见图7)。对于冷挤压件,可以通过其中一种或多种变形方式的组合来获得。

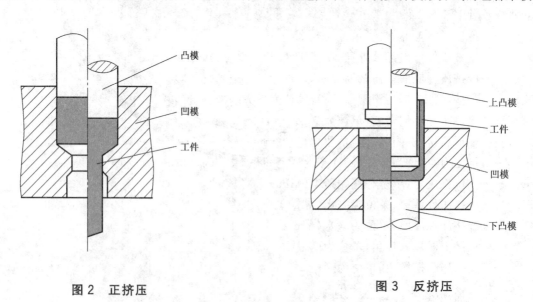

图 2   正挤压   图 3   反挤压

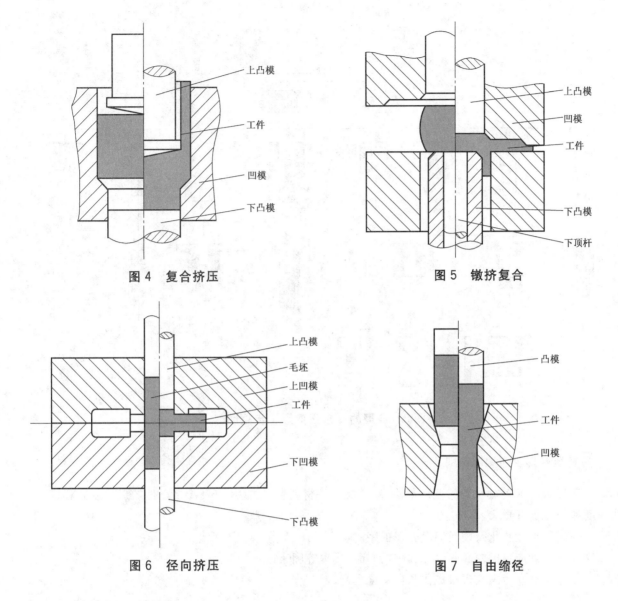

图 4　复合挤压　　　　　　　　　　　图 5　镦挤复合

图 6　径向挤压　　　　　　　　　　　图 7　自由缩径

5.2　冷挤压工艺方案确定

5.2.1　一般原则:冷挤压件单次变形量宜在许用变形程度[ε_F]范围内,超过许用变形程度的冷挤压件,可以通过增加工步来实现。

5.2.2　正挤压:正挤压件毛坯高径比宜满足 $h_0/d_0 \leqslant 5$。

5.2.3　反挤压:杯形反挤压件内孔高径比宜满足 $L_1/d_1 \leqslant 2.5$,采用特殊装置时,L_1/d_1 可达 5。杯形反挤压件底厚与壁厚之比宜满足 $t/S \geqslant 1.2$。

5.2.4　复合挤压:复合挤压许用变形程度按单向挤压计算,其值可超过正挤压或反挤压的许用变形程度。

5.2.5　镦挤复合:镦挤复合件一次成形时,镦粗变形抗力应大于挤压变形抗力。镦粗部分毛坯的高径比宜满足 $h_0/d_0 \leqslant 2.5$。

5.2.6　径向挤压:宜采用双向运动凸模。

5.2.7　自由缩径:变形程度宜为 $18\% \sim 20\%$。

5.2.8　典型的冷挤压变形工步框图见图8。

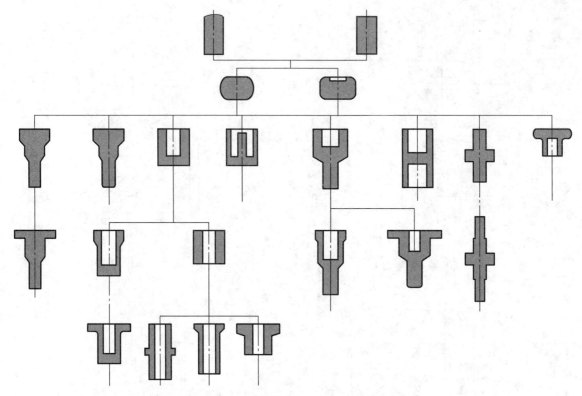

图 8 典型的冷挤压变形工步框图

5.3 冷挤压变形工序编制原则

5.3.1 工序设计应遵循材料的变形规律,应考虑零件材料变形抗力,以及冷挤压件的形状复杂程度、尺寸精度和表面质量要求。

5.3.2 应进行毛坯软化及表面润滑处理工序。

5.3.3 工序设计应考虑模具的设计、制造、寿命、成本等因素。

5.3.4 工序设计宜考虑实现机械化和自动化生产。

5.4 冷挤压主要工艺参数确定原则

5.4.1 变形程度的确定

5.4.1.1 各种钢质材料的许用变形程度见表 1。

表 1 冷挤压许用变形程度

材 料		$[\varepsilon_F]/\%$		
		正挤压	反挤压	
			最小值	最大值
碳素钢与 低合金钢	Ce<0.15%	85	25	80
	0.15%≤Ce<0.20%	80	30	75
	0.20%≤Ce<0.45%	75	45	65
所述碳素钢与低合金钢应符合 GB/T 700 与 GB/T 1591 的规定。				
注:以上数据是在钢材退火态及模具单位挤压力不超过 2 500 MPa 的条件下通过实验获得。				

5.4.1.2 反挤压变形程度[ε_F]宜在 40%～60%范围内。

5.4.1.3 正挤压变形程度应根据冷挤压件截面积大小合理选用。

5.4.1.4 多工位冷挤压时,各工位的变形程度应尽量均匀分布。

5.4.1.5 大批量冷挤压件生产时,所选用的[ε_F]值应适当偏小。

5.4.2 变形力的确定原则

5.4.2.1 宜采用数值模拟方法计算各工序变形力。亦可采用诺模图确定变形力。钢质材料正挤压和反挤压在不计变形速度影响情况下的变形力诺模图及其示例参见附录 A。

5.4.2.2 复合挤压件的变形力计算,在一端封闭的条件下,可按大的变形程度计算变形力;在两端自由的条件下,可按小的变形程度计算变形力。

5.4.2.3 镦挤复合件的变形力,按镦粗的最大截面进行计算。

5.4.2.4 自由缩径件的变形力,按正挤压进行计算。

5.5 冷挤压件毛坯制备原则

5.5.1 毛坯可根据冷挤压件形状及技术经济要求选用板材、棒材、线材、管材等。

5.5.2 毛坯下料可采用锯切、切削、剪切及蓝脆冲切等方法。下料后宜增加去毛刺、整形工序。棒材采用剪切下料时,毛坯长径比不宜小于1.0。

5.5.3 毛坯软化应遵循以下原则:在满足塑性变形需求的前提下,为后续加工做组织准备。

5.6 冷挤压设备的选择原则

5.6.1 冷挤压设备的力-行程曲线及能量应满足冷挤压件成形的力-行程曲线及变形功的要求。

5.6.2 冷挤压设备应具有较好的刚性和导向精度。

5.6.3 冷挤压设备应有顶出装置。

附　录　A

（资料性附录）

用诺模图确定冷挤压变形力示例

A.1　材料为 10♯钢，毛坯直径 $d_0 = 75$ mm，挤压后直径 $d_1 = 45$ mm，毛坯高度 $h_0 = 112$ mm，凹模入口角 $\alpha = 100°$，用诺模图确定实心件冷态正挤压单位挤压力及挤压力。

　　查图 A.1：以凸模直径 d_0 为起点，在①区找到 d_0 与代表挤压后直径 d_1 曲线的交点，向上投影查得断面缩减率 $\varepsilon_F = 63\%$；由 $\varepsilon_F = 63\%$ 向上投影至②区中 10♯钢所对应曲线，再投影至③区中 $h_0/d_0 = 1.5$ 的曲线上，再根据③区中正挤压凹模入口角 $\alpha = 100°$ 进行修正，可查得修正后的单位挤压力 $p = 1\,030$ MPa；将 $p = 1\,030$ MPa 一点投影至④区中，与 d_0 在④中的投影相交，即可求得挤压力 $P = 4\,400$ kN。

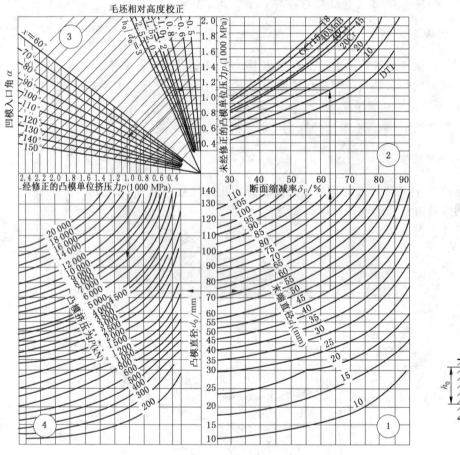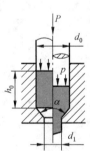

图 A.1　正挤压变形力诺模图

A.2　材料为 10♯钢，毛坯直径 $d_0 = 70$ mm，凸模直径 $d_1 = 57$ mm，毛坯高度 $h_0 = 70$ mm，反挤压凸模锥角 $\beta = 150°$，用诺模图确定杯心件冷态反挤压单位挤压力及挤压力。

　　查图 A.2：以凸模直径 d_1 为起点，在①区找到 d_1 与代表毛坯直径 d_0 曲线的交点，向上投影查得断面缩减率 $\varepsilon_F = 66\%$；由 $\varepsilon_F = 66\%$ 向上投影至②区中 10♯钢所对应曲线，再投影至③区中 $h_0/d_0 = 1$ 的曲线上，再根据③区中反挤压凸模锥角 $\beta = 150°$ 进行修正，可查得修正后的单位挤压力 $p = 1\,860$ MPa；将 $p = 1\,860$ MPa 一点投影至④区中，与 d_1 在④区中的投影相交，即可求得挤压力 $P = 4\,800$ kN。

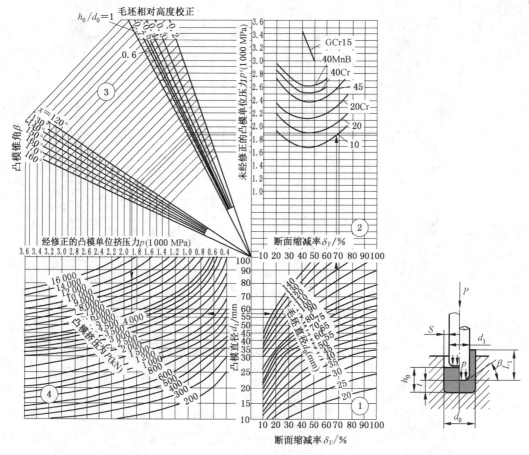

图 A.2　反挤压变形力诺模图

ICS 25.020
J 32

中华人民共和国国家标准

GB/T 35084—2018

冲压车间环境保护导则

Guidelines for environmental protection at press shop

2018-05-14 发布

2018-12-01 实施

国家市场监督管理总局
中国国家标准化管理委员会 发 布

前　言

本标准按照 GB/T 1.1—2009 给出的规则起草。

本标准由全国锻压标准化技术委员会(SAC/TC 74)提出并归口。

本标准起草单位:北方工程设计研究院有限公司、北京机电研究所、机械工业第九设计研究院有限公司。

本标准主要起草人:谭玮、杨勇、魏巍、金红、李延春、陆振东、贾建勇、周林、杜庆辉、刘存、陈保龙、马丽、于洋。

冲压车间环境保护导则

1 范围

本标准规定了冲压车间环境保护的基本要求和方法。

本标准适用于金属、非金属板料、卷料及型材冲压车间(或"工厂",下同)的环境保护。也适用于工业企业中新建、改建和扩建冲压车间(以下统称"建设项目")的环境保护设计和原有冲压车间技术改造工程(以下统称"技术改造项目")的环境保护设计。

2 规范性引用文件

下列文件对于本文件的应用是必不可少的。凡是注日期的引用文件,仅注日期的版本适用于本文件。凡是不注日期的引用文件,其最新版本(包括所有的修改单)适用于本文件。

GB 3096 声环境质量标准

GB/T 3222.1 声学 环境噪声的描述、测量与评价 第1部分:基本参量与评价方法

GB/T 3222.2 声学 环境噪声的描述、测量与评价 第2部分:环境噪声级测定

GB 8176—2012 冲压车间安全生产通则

GB/T 8541 锻压术语

GB 8978 污水综合排放标准

GB 10070 城市区域环境振动标准

GB/T 10071 城市区域环境振动测量方法

GB 12348 工业企业厂界环境噪声排放标准

GB 16297 大气污染物综合排放标准

GB/T 23281 锻压机械噪声声压级测量方法

GB/T 23282 锻压机械噪声声功率级测量方法

GB/T 26483 机械压力机 噪声限值

GB/T 26484 液压机 噪声限值

GB 50014 室外排水设计规范

GB 50019 工业建筑供暖通风与空气调节设计规范

GB 50040 动力机器基础设计规范

GB/T 50087 工业企业噪声控制设计规范

GB/T 50102 工业循环水冷却设计规范

GB 50187—2012 工业企业总平面设计规范

GB 50231 机械设备安装工程施工及验收通用规范

GB 50463 隔振设计规范

GB 50894 机械工业环境保护设计规范

GBJ 122 工业企业噪声测量规范

GBZ 1—2010 工业企业设计卫生标准

GBZ 2.1 工作场所有害因素职业接触限值 第1部分:化学有害因素

GBZ 2.2 工作场所有害因素职业接触限值 第2部分:物理因素

3 术语和定义

GB/T 8541 界定的术语和定义适用于本文件。

4 符号

下列符号适用于本文件。

A_{max} ——幅值(振幅,正弦量的最大值),单位为米(m)。

a ——有效加速度值,单位为米每二次方秒(m/s²)。

a_o ——基准加速度值,单位为米每二次方秒(m/s²)。

Cn ——振动对环境影响的加权修正值,单位为分贝(dB)。

f ——频率(正弦频率),单位为赫兹(Hz)。

f_n ——机组固有频率,单位为赫兹(Hz)。

r ——离振源的距离,单位为米(m)。

VAL ——振动加速度级,单位为分贝(dB)。

VAL_r ——离振源距离 r 的振动加速度级,单位为分贝(dB)。

VAL_1 ——振源位置(距振中 1 m)测得的振动加速度级,单位为分贝(dB)。

VL ——振动级,单位为分贝(dB)。

ω_{n1} ——无阻尼第一振型固有频率,单位为赫兹(Hz)。

ω_{n2} ——无阻尼第二振型固有频率,单位为赫兹(Hz)。

5 噪声控制

5.1 车间噪声控制

5.1.1 当车间噪声传至厂界,按环境类别不同,其噪声级应符合 GB 12348 的规定。

5.1.2 当车间噪声传至厂外毗邻区域,按环境类别不同,其噪声级应符合 GB 3096 的规定。

5.1.3 车间噪声传至厂区内各类地点的噪声级不应超过 GBZ 1—2010 中 6.3.1.7 的有关规定。

5.2 工作场所噪声要求

工作场所噪声要求见表 1。非噪声工作地点噪声声级设计要求应符合 GBZ 1—2010 中 6.3.1.7 的要求。

表 1 工作场所噪声职业接触限值

接触时间	接触限值 dB(A)	备注
5 天/周,8 h/天	85	非稳态噪声计算 8 h 等效声级
5 天/周,非 8 h 工作制	85	计算 8 h 等效声级
每周工作小于或大于 5 天	85	计算 40 h 等效声级
注:dB(A)表示在 A 计权下测量的噪声。		

5.3 厂区布局

5.3.1 厂区位置选择

产生噪声并成为工厂主噪声的车间,应设置在居民集中区的当地常年夏季最小风频的上风侧;低噪声车间应设置在周围主要噪声源的当地常年夏季最小风频的下风侧。

5.3.2 总平面布置

产生噪声的车间总平面布置,在满足工艺流程要求的前提下,应符合下列规定及 GB/T 50087 的要求:

a) 结合功能分区与工艺分区,应将生活区、行政办公区、生产区分开布置,高噪声厂房与低噪声厂房分开布置,工业企业内的主要噪声源应相对集中,并宜远离厂内外要求安静的区域;

b) 主要噪声源及生产车间周围,宜布置对噪声不敏感的、高大的、朝向有利于隔声的建筑物、构筑物,在高噪声区与低噪声区之间,宜布置仓库、料场等;

c) 对于室内要求安静的建筑物,其朝向布置与高度应有利于隔声。

5.3.3 立面布置

工业企业的立面布置,应利用地形、地物隔挡噪声;主要噪声源宜低位布置,对噪声敏感的建筑物宜布置在自然屏障的声影区中。

5.3.4 建筑设计

当按 5.3.2、5.3.3 各项要求仍达不到噪声控制设计标准时,宜设置隔声屏障或在各建筑物之间保持必要的防护间距,并应符合 GB 50187—2012 的有关规定,同时应注意绿化设计,以降低噪声的传播。

产生高噪声厂房的建筑体型、朝向、门窗等应采取有效措施,以减少噪声对环境的影响。

5.4 设备选择与布置

5.4.1 优先选用无噪声或低噪声设备。噪声与振动较大的生产设备宜安装在单层厂房内。如设计需要将这些生产设备安置在多层厂房内时,则应将其安装在多层厂房的底层;布置在联合厂房中时,应采取隔振降噪措施。

5.4.2 压力机的噪声限值应符合 GB/T 26483 和 GB/T 26484 的相关规定,其测量方法按 GB/T 23281 和 GB/T 23282 有关规定进行。

5.4.3 在设备设计、制造或改装时,应采取措施,消减压力机的噪声,如:增加压力机整体刚性,大型连续生产线采取封闭式设计等。

5.4.4 产生强噪声的设备[>90 dB(A)],宜密闭于隔声间或隔声罩中。

5.5 工艺措施

5.5.1 制定冲压工艺时,宜采取下列措施消减噪声,如:选用刚度较大的压力机;选用斜刃或阶梯凸模冲裁厚大工件;选用减振器或其他缓冲装置,延长冲裁力消失时间,防止突然卸载;对材料或工件、模具涂敷润滑剂等。

5.5.2 采取措施消减工件或废料传输过程中的噪声,如:避免工件或废料相互撞击或直接落地;降低工件或废料的滑落高度;传输工件或废料的斜槽或滑道采用阻尼材料作护面等。

5.5.3 采取措施消减设备和工艺气流噪声,如:减少压缩空气吹扫工件次数,必要时可控制压缩空气的气压和流量;气动摩擦离合器设置隔声或消声器;减少风动工具使用次数,以电动工具或液压工具代替风动工具等。

5.5.4 采用机械手或自动化设备实现上下料与工序间的运输,减少人工搬运;工艺允许远距离控制的,可设置隔声控制操作室。

5.6 吸声处理

产生强噪声的作业场所和设备,当不宜采用消声、隔声或其他措施控制噪声时,应对厂房墙体、门窗等采取吸声降噪措施。吸声处理应遵循下列原则:

    a) 吸声处理适用于原有吸声较少、混响声较强的车间;

    b) 声源密集、体形扁平的大面积厂房,宜用吸声天棚或悬挂吸声体,空间悬挂吸声体应靠近声源;

    c) 对长、宽、高尺度相差不大的小面积厂房,宜对天棚、墙面作吸声处理;

    d) 集中于厂房一隅的局部声源,宜对声源区域的天棚、墙面作吸声处理,或在声源处悬挂吸声体,并应同时设置隔声障;

    e) 吸声处理应同时满足起重运输、防火、防潮、防腐、防尘等工艺和安全要求,并应考虑通风、采光、照明及装修要求。

5.7 综合控制

5.7.1 当车间采用单一的隔声、吸声等消声措施不能满足噪声标准要求时,应采取综合控制措施。

5.7.2 采取消减噪声措施,应同时与第6章相结合,以获得最佳控制效果。

5.7.3 当采取有关降噪措施后,噪声级仍超过5.2规定的工作场所噪声职业接触限值,应提高设备的自动化水平,并为操作者配备耳塞、耳罩或其他护耳用品,合理设计劳动作息时间,减少对作业者的直接影响。

5.8 噪声测量

生产环境、非生产场所和厂界的噪声测量应按 GBJ 122、GB/T 3222.1 和 GB/T 3222.2 各有关规定进行。

6 振动控制

6.1 车间振动控制

6.1.1 当车间振动为工厂主振动源时,振动传至厂界毗邻区域的振动级,应符合 GB 10070 的规定。当车间振动不为工厂主振动源,但振动传至厂界毗邻区域的振动级超过 GB 10070 规定的限值时,应随同主振动源并按适用地带范围进行综合控制。

6.1.2 车间内保证工作人员良好工作效率的"工效界限"的振动参数,不应超过图1的示值,例如垂直振动时频率为 4 Hz～8 Hz,接触时间为 8 h,允许有效加速度值为 0.315 m/s^2;水平振动时频率为 8 Hz,接触时间为 2.5 h,允许有效加速度值为 2.0 m/s^2。振动容许标准的有效加速度值参见附录A。

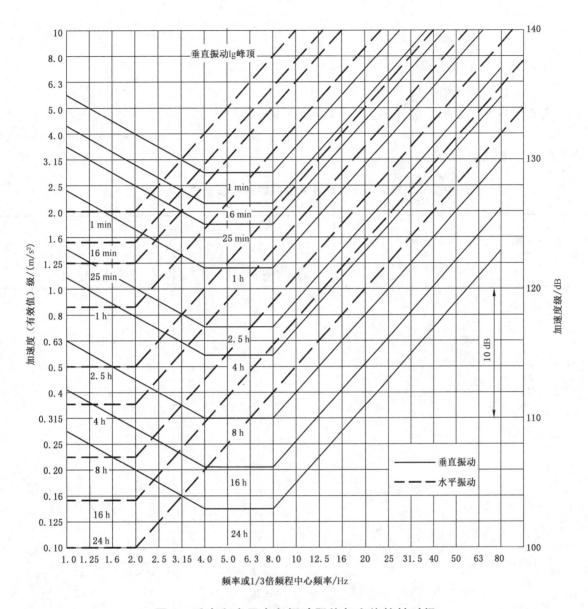

图 1　垂直和水平方向振动限值与允许接触时间

6.1.3　车间内保证工作人员健康和安全的"暴露界限"的振动参数，允许比工效界限加速度级高 6 dB，即以 2 乘以图 1 所示各曲线的加速度值就可得到在同样接触时间的允许加速度值。例如，当中心频率为 6.3 Hz，接触时间为 4 h，工效界限的垂直和水平方向加速度值分别为 0.53 m/s² 和 1.12 m/s² 时，暴露界限的限值则分别为 1.06 m/s² 和 2.24 m/s²。

6.1.4　车间内保证工作人员舒适和愉快的"舒适界限"振动参数需比工效界限加速度级低 10 dB，即以图 1 所示各曲线的加速度值除以 3.15 就可得到在同样接触时间的允许加速度值。例如，当中心频率为 20 Hz，接触时间为 8 h，工效界限的垂直和水平方向加速度值分别为 0.8 m/s² 和 2.24 m/s² 时，舒适界限的加速度值分别为 0.25 m/s² 和 0.71 m/s²。

6.2　振动加速度级与振动级的计算

6.2.1　振动源和环境的振动强度用振动加速度级表示，应按式(1)计算：

$$VAL = 20\lg \frac{a}{a_0} \qquad\cdots\cdots\cdots\cdots\cdots\cdots(1)$$

$$a = \frac{A_{max}}{\sqrt{2}}(2\pi f)^2 \qquad \cdots\cdots\cdots\cdots\cdots\cdots\cdots\cdots(2)$$

式中：

$\sqrt{2}$——正弦量的峰值因量。

6.2.2 振动对环境的影响,用振动级表示,应按式(3)计算：

$$VL = VAL + Cn \qquad \cdots\cdots\cdots\cdots\cdots\cdots\cdots\cdots(3)$$

Cn 值见表2。振动级 VL 值,不应超过 6.1 的规定。

表 2　振动对环境影响的加权修正值

频率(1/3 倍频程中心频率) Hz	修正值 dB	
	垂直方向	水平方向
1.0	−6	0
1.25	−5	0
1.6	−4	0
2.0	−3	0
2.5	−2	−2
3.15	−1	−4
4.0	0	−6
5.0	0	−8
6.3	0	−10
8.0	0	−12
10.0	−2	−14
12.5	−4	−16
16.0	−6	−18
20.0	−8	−20
25.0	−10	−22
31.5	−12	−24
40.0	−14	−26
50.0	−16	−28
63.0	−18	−30
80.0	−20	−32

6.3　设备选择与布置

6.3.1 设备设计、制造或改装时,应采取下列措施以消减压力机运转和工艺过程中的振动：

  a)　增加压力机的机身阻尼,提高减振能力；

  b)　提高飞轮等回转体的动平衡精度；

  c)　装设滑块平衡装置；

  d)　在轴承和轴承座之间加弹性衬套；

  e)　在传导振动的部件上镶嵌阻尼合金即减振合金(如锰-铜-锌合金等)。

6.3.2 产生振动的厂房设计和设备布局应采取减振措施。压力机的安装应符合 GB 50231 的有关规定。振动较大的生产设备宜安装在单层厂房内。当设计需要将这些生产设备安置在多层厂房内时,应将其安装在底层,并采取有效的减振措施:

a) 应改进工艺和设备,并应减少振动源数量或降低振动强度;

b) 应采用无冲击工艺;

c) 应采用平衡良好的工艺;

d) 应将高振级振动源远离振动敏感点;

e) 采用减振基础吸收振动,压力机基础的设计应符合 GB 50040 的规定。

6.3.3 应避免剪切或冲裁时产生的强烈振动。使用公称压力较大的压力机时,冲裁力不宜超过设备公称压力的 2/3;采用斜刃或者波浪刃口冲模;装设避振器等。采用液压机进行厚板料冲裁时,设备应设有冲裁缓冲装置。

6.3.4 对产生强烈振动的工位,应为操作者配备防振鞋和手套,使操作者避免直接操持有强烈振动的工件,并应由机械装置代替。

6.4 隔振设计

6.4.1 产生强烈振动的机器,当其振动对周边环境产生有害影响时,应采取隔振措施。隔振措施的选用,应符合下列要求:

a) 隔振装置及支撑结构型式,应根据机器设备的类型、振动强弱、扰动频率、建筑、环境和操作者对振动的要求等因素确定;

b) 隔振元件,可根据有关产品的技术性能确定;

c) 设置在设备与隔振元件之间的隔振机座,应采用型钢或混凝土。

6.4.2 公称压力大于 1 000 kN 的压力机基础应专门设计,并应符合 GB 50040 的有关要求。在基础质量相同的情况,应增加基础面积,以提高减振能力。

6.4.3 行程次数小于或等于 50 次/min、公称压力小于或等于 1 000 kN 的小型低速普通压力机,可采用简易减振装置直接安装在地坪上(当车间地坪厚度大于或等于 200 mm 时)。当不采用减振装置时,应安装在专门的基础上。用于落料、冲孔工序的小型压力机,不应直接安装在楼板上。但公称压力小于或等于 6.3 kN 的小型仪表压力机不在此限。

6.4.4 压力机的隔振设计应符合下列要求:

a) 闭式多点压力机,宜将隔振器直接安装在压力机底部;

b) 闭式单点压力机和开式压力机,可在压力机下部设置台座,隔振器宜安装在台座下部;

c) 压力机隔振系统的竖向阻尼比,宜取 0.1~0.15。

6.4.5 压力机基础的容许振动值,应符合 GB 50463 隔振设计规范的规定,压力机基础控制点的容许振动值,可按表 3 采用。

表 3 压力机基础控制点的容许振动值

基组固有频率 Hz	容许振动线位移 mm
$f_n \leqslant 3.6$	1.0
$3.6 < f_n \leqslant 6.0$	$3.6/f_n$

压力机组的固有频率,可按下列公式计算:

a) 确定水平容许振动线位移时:

$$f_n = \omega_{n1}/2\pi \qquad\qquad \cdots\cdots\cdots\cdots\cdots（4）$$

b) 确定竖向容许振动线位移时：

$$f_n = \omega_{n2}/2\pi \qquad \cdots\cdots\cdots\cdots\cdots\cdots\cdots\cdots\cdots\cdots（5）$$

6.4.6 当采取有关控制措施后，振动级仍超过 6.1 规定的限值时，应采取距离衰减措施，使振动源与振动敏感区保持一定距离。距离衰减按公式计算，并达到控制指标。当采用固定支承时用式（6）计算；当采用防振支承时用式（7）计算。

$$VAL_r = VAL_1 - 0.44r - 10\lg r \qquad \cdots\cdots\cdots\cdots\cdots\cdots\cdots（6）$$

$$VAL_r = VAL_1 - 10\lg r \qquad \cdots\cdots\cdots\cdots\cdots\cdots\cdots\cdots（7）$$

6.4.7 产生强烈振动的生产设施，应避开对防振要求较高的建筑物、构筑物布置，其与有防振要求较高的仪器、设备的防振间距，应符合 GB 50187—2012 中表 5.2.4-1 的规定。精密仪器、设备的允许振动速度与频率及允许振幅的关系，应符合 GB 50187—2012 中表 5.2.4-2 的规定。

6.4.8 居民区的防振卫生防护间距，应符合 GB 50894 的相关规定，并满足表 4 要求。

表 4　居民区的防振卫生防护间距

振源		离振源中心距离 m
压力机 kN	≤10 000	60~100
	>10 000	100~150
地基土能量吸收系数可按现行国家标准 GB 50040 的有关规定执行。 当振源已采取隔振措施时，防振卫生防护间距可酌情确定。 注：防振卫生防护间距的下限值用于地基土能量吸收系数较大值和频率大于 10 Hz 的振源；上限值用于地基土能量吸收系数较小值和频率小于或等于 10 Hz 的振源。		

6.5　振动测量

厂界的振动测量，应按 GB/T 10071 的有关规定进行。

7　污水排放控制

7.1　工程设计

7.1.1 生产过程中应减少新鲜水的用量，清洗和冲洗用水应循环使用，减少工业废水和污水（以下统称污水）的排放量。冷却循环水系统设计应符合 GB/T 50102 的有关规定。

7.1.2 压力机基础设计时应设置积油槽，并进行防渗处理，定期清理。

7.1.3 车间地坪不应有渗漏，也不应用渗坑、渗井或漫流等方式排放污水。输送污水的管道和明渠应有防渗措施，以避免污染地下水水源。

7.1.4 排放系统应按清、污分流原则设计和施工。车间直接排放厂外的含油碱性污水应符合 GB 8978 的有关规定，当不符合规定时，应在排放前进行处理。可按油类的性质及在污水中的状态，采用下列处理措施：

　　a) 采用旋流分离器使油水分离；

　　b) 采用吸附过滤装置，吸附和截留油类；

　　c) 处理以后的水应进行回用，并应回收废油品。

7.2　设备及工艺

7.2.1 对毛坯或工件的表面处理，例如去油（污）、除锈等，应采用先进工艺与环保型清洗剂，除锈不宜采用酸洗工艺。

7.2.2 压力机的传动用油和润滑用油应避免漏损。

7.2.3 清洗装置应设置隔油槽,以收集浮油。

7.3 生产管理

7.3.1 生产过程中所用的油类、酸类、碱类和其他化学物料,在运输、贮存、分发和使用过程中应妥善管理,避免滴漏、渗漏和事故泄漏等现象发生。

7.3.2 生产过程中,冲模或工件润滑应采用易清洗、环保型的润滑剂,以减少清洗工作量和清洗水中油类的含量,不宜用乳化或皂化材料。

7.3.3 延长清洗液的使用时间,降低含碱浓度。当排放废水含碱浓度较高时,应在排放前进行综合处理,使 pH 值达到 6.0~9.0。当车间既有含碱又有含酸废水时,应相互中和。

7.3.4 酸洗毛坯或工件的含酸溶液,严禁不经处理直接排放或稀释排放。需要排放的含酸污水,应经中和处理,使其 pH 值达到 6.0~9.0 才能排放。当含酸污水的处理,没有碱性废物可利用时,应采用石灰中和法或过滤中和法处理。石灰中和法应有搅拌和沉淀槽(池)。废酸应进行浓缩回收处理并综合利用。

7.3.5 酸洗或清洗后用作冲洗的循环水,当酸或碱含量较高又需要排放时,应视同酸洗或清洗污水,并经处理后达到规定的标准(pH 值 6.0~9.0)时才允许排放。

7.3.6 污水排放除应符合 GB 8978、GB 50014 等国家规定外,还应符合地方有关规定。

7.3.7 清洗和酸洗的沉渣,应进行脱水处理或综合利用。

7.3.8 乳化液供液,应经除渣净化后循环使用;乳化液废水,应进行除渣、破乳、除油和水质净化处理。

8 通风与废气、粉尘排放控制

8.1 车间内空气和空气循环应符合 GB 8176—2012 中 4.3 和 GB 50019 的有关规定。

8.2 有害物质的发生源应布置在机械通风或自然通风的下风侧。酸洗间宜与主厂房分开建设,如必须位于主厂房内,应采用隔墙将其封闭。

8.3 酸洗槽的加热温度不应超过 65 ℃。酸洗槽液面上应置放酸雾抑制剂,必要时酸洗槽上应设罩盖,防止酸雾溢出。酸洗槽上应设置抽风装置,排放酸雾的浓度不应超过 45 mg/m³;超过标准时,应设置酸雾净化装置,满足国家污染物排放标准。酸雾净化宜采用直接回收酸液的酸雾净化器。

8.4 当装有以石棉作摩擦材料的摩擦离合器的压力机数目较多时,应尽可能采用连续行程作业,减少单次行程的接合次数。必要时,应对离合器装设隔尘罩,以过滤因摩擦片频繁接合产生的石棉粉尘。石棉粉尘浓度不应超过 0.8 mg/m³。

8.5 用于表面处理(例如强化或除锈)的喷砂或抛光装置,应设置排风、过滤和沉积系统,以过滤、收集和排除粉尘。处理过程中产生的含有 10% 以上的游离二氧化硅粉尘排入大气的最高允许浓度应符合 GB 16297 的有关规定;车间内各种有害气体的最高容许浓度,应符合 GBZ 2.1 和 GBZ 2.2 的规定。如有地方标准则应先执行地方标准。

8.6 生产过程中(例如材料的贮存和剪切)产生的游离二氧化硅含量在 10% 以下,不含有毒物质的矿物性和植物性粉尘,在车间内最高容许浓度不应超过 10 mg/m³,采用局部通风除尘措施后排入大气的最高容许浓度不应超过 100 mg/m³。

8.7 生产过程中产生的其他有害物质,排入大气和在车间内的最高容许浓度应分别符合 GB 16297、GBZ 2.1 和 GBZ 2.2 的有关规定。

9 其他污染控制

9.1 生产过程中产生的金属废料应回收利用,不能利用的废料应分类并依法合规处理。

9.2 生产过程中产生的废弃物应妥善处理,防止污染。

附　录　A
（资料性附录）
振动界限值

表 A.1 给出了垂直振动界限值,表 A.2 给出了水平振动界限值。

表 A.1　垂直振动界限值

频率 （1/3 倍频程中心频率） Hz	有效加速度值 m/s²						
	允许接触时间						
	8 h	4 h	2.5 h	1 h	25 min	16 min	1 min
1.0	0.63	1.06	1.40	2.36	3.55	4.25	5.60
1.25	0.56	0.95	1.26	2.12	3.15	3.75	5.00
1.6	0.50	0.85	1.12	1.90	2.80	3.35	4.50
2.0	0.45	0.75	1.00	1.70	2.50	3.0	4.00
2.5	0.40	0.67	0.90	1.50	2.24	2.65	3.55
3.15	0.355	0.60	0.80	1.32	2.00	2.35	3.15
4.0	0.315	0.53	0.71	1.18	1.80	2.12	2.80
5.0	0.315	0.53	0.71	1.18	1.80	2.12	2.80
6.3	0.315	0.53	0.71	1.18	1.80	2.12	2.80
8.0	0.315	0.53	0.71	1.18	1.80	2.12	2.80
10.0	0.40	0.67	0.90	1.50	2.24	2.65	3.55
12.5	0.50	0.85	1.12	1.90	2.80	3.35	4.50
16.0	0.63	1.06	1.40	2.36	3.55	4.25	5.60
20.0	0.80	1.32	1.80	3.00	4.50	5.30	7.10
25.0	1.0	1.70	2.24	3.75	5.60	6.70	9.0
31.5	1.25	2.12	2.80	4.75	7.10	8.50	11.2
40.0	1.60	2.65	3.55	6.00	9.00	10.6	14.0
50.0	2.0	3.35	4.50	7.50	11.2	13.2	18.0
63.0	2.5	4.25	5.60	9.50	14.0	17.0	22.4
80.0	3.15	5.30	7.10	11.8	18.0	21.2	28.0

表 A.2　水平振动界限值

频率 （1/3 倍频程中心频率） Hz	有效加速度值 m/s²						
	允许接触时间						
	8 h	4 h	2.5 h	1 h	25 min	16 min	1 min
1.0	0.224	0.355	0.50	0.85	1.25	1.50	2.0
1.25	0.224	0.355	0.50	0.85	1.25	1.50	2.0
1.6	0.224	0.355	0.50	0.85	1.25	1.50	2.0
2.0	0.224	0.355	0.50	0.85	1.25	1.50	2.0
2.5	0.280	0.450	0.63	1.06	1.6	1.90	2.5
3.15	0.355	0.560	0.80	1.32	2.0	2.36	3.15
4.0	0.450	0.710	1.0	1.70	2.5	3.0	4.0
5.0	0.560	0.900	1.25	2.12	3.15	3.75	5.0
6.3	0.710	1.12	1.6	2.65	4.0	4.75	6.3
8.0	0.900	1.40	2.0	3.35	5.0	6.0	8.0
10.0	1.12	1.80	2.5	4.25	6.3	7.5	10
12.5	1.40	2.24	3.15	5.30	8.0	9.5	12.5
16.0	1.80	2.80	4.0	6.70	10.0	11.8	16
20.0	2.24	3.55	5.0	8.5	12.5	15	20
25.0	2.80	4.50	6.3	10.6	16	19	25
31.5	3.55	5.60	8.0	13.2	20	23.6	31.5
40.0	4.50	7.10	10.0	17.0	25	30	40
50.0	5.60	9.00	12.5	21.2	31.5	37.5	50
63.0	7.10	11.2	16.0	26.5	40	45.7	63
80.0	9.00	14.0	20.0	33.5	50	60	80

ICS 25.020
J 32

中华人民共和国国家标准

GB/T 36961—2018

超高强钢热冲压工艺 通用技术

Hot stamping process for ultra-high strength steel—General specification

2018-12-28 发布

2019-07-01 实施

国家市场监督管理总局
中国国家标准化管理委员会 发布

前　言

本标准按照 GB/T 1.1—2009 给出的规则起草。

本标准由全国锻压标准化技术委员会(SAC/TC 74)提出并归口。

本标准起草单位:机械科学研究总院先进成形技术与装备国家重点实验室、北京机科国创轻量化科学研究院有限公司、东风汽车集团有限公司、东风(武汉)实业有限公司、北京机电研究所有限公司、宝山钢铁股份有限公司、武汉理工大学、中机生产力促进中心。

本标准主要起草人:单忠德、闫沁太、许应、李勇、雷涛、史志文、徐伟力、华林、高咏梅、戎文娟、孙福臻、魏巍、洪继要、宋燕利、周林、罗爱辉、胡志力。

超高强钢热冲压工艺 通用技术

1 范围

本标准规定了超高强钢热冲压工艺通用技术要求,包括热冲压件技术要求和热冲压工艺要求、试验方法、标志、质量合格证书、包装、运输和贮存。

本标准适用于以厚度不大于 4.0 mm、等厚度的无镀层钢板或有防氧化镀层钢板为原材料,采用特定热冲压方法(同时完成冲压成形与淬火处理)生产的零件。

本标准不适用于钢板不等强度热冲压和管材的热冲压。不等厚钢板热冲压件可参照此标准。

2 规范性引用文件

下列文件对于本文件的应用是必不可少的。凡是注日期的引用文件,仅注日期的版本适用于本文件。凡是不注日期的引用文件,其最新版本(包括所有的修改单)适用于本文件。

GB/T 224 钢的脱碳层深度测定法

GB/T 228.1 金属材料 拉伸试验 第 1 部分:室温试验方法

GB/T 1839 钢产品镀锌层质量试验方法

GB/T 4340.1 金属材料 维氏硬度试验 第 1 部分:试验方法

GB 8176 冲压车间安全生产通则

GB/T 8541 锻压术语

GB/T 9286 色漆和清漆 漆膜的划格试验

GB/T 15055 冲压件未注公差尺寸极限偏差

GB/T 29559 表面化学分析 辉光放电原子发射光谱 锌和/或铝基合金镀层的分析

GB/T 34566 汽车用热冲压钢板及钢带

3 术语和定义

GB/T 8541、GB/T 34566 界定的以及下列术语和定义适用于本文件。

3.1

超高强钢热冲压模具 ultra-high strength steel hot stamping die

具有冷却系统的冲压模具,利用冷却介质吸收冲压过程中钢板传递的热量,实现超高强件的成形与淬火。

注:以下简称为热冲压模具。

3.2

超高强钢热冲压零件 ultra-high strength steel hot stamping part

采用超高强钢热冲压工艺和热冲压模具生产的零件。

注:以下简称为热冲压件。

3.3

芯部硬度 core hardness

在热冲压件上取样后,试样剖切面上的硬度。

4 技术要求

4.1 热冲压件技术要求

4.1.1 形状和尺寸

热冲压件的形状和尺寸应符合热冲压件图纸和技术文件的规定,未注形状和尺寸公差应符合 GB/T 15055 的规定。

4.1.2 力学性能

热冲压件的屈服强度、抗拉强度和断后伸长率等力学性能应符合 GB/T 34566 的规定。

4.1.3 芯部硬度

热冲压件芯部硬度不应低于 400 HV10。

4.1.4 表面质量

热冲压件表面应符合产品图纸要求,应无叠料、开裂等缺陷,当出现起皱、划伤等缺陷时,应与客户协商。对于不同原材料的热冲压件,表面质量要求见表1。

表 1　热冲压件表面质量要求

序号	原材料类型	表面质量要求
1	无镀层钢板	零件表面应无氧化皮,通过电泳后,进行划格试验。划格试验应符合 GB/T 9286 的规定,评判等级应小于 3 级
2	铝硅镀层板	冲压后零件表面镀层单侧厚度应为 15 μm～50 μm,可参考原材料镀层厚度,扩散层厚度不应大于 16 μm。 零件表面应无严重涂层脱落,材料流动量较大区域允许有轻微涂层脱落

4.1.5 显微组织

4.1.5.1　热冲压件组织应以马氏体为主,在满足 4.1.2 和 4.1.3 要求的情况下,允许有少量铁素体、贝氏体或残余奥氏体组织存在。

4.1.5.2　对于厚度不超过 1.0 mm 的热冲压件,表面脱碳层深度应不超过原材料厚度的 10%。对于厚度超过 1.0 mm 的热冲压件,表面脱碳层深度应不超过 0.1 mm。

4.2 热冲压工艺要求

4.2.1 原材料加热与保温工艺要求

4.2.1.1　加热阶段,加热温度应高于原材料奥氏体转变温度 Ac_3,保证钢板完成奥氏体转变,且奥氏体晶粒不会显著长大,加热温度范围宜在 900 ℃～950 ℃ 之间。

4.2.1.2　保温阶段,保温时间应保证钢板完成奥氏体转变和碳元素的扩散,保温时间宜在 3.0 min～6.0 min 之间。

4.2.1.3　对于铝硅镀层钢板和无镀层钢板,加热炉应具备保护气氛控制功能,对于铝硅镀层钢板应具有露点控制或其他等效控制功能,可将露点控制在 −5 ℃ 以下;对于锌基镀层钢板不应使用保护气氛。

4.2.2 热冲压工艺参数要求

4.2.2.1 成形后的温度不应低于马氏体转变开始温度 Ms。

4.2.2.2 保压时间应保证在模具内热冲压件温度能够降低至原材料马氏体转变终止温度 Mf,应在 5 s～15 s 范围内。

4.2.2.3 应保证热冲压件的冷却速度不小于 27 ℃/s。

4.2.3 其他生产要求

热冲压件的生产过程应符合 GB 8176 的规定。

5 试验方法

5.1 形状和尺寸

形状和尺寸试验应采用通用量具、专用检具、影像测量仪、三坐标测量仪等设备进行。

5.2 力学性能

5.2.1 热冲压件屈服强度、抗拉强度和断后伸长率等力学性能试验应符合 GB/T 228.1 的规定。

5.2.2 拉伸试样应在零件中曲率较小的部位选取,以保证试样平直。

5.3 芯部硬度

5.3.1 热冲压件芯部硬度试验可采用维氏硬度计进行,应符合 GB/T 4340.1 的规定。

5.3.2 试样选取应在零件侧壁、底面等不同位置,试样数量应不少于 3 个,各试样检测至少 3 次,取平均值。若有特殊要求,可按照供需双方共同认定的取样位置和数量进行。

5.4 表面质量

5.4.1 热冲压件叠料、起皱、开裂、颈缩和拉伤等表面缺陷检测可采用目测的方法进行。

5.4.2 热冲压原材料和热冲压件的表面镀层厚度可采用称量法检测,应符合 GB/T 1839 的规定,或采用辉光放电原子发射光谱仪检测,应符合 GB/T 29559 的规定。

5.5 显微组织

5.5.1 热冲压件显微组织可采用金相显微镜观测。

5.5.2 热冲压件表面脱碳层深度检测可采用金相显微镜进行,应符合 GB/T 224 的规定。

6 标志和质量合格证书

6.1 标志

热冲压件通常应进行标志,标志内容应包括生产批次、零件编号等。

6.2 质量合格证书

每批次热冲压件供货时应有质量合格证书,主要包括:
a) 热冲压件名称、零件号;
b) 材料质量证明书;
c) 热冲压件出厂日期;

d)　生产批次号；

e)　质量检验及合格标记；

f)　对特殊要求进行补充检验的结论；

g)　制造企业名称。

7 包装、运输和贮存

7.1 热冲压件的包装、运输应由供需双方在订货协议或合同中注明。

7.2 热冲压件应贮存在干燥的环境中,表面应进行防锈处理。

———————————————

ICS 77.140.85
J 32

中华人民共和国国家标准

GB/T 37057—2019

多向精密模锻件 质量控制规范

Multi-way precision die forgings—Quality control criterion

2019-03-25 发布

2019-10-01 实施

国家市场监督管理总局
中国国家标准化管理委员会 发布

前　言

本标准按照 GB/T 1.1—2009 给出的规则起草。

本标准由全国锻压标准化技术委员会(SAC/TC 74)提出并归口。

本标准主要起草单位:中冶重工(唐山)有限公司、中国二十二冶集团有限公司、北京机电研究所有限公司、江苏龙城精锻有限公司、燕山大学、芜湖禾田汽车工业有限公司。

本标准主要起草人:李景生、宋昌哲、吴艳丽、周林、孙国强、王玲、彭加耕、潘琦俊、刘金洪、王金业、魏巍、汤晓峰、任杰、胡柏丽、庄晓伟、任运来。

多向精密模锻件　质量控制规范

1　范围

本标准规定了多向精密模锻件（以下简称"锻件"）生产过程的主要控制点及要求，包括工艺设计、原材料、下料、模具、锻造设备、锻造、安全与环保等。

本标准适用于多向精密模锻件的质量控制。

2　规范性引用文件

下列文件对于本文件的应用是必不可少的。凡是注日期的引用文件，仅注日期的版本适用于本文件。凡是不注日期的引用文件，其最新版本（包括所有的修改单）适用于本文件。

GB/T 8541　锻压术语

GB 13318　锻造生产安全与环保通则

GB/T 33879　多向精密模锻件　通用技术条件

GB/T 35079　多向精密模锻件　工艺编制原则

JB/T 4318.2　卧式带锯床　第2部分：精度检验

3　术语和定义

GB/T 8541界定的术语和定义适用于本文件。

4　主要控制点及要求

4.1　工艺设计

4.1.1　多向模锻技术一般应用于锻造带内孔、外形具有多个枝丫或凸台的结构复杂锻件。

4.1.2　锻件设计应在满足零件的结构尺寸、力学性能的前提下，尽量减小表面加工余量，锻件最终成形部位和孔腔应保留充足的工艺余量；必要时设计结果应征求需方的意见。

4.1.3　工艺设计过程应符合GB/T 35079中规定的要求，应编制工艺规程（卡）指导生产过程。工艺规程（卡）应至少包括下料、加热、模具、锻造、多向模锻液压机控制参数、锻件后处理等过程的要求及控制方法。

4.1.4　工艺设计过程宜采用数值模拟技术对工艺过程和工艺参数进行优化，锻造工步宜符合GB/T 35079中规定的要求。

4.1.5　工艺设计各阶段应进行评审；设计结果还应组织设计、工艺、质量、生产等专业人员进行评审；必要时设计结果应征求需方的意见。

4.2　原材料

4.2.1　原材料应有制造厂商提供的有效的质量证明文件；原材料的化学成分、外观、尺寸、力学性能、内部质量等应符合工艺要求。

4.2.2 原材料表面不应有裂纹、结疤、折叠、夹杂等缺陷。

4.2.3 原材料入厂后应经质量检验部门复验,复验的项目及要求按 GB/T 33879 执行。

4.2.4 原材料宜按材质、规格、检验状态等分区存放且有明显标识,原材料出库前应对材质、炉批次进行确认,防止混料。

4.3 下料

4.3.1 原材料宜采用锯切下料,下料应符合 GB/T 35079 的要求,锯切设备的精度应满足 JB/T 4318.2 的要求。

4.3.2 原材料表面缺陷应予以清除,可采用去毛刺、剥皮、磨削或其他改善坯料表面质量的方法。

4.3.3 下料前应合理计算坯料长度,可根据式(1)计算坯料长度。

$$l = \frac{4m}{\pi\rho D^2} \quad \cdots\cdots\cdots\cdots\cdots\cdots\cdots\cdots\cdots\cdots\cdots\cdots (1)$$

式中:

l ——坯料长度,单位为毫米(mm);

m ——下料质量,单位为千克(kg);

ρ ——原材料密度,单位克每立方厘米(g/cm³);

D ——坯料直径,单位为毫米(mm)。

4.3.4 下料前应对原材料直径进行复检,并满足如下要求:

　　a) 当原材料同一截面的直径差满足表 1 中组别一的要求时,式(1)中的 D 值为实测值,一般取整数;

　　b) 当原材料同一截面的直径差满足表 1 中组别二的要求时,应对坯料长度范围内的坯料直径进行重新测量;重新测量时,应至少选择 3 个截面、9 个测量点,D 值为测量后的平均值;

　　c) 当原材料同一截面的直径差超出表 1 的精度要求时,下料前应增加原材料的剥皮工序。

表 1 原材料同一截面的直径差精度　　　　　　　　　　　　　单位为毫米

公称直径	精度要求	
	组别一	组别二
>100～130	±1.2	±2.0
>130～180	±1.6	±2.4
>180～250	±2.0	±3.0
>250～310	±2.6	±3.6
>310～360	±3.2	±4.0
>360～400	±3.6	±5.0

4.4 模具

4.4.1 多向模锻工艺使用的模具一般由凹模、凸模组成;凹模宜采用镶嵌组合结构形式,凸模宜采用分段组合结构形式,其制造要求应符合 GB/T 35079 的规定;模具设计时应考虑机械限位等控制孔腔深度的方法。

4.4.2 新模具或经修复的模具应进行验收,特别是凹模型腔部位及凸模,验收项目至少包括外形尺寸、硬度、内部质量等。

4.4.3 验收合格的模具应在多向模锻设备上进行预装配和空载连续调试运行；并对空载运行状态进行评估，评估内容一般包括：凹模合模状况、凸模运动状况、模具型腔错位、凸凹模配合精度；安装过程应符合表2的规定；调试后生产的首件锻件应至少进行外观、尺寸检验。

表 2 模具的安装过程主要控制要求

项 目	控制要求
凹模上下模型腔的错移量	GB/T 35079
使用组合模具的模芯分模面	不低于模套分模面
模具定位孔与垫板定位键间隙	≤0.5 mm

4.4.4 模具安装位置及精度应满足锻造设备多方向加载的要求。凸模与凹模安装位置精度应符合表3的规定。

表 3 凸模与凹模安装位置的控制要求及允许偏差 单位为毫米

项目	控制要求	位置允许偏差
各凸模的中心线	保证在同一平面	±0.25
水平凸模中心线与凹模的分模面	保证在同一平面	±0.25
上、下凸模中心线与凹模垂直方向中心线	保证在同一平面	±0.25

4.5 锻造设备

4.5.1 多向模锻锻造设备宜采用液压机。

4.5.2 多向模锻液压机应有为凹模、各方向凸模提供动力的液压缸，一般应实现垂直工作台面方向的合模和穿孔功能、平行工作台面方向的穿孔或合模功能；垂直工作台面的液压缸与工作台面的垂直度应不低于8级，平行工作台面的液压缸同轴度应不低于8级。

4.5.3 多向模锻液压机活动横梁宜具有相应的导向机构，导向精度应不低于8级。

4.5.4 同一功能由多个液压缸实现时，应保证各液压缸位移同步，同步精度应不大于0.5 mm。

4.5.5 平行工作台面的液压缸应具备不同步、同步运动功能；位移同步时，位移差应不大于0.5 mm。

4.5.6 多向模锻液压机的压制速度应不低于50 mm/s，回程速度应不低于150 mm/s。

4.5.7 多向模锻液压机的液压缸应具备压力停止控制和位移停止控制功能，压力、位移达到设定值时，液压缸停止运动。

4.5.8 多向模锻液压机应具备自动控制系统，其控制系统能够实现各液压缸的精确协调动作，保证模具独立或联合运动。控制系统还应具备检测和显示多向模锻液压机工作压力、位移、速度等参数的功能。

4.6 锻造

4.6.1 坯料加热应严格遵循工艺要求的加热规范，坯料出炉应测量温度，保证坯料温度满足工艺要求。

4.6.2 锻造过程中模具可根据结构和工艺要求采用压力控制、位移控制或压力位移联合控制，具体控制要求宜符合表4的规定。

表 4 模具控制要求

模 具 类 型		控制方式	压力或位移值
凹模		压力控制	最大压制力
凸模	有机械限位等控制孔腔深度的结构	压力控制	1.1 倍成形力
	无机械限位等控制孔腔深度的结构	位移控制	孔腔深度设计值
注：一般情况下，为减少锻造时间，控制坯料温降，模具在未参与成形时可采用位移控制方式，工作速度选择最大值。			

4.6.3 锻造过程应严格按照操作规程进行，并随时注意坯料成形情况，如发现折叠、未充满、裂纹等缺陷应及时处理，必要时应停止生产。

4.6.4 应定期观察模具磨损情况，防止因模具原因造成锻件产品不合格，具体要求应符合表 5 规定。

表 5 对模具磨损的处理要求

模具类型	磨损情况	处理方式
凸模	表面堆积金属厚度大于 0.5 mm	修复或更换
凹模	分模面边缘处凹陷深度大于 1 mm	修复或更换
	凸模导向孔表面堆积金属厚度大于 0.5 mm	修复或更换
	残余的飞刺超出凹模	修复或更换

4.6.5 锻件的技术要求、试验方法、检验规则、包装运输和贮存等应按 GB/T 33879 执行。

4.7 安全与环保

锻造生产中使用的各类设施设备、工装模具及工艺等的安全、环保要求应符合 GB 13318 的规定。

ICS 77.140.85
J 32

中华人民共和国国家标准

GB/T 37676—2019

高速精密热镦锻件 工艺规范

High speed precision hot upsetting forgings—Technological specification

2019-06-04 发布   2020-01-01 实施

国家市场监督管理总局
中国国家标准化管理委员会 发 布

前　言

本标准按照 GB/T 1.1—2009 给出的规则起草。

本标准由全国锻压标准化技术委员会(SAC/TC 74)提出并归口。

本标准起草单位:江苏森威精锻有限公司、东风锻造有限公司、北京机电研究所有限公司、广东韶铸精锻有限公司、浙江五洲新春集团股份有限公司、上海交通大学。

本标准主要起草人:龚爱军、朱华、吴玉坚、魏巍、金红、刘梅华、刘余、胡成亮、朱卫、吴建彬、周林、利义旭、蓝育忠、赵震、白太亮。

高速精密热镦锻件　工艺规范

1　范围

本标准规定了高速精密热镦锻件(以下简称"锻件")的工艺规范,包括总则、工艺参数确定、锻件坯料的准备、坯料加热、模具的要求和设备的选择。

本标准适用于生产节拍 50 件/min 及以上、质量在 7.5 kg 以下且外径尺寸不大于 180 mm、采用热镦锻成形的钢质精密锻件的工艺编制。

2　规范性引用文件

下列文件对于本文件的应用是必不可少的。凡是注日期的引用文件,仅注日期的版本适用于本文件。凡是不注日期的引用文件,其最新版本(包括所有的修改单)适用于本文件。

GB/T 699　优质碳素结构钢

GB/T 700　碳素结构钢

GB/T 1299　工模具钢

GB/T 1591　低合金高强度结构钢

GB/T 3077　合金结构钢

GB/T 5216　保证淬透性结构钢

GB/T 8541　锻压术语

GB 13318—2003　锻造生产安全与环保通则

GB/T 15712　非调质机械结构钢

GB/T 18254　高碳铬轴承钢

GB/T 28417　碳素轴承钢

GB/T 29532　钢质精密热模锻件　通用技术条件

GB/T 30567—2014　钢质精密热模锻件　工艺编制原则

3　术语和定义

GB/T 8541 界定的以及下列术语和定义适用于本文件。

3.1

高速精密热镦锻工艺　high speed precision hot upsetting process

采用卧式多工位热镦锻成形机生产,节拍 50 件/min 及以上,热镦锻精密成形的工艺。

4　编制原则

4.1　总则

4.1.1　工艺设计应考虑锻件形状复杂程度、表面质量、尺寸精度、形状和位置公差、棒料尺寸、材料特性、成形方式、变形程度、工位数、各工位许可成形力、总成形力、传送要求、模具寿命、生产经济性和年产量等因素。

4.1.2 工艺设计流程:零件图→加工余量→冷态锻件图→成形工位热态尺寸→锻件质量→剪切工位(直径和长度)→变形工位→时间图→模具设计→模具制造→工艺试制→工艺优化。

4.1.3 时间图的设计应保证各工位毛坯能被顺利搬送,并与模具不产生干涉,宜采用仿真技术进行模拟。

4.1.4 各工位毛坯形状设计应考虑机械手夹持的可靠性。

4.1.5 工艺设计宜采用数值模拟分析成形力、填充度、温度分布,避免出现折叠和填充不足等缺陷。

4.1.6 变形工位的设计应考虑最小壁厚和锻造最小圆角半径等限制条件。

4.1.7 接触锻件的模具部件应进行冷却,模具的冷却介质一般选用水,冷却介质应避免直接喷淋锻件。

4.1.8 对于变形量较大的锻件宜在冷却介质中添加合适的润滑剂。

4.1.9 模具的更换宜成套进行。

4.1.10 锻件宜利用锻后余热进行热处理。

4.1.11 锻件在整个生产过程中应考虑采取防磕碰措施。

4.1.12 作业环境应满足 GB 13318—2003 中 5.2 的要求,人员应满足 GB 13318—2003 中 10.2 的要求,安全和环保技术措施应满足 GB 13318—2003 中第 9 章的要求。

4.2 工艺参数确定

4.2.1 变形温度

4.2.1.1 变形温度应在再结晶温度以上的奥氏体区内。为避免出现过热、过烧现象,加热料温宜在 1 150 ℃～1 280 ℃内,其中轴承钢不宜超过 1 180 ℃。在模具充分冷却的前提下,加热温度宜接近上限。

4.2.1.2 锻后宜快速冷却到 A_{c_1} 以下,以避免晶粒长大。

4.2.1.3 利用余热进行热处理时,锻件的终锻温度应满足后续的热处理要求。

4.2.2 变形程度

4.2.2.1 各工位的变形程度应避免最终累计变形造成大晶粒。

4.2.2.2 变形程度的选择应考虑变形方式对许用变形量的影响。

4.2.3 变形力

变形力宜采用数值模拟分析计算,也可采用诺模图或经验公式计算,可参照 GB/T 30567—2014 中 4.2.1.7。

4.2.4 各工位参数的确定

4.2.4.1 剪切工位

4.2.4.1.1 棒料直径的选择应在满足长径比 l/D_1 要求 1.0～2.0、优选 1.2～1.7 的条件下,尽可能使剪切产生的毛刺在冲孔工序可去除或转移至加工面,具体见图 1a)。

单位为毫米

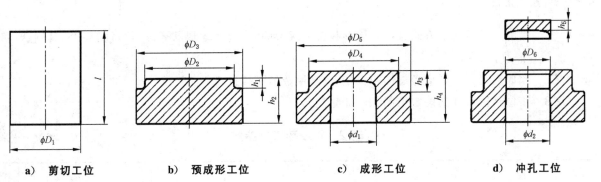

a) 剪切工位　　　　b) 预成形工位　　　　c) 成形工位　　　　d) 冲孔工位

说明:

l ——剪切长度;

D_1——棒料直径;

D_2——预成形工位杆部外圆直径;

D_3——预成形工位外圆直径;

h_1——预成形工位杆部段长;

h_2——预成形工位总段长;

D_4——成形工位杆部外圆直径;

D_5——成形工位外圆直径;

h_3——成形工位杆部段长;

h_4——成形工位总段长;

d_1——成形工位内孔直径;

D_6——冲孔工位撕裂面直径;

h_5——冲孔工位连皮厚度;

d_2——冲孔工位内孔直径。

图 1　各工位参数

4.2.4.1.2　剪切长度宜采用计算式(1),热态下密度参考值见表1。

$$l = \frac{4m}{\rho \times \pi \times D_1 \times D_1} \quad\quad\quad\quad\quad\quad (1)$$

式中:

m ——锻件质量;

ρ ——材料密度;

π ——圆周率。

表 1　热态下密度和热膨胀系数参考值

钢材种类	锻件直径 ϕ mm	密度参考值 g/cm³	热膨胀系数参考值
非轴承钢	≤67	7.551	1.013
非轴承钢	>67~125	7.507	1.015
非轴承钢	>125~160	7.485	1.016
非轴承钢	>160	7.463	1.017
轴承钢	≤67	7.507	1.015
轴承钢	>67	7.474	1.016 5

4.2.4.2 预成形工位

4.2.4.2.1 预成形工位成形方式有模外成形和模内成形两种,应考虑形状要求、热量损耗、模具制造、机械手夹持等因素。

4.2.4.2.2 预成形工位成形应考虑体积分配,宜采用数值模拟进行。

4.2.4.2.3 工位具体尺寸的确定见图 1b)和表 2。

表 2 预成形工位参数

单位为毫米

D_2	D_3	h_1	h_2
$D_4-0.5$	$D_5-0.5\sim D_5-8$	根据体积分配确定	根据质量确定

4.2.4.3 成形工位

4.2.4.3.1 成形方式可选用横向闭式模锻或横向开式模锻,应优先考虑无飞边锻造。

4.2.4.3.2 成形工位的连皮厚度宜采用计算式(2),其余尺寸应根据冷态锻件尺寸和热膨胀系数参考值进行确定,具体见图 1c)和表 1。

$$h_5=0.1\times d_2+k \quad\quad\quad\quad\cdots\cdots\cdots\cdots\cdots\cdots\cdots\cdots(2)$$

式中:

k——经验值,一般取 2~3。

4.2.4.4 冲孔工位

工位具体尺寸的确定见图 1d)和表 3。

表 3 冲孔工位参数

单位为毫米

D_6	d_2	h_5
$0.15\times h_5+d_2$	根据锻件尺寸及热膨胀系数参考值确定	$0.1\times d_2+k$
k 为经验值,一般取 2~3。		

4.2.5 时间图的确定

4.2.5.1 将剪切坯料及预成形坯料放入时间图模板中,计算出顶杆伸出长度,保证机械手打开时顶杆应先顶住棒料(包含伸缩量至少 10 mm),机械手传送到位时顶杆不能接触到棒料,预成形工位时间图设计见图 2。

单位为毫米

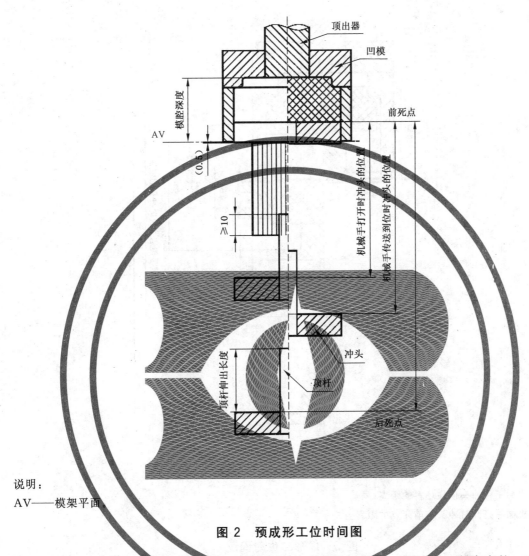

说明：
AV——模架平面。

图 2　预成形工位时间图

4.2.5.2　将预成形坯料及成形坯料放入时间图模板中，夹钳宽度宜大于预成形坯料宽度的一半，成形时宜采用导向结构，机械手打开时冲头应先顶住坯料，机械手传送到位时冲头不能接触到棒料，结合设备运动时间图和时间表算出安全距离及 L_2 长度（机械手打开时冲头的位置），成形工位时间图设计见图 3。

单位为毫米

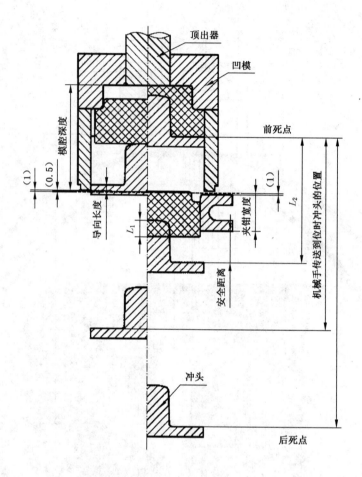

说明：
L_1——成形工位冲头顶住坯料的距离；
L_2——机械手打开时冲头与前死点的距离。

图 3　成形工位时间图

4.2.5.3　将成形坯料放入时间图模板中，机械手传送到位时顶杆不能接触到棒料，开始冲孔后机械手打开，三工位时间图设计见图4。

单位为毫米

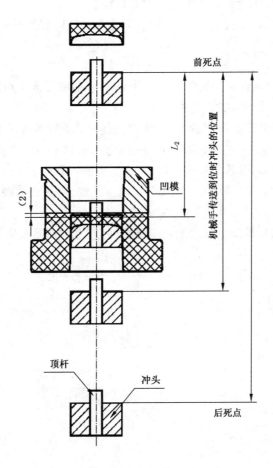

图 4　冲孔工位时间图

4.3 锻件坯料的准备

4.3.1 锻件坯料优先选用棒材,应符合 GB/T 699、GB/T 700、GB/T 1299、GB/T 1591、GB/T 3077、GB/T 5216、GB/T 15712、GB/T 18254、GB/T 28417 等标准的规定。

4.3.2 原材料长度不得小于剔料系统限定的长度,宜选择 9 m 及以上,以减少剔料浪费,且端面齐整,无毛刺,无影响使用的变形。

4.3.3 当锻件表面质量要求高或预成形工位选择闭式模锻时,坯料宜进行剥皮、磨削或其他方法以改善坯料表面质量和精度,坯料直径公差通常不大于 0.2 mm。

4.4 坯料加热

4.4.1 坯料加热采用整根棒料感应加热的方式,且有温度检测和高低温报警停机功能。

4.4.2 感应器的规格选择应与加热坯料直径相匹配,避免加热效率低。

4.4.3 坯料进给节拍要根据坯料尺寸、加热温度、锻造设备等因素综合考虑,以坯料的加热温度均匀达到工艺要求为前提。

4.5 模具的要求

4.5.1 模具的精度应满足锻件的尺寸、形状和位置公差等精度要求。

4.5.2 凸模、凹模和顶杆宜采用氮化等表面处理,以提高模具表面硬度和耐磨性。模具表面粗糙度值应不大于 $Ra0.8\ \mu m$。

4.5.3 凹模顶杆宜设计成中空结构,以便冷却液冷却凹模。

4.5.4 闭式成形工位的凸模、凹模应具有导向结构,双边配合间隙宜控制在 0.10 mm~0.30 mm。

4.6 设备的选择

4.6.1 设备的力-行程曲线及能量应满足锻件成形的力-行程曲线及变形功的要求。

4.6.2 设备精度应符合 GB/T 29532 的相关规定。

4.6.3 设备的选择应考虑锻件的实际产量需求、各工位载荷及允许的偏心载荷、生产成本等。

4.6.4 设备应具有料头、料尾自动检测和剔料系统,应考虑机械手传送系统的精确和稳定可靠、模具冷却系统的高效和模具的内冷却、模具的快速更换、顶出装置的可靠等要求。

4.6.5 宜组建自动化生产线,主要含上料机构、中频加热系统、高速热镦锻成形机、出料机构、控制冷却或连续式热处理装置。

4.6.6 产品的出料方式可选择垂直出料和侧向出料两种,应考虑产品磕碰等要求。

ICS 25.020
J 32

中华人民共和国国家标准

GB/T 37679—2019

金属板料精冲挤压复合成形件
工艺规范

Sheet metal parts fabricated by fine blanking combined with
extrusion process—Technological specification

2019-06-04 发布

2020-01-01 实施

国家市场监督管理总局
中国国家标准化管理委员会   发 布

前　言

本标准按照 GB/T 1.1—2009 给出的规则起草。

本标准由全国锻压标准化技术委员会(SAC/TC 74)提出并归口。

本标准主要起草单位:武汉理工大学、北京机电研究所有限公司、武汉泛洲机械制造有限公司、武汉中航精冲技术有限公司、黄石华力锻压机床有限公司、无锡鹏德汽车配件有限公司、苏州东风精冲工程有限公司、上海交通大学。

本标准主要起草人:华林、刘艳雄、周林、金红、杨静刚、崔庆、张勇、谈正光、管明文、庄新村、毛华杰、魏巍、李贝、熊军、陆云波、高志生、赵震、韩星会。

金属板料精冲挤压复合成形件
工艺规范

1 范围

本标准规定了金属板料强力压边精冲挤压复合成形件(以下简称"精冲挤压件")的工艺规范,包括成形方式分类,工艺规程的编制,材料、模具与设备的选择。

本标准适用于采用强力压边精冲与挤压复合成形方法生产的精冲挤压件。

2 规范性引用文件

下列文件对于本文件的应用是必不可少的。凡是注日期的引用文件,仅注日期的版本适用于本文件。凡是不注日期的引用文件,其最新版本(包括所有的修改单)适用于本文件。

GB 8176   冲压车间安全生产通则

GB/T 8541   锻压术语

GB/T 30572   精密冲裁件   工艺编制原则

GB/T 30573   精密冲裁件   通用技术条件

JB/T 6541   冷挤压件   形状和结构要素

JB/T 9175.1   精密冲裁件   第1部分:结构工艺性

JB/T 9175.2   精密冲裁件   第2部分:质量

3 术语和定义

GB/T 8541 界定的以及下列术语和定义适用于本文件。

3.1

精冲挤压复合成形工艺   fine blanking combined with extrusion process

采用精冲成形设备,通过精冲与挤压共同作用实现金属板料零件成形的工艺。

4 符号

下列符号适用于本文件。

D ——挤压凹模型腔直径,单位为毫米(mm);

d ——挤压凸模直径,单位为毫米(mm);

S_0 ——挤压变形前板料毛坯的横截面积,单位为平方毫米(mm^2);

S_1 ——挤压变形后成形件的横截面积,单位为平方毫米(mm^2);

H ——挤压凸模挤压行程,单位为毫米(mm);

H_1 ——挤压反顶杆运动行程,单位为毫米(mm);

h ——压边圈 V 形齿高度,单位为毫米(mm);

L_R ——压边圈 V 形齿周长,单位为毫米(mm);

L_t ——精冲件剪切周长,单位为毫米(mm);

F ——总成形力,单位为牛顿(N);

F_s ——精冲力,单位为牛顿(N);

F_E ——挤压力,单位为牛顿(N);

F_1 ——压边力,单位为牛顿(N);

F_2 ——精冲反压力,单位为牛顿(N);

F_3 ——挤压反压力,单位为牛顿(N);

R_m ——材料抗拉强度,单位为兆帕(MPa);

t ——金属板料厚度,单位为毫米(mm);

t_1 ——挤压连皮厚度,即挤压凸模和挤压反顶杆之间的距离,单位为毫米(mm);

ε_f ——断面减缩率(%),$\varepsilon_f = \dfrac{S_0 - S_1}{S_1} \times 100\%$;

$[\varepsilon_f]$ ——许用变形程度(%)。

5 精冲挤压复合成形方式及挤压变形方式的分类

5.1 精冲挤压复合成形方式分类

精冲挤压复合成形方式可以分为以下两类(图1):

a) 先挤压成形再精冲落料;

b) 精冲与挤压在同一工步中成形。

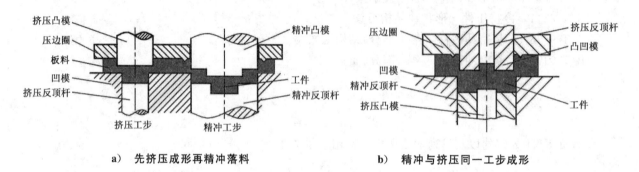

a) 先挤压成形再精冲落料   b) 精冲与挤压同一工步成形

图 1 精冲挤压复合成形方式

5.2 挤压变形方式分类

对于精冲挤压复合成形中的挤压变形方式又可分为以下3种(图2):

a) 当$d/D>1$时,挤压变形过程中易出现缩孔,且底端面呈不规则弧形,应合理选择挤压行程和挤压比,宜设置挤压反顶杆;

b) 当$d/D=1$时,一般用于半冲孔,挤压行程应小于板厚,否则为冲孔工艺。一般情况下,挤压行程应小于板厚的70%,否则影响凸台的连接刚度;为避免产生裂纹,宜设置挤压反顶杆;

c) 当$d/D<1$时,应设置挤压反顶杆提供反顶力,以避免产生裂纹和凸台底部外周充填不满等缺陷。

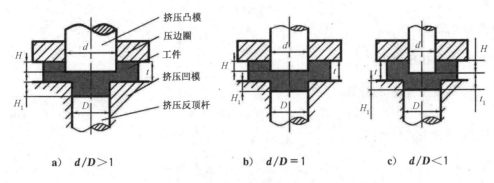

a) $d/D > 1$ b) $d/D = 1$ c) $d/D < 1$

图 2 挤压变形方式

6 工艺规程的编制

6.1 工艺规程编制内容

精冲挤压件工艺规程编制以精冲挤压成形工序为中心,包括备料、精冲挤压、去毛刺及其他后续工序工艺过程的编制。

6.2 常用工艺文件

常用的工艺文件如下:

a) 精冲挤压件图,包含尺寸、形位公差、挤压质量、精冲断面质量等;

b) 精冲挤压件工艺卡,包含精冲机型号、精冲挤压力、压边力、反压力、模具编号、模具闭合高度等;

c) 备料工艺卡,包括材料牌号、规格、卷料或条料等;

d) 精冲挤压模具安装、调整规范,包括装模规定、试模调整规定;

e) 精冲挤压工艺操作规范;

f) 精冲挤压件检验指导书。

6.3 精冲挤压工艺可行性分析

6.3.1 精冲的工艺可行性参见 JB/T 9175.1。

6.3.2 结合零件图纸,分析挤压变形方式,由断面缩减率确定挤压变形程度。根据挤压材料,判断能否实现一次挤压成形。应根据挤压件截面积选用挤压变形程度,当截面积小时,$[\varepsilon_f]$ 值偏大,反之,则偏小,选择时应符合 JB/T 6541 的规定。大批量生产精冲挤压件时,所选用的 $[\varepsilon_f]$ 值应适当偏小。

6.4 挤压行程计算

挤压凸模挤压行程 H 可按式(1)计算:

$$H = H_1\left(\frac{D}{d}\right)^2 \qquad\qquad\cdots\cdots\cdots\cdots\cdots(1)$$

当 $d/D > 1$ 时,采用式(1)计算得到的挤压凸模挤压行程 H 偏小,应根据实际情况调整到 $1.1H \sim 1.3H$。

当 $d/D < 1$ 时,挤压凸模挤压行程 H 也可按照式(2)计算:

$$H = t + H_1 - t_1 \qquad\qquad\cdots\cdots\cdots\cdots\cdots(2)$$

6.5 成形力的计算

6.5.1 精冲力 F_s 和挤压力 F_E

精冲力 F_s 可按经验式(3)计算：

$$F_s = 0.9 L_t t R_m \qquad\qquad\qquad (3)$$

挤压力 F_E 可参考式(3)计算。

6.5.2 压边力 F_1

对于具有 V 形齿的压边圈,其压边力 F_1 可按经验式(4)计算：

$$F_1 = 4 L_R h R_m \qquad\qquad\qquad (4)$$

对于不含 V 形齿的压边圈,压边力 F_1 可按经验式(5)计算：

$$F_1 = 0.5 F_s \qquad\qquad\qquad (5)$$

6.5.3 反压力

在精冲挤压成形过程中,精冲反压力与挤压反压力应分开计算。精冲反压力 F_2 按经验式(6)计算：

$$F_2 = (0.15 \sim 0.25) F_s \qquad\qquad\qquad (6)$$

$d/D = 1$ 时,挤压反压力 F_3 按经验式(6)确定,当 $d/D > 1$ 或 $d/D < 1$ 时,挤压反压力 F_3 按经验式(7)计算：

$$F_3 = (0.5 \sim 0.6) F_E \qquad\qquad\qquad (7)$$

6.5.4 总压力 F

总压力 F 按经验式(8)计算：

$$F = F_s + F_E + F_1 + F_2 + F_3 \qquad\qquad\qquad (8)$$

6.6 精冲挤压件图的绘制

精冲挤压件图是编制精冲挤压复合成形工艺规范、设计精冲挤压复合成形模具、选择精冲设备以及制定后续加工工艺的依据,亦是精冲挤压件验收的技术文件。精冲挤压件图绘制应符合以下规定：

    a)   结构工艺性应符合 JB/T 9175.1 的规定；

    b)   质量应符合 JB/T 9175.2 的规定。

6.7 精冲挤压复合成形排样图的绘制

6.7.1 若精冲挤压件无纤维方向的要求,在保证工艺过程需要和工件剪切面质量的前提下,排样废料应最少。

6.7.2 排样时应将剪切面质量要求高的部分放在进料侧,以保证精冲挤压时该部分的剪切变形区受到充分约束,且应符合 GB/T 30572 的规定。

6.7.3 采用 V 形齿圈压边,精冲挤压件所需的搭边值范围应符合 GB/T 30572 的规定。

6.7.4 基于排样与搭边的选择以及工步编排绘制模具排样图,并利用精冲与挤压变形力的计算,校核模具压力中心,宜使成形载荷中心位于设备的压力中心。

6.8 后续工序的确定

6.8.1 对于预留工艺余量的精冲挤压件,应进行后续机加工。

6.8.2 精冲挤压件应进行去毛刺处理。

6.8.3 对于需要采用热处理的精冲挤压件,应考虑热处理对精冲挤压件精度影响。

7 材料、模具与设备的选择

7.1 材料

7.1.1 应根据精冲挤压件质量等级要求选择与之相适应的材料,材料应符合 GB/T 30573 的规定。

7.1.2 对于表面质量和尺寸精度要求高的钢质精冲挤压件,宜采用冷轧＋完全球化退火的卷料或长条料,不宜采用单件坯料,材料厚度公差应根据产品及工艺要求确定。

7.2 模具

7.2.1 产品批量大,宜采用多工位级进模或复合模。

7.2.2 在模具设计有挤压反顶杆时,优先使用精冲机提供的反压力,若出现精冲反压力和挤压反压力相互干扰现象,宜在模具上设计独立油缸或氮气弹簧等装置。

7.2.3 精冲挤压模具工作部位应设计润滑剂储存结构。

7.3 精冲挤压成形设备的选择

7.3.1 设备应具有提供冲裁力、压边力和反压力的功能,并满足精冲所需的刚性和精度要求。优先选用全自动精冲压力机,亦可采用通用液压机或机械压力机附加压边和反压系统装置。

7.3.2 应根据精冲挤压工艺力的计算数据来选择精冲设备的公称压力和进行各工艺的调整。精冲设备的公称压力应大于总压力 F;通用液压机作为精冲设备时,其公称压力应大于 $1.3F$,机械压力机作为精冲设备时其公称压力应大于 $1.5F$。

7.3.3 设备应具有坯料润滑装置。

7.3.4 设备的安装与布置应符合 GB 8176 的规定。

———————

ELOTHERM
SMS group

西马克艾洛特姆感应设备技术（上海）有限公司

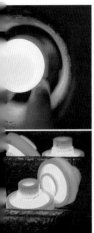

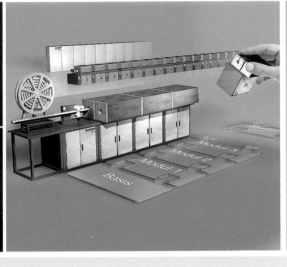

西马克集团是一家国际著名的设备制造企业，2017 年的年度销售额约为 30 亿欧元，全球雇员超过 14300 人。 西马克艾洛特姆于 1906 年在德国雷姆沙伊德成立，并于 1956 年由 AEG 控股更名为 AEG Elotherm，是世界上最早从事电感应电源及各种电感应加热设备制造的行业领头羊，作为全球领先的著名设备供应商，已有百余年历史。为全球知名企业诸如德西福格，蒂森克虏伯，梅赛德斯－奔驰，大众集团，舍弗勒集团，德国马勒等大型企业提供一流电感应加热设备。

自 20 世纪 60 年代进入中国市场，为国内厂家提供优质可靠的电感应加热设备，如早期洛阳东方红拖拉机厂及北京斯凯孚，设备稳定运行超过三十年，持续为东风锻造，西安法斯特，上海纳铁福，万向集团及江苏太平洋等国内客户据需求而量身定制的电感应加热设备。自 2003 年成为西马克集团的一员，公司实力更加壮大，并于 2008 年在上海市闵行区建立西马克艾洛特姆感应设备技术（上海）有限公司作为生产基地，开展电源、设备部件及整机的国产化工作，为国内客户提供综合完善的技术、售后服务及各种备件供应。

地址：上海市闵行区莲花南路 2200 号

邮编：201108

座机：+86 21 2408 6462

传真：+86 21 2408 6422

电子邮件 e-mail: bu.ying@sms-elotherm.cn

拢研机械

江苏拢研机械有限公司
Jiangsu Longyan Machinery Co.Ltd.

江苏拢研机械有限公司是一家专业从事数字化锻压设备研发和制造的高新技术企业。公司主要经营：节能智能快锻模锻油压机、自动对中冲孔制坯快锻油压机、D46系列双辊楔横轧机、D47系列平板楔横轧机、数控摆碾机、(D51、D52、D53)系列辗环机(扩孔机)、机械手、无轨出料机、操作机、整条锻造流水线。经过多年的创新和发展，公司已形成了一套严密的技术开发、产品批量制造、质量控制、市场策划的管理体系和完善的营销服务网络。公司以"立足锻压，服务锻压"的专业化研发生产为宗旨，广泛应用于轴承锻造、汽车齿轮、法兰盘制造、航天、航空、船舶、石油化工和电力能源等工业厂家。公司生产的数控系列锻压设备结构先进，数字程序控制，自动化程度高，生产效率高，节材节能智能。公司以"锻造一流产品，追求顾客满意"为经营理念，开发生产能满足客户工艺要求的各种产品。

因为专业，值得信赖！

锻造装取料机

锻造操作机

D53 系列数控径轴向辗环机

节能智能型快锻液压机

地址：江苏省无锡市胡埭工业园鸿翔路22号
联系人：王启龙　18018318757 /15610600788
电话：0510-85592128

传真：0510-85599228
网址：www.longyanjixie.com
邮箱：sale@longyanjixie.com

数控摆辗机

D46 系列双辊楔横轧机

节能三工位无料芯快锻模锻液压机

节能智能型自由锻造液压机

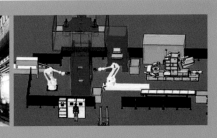
自动化锻造流水线

KELi 科力　山东科力光电技术有限公司
Shandong Keli Opto-electronic Technology Co.,Ltd.

全国工业机械电气系统标准化技术委员会电敏装置（光电保护装置）工作组组长单位
现行光电保护装置GB 4584—2007、GB/T 19436.1、GB/T 19436.2、GB/T 19436.4、
GB/T 29483—2013 起草单位

●山东省光电检测安全控制工程技术研究中心 ●锻压机械安全防护技术研究中心 ●济宁市市级企业技术中心

T4 型安全光栅

BLPS型激光安全保护装置

德国南德TÜV　　CE认证　　国家火炬计划　　德国莱茵TÜV

山东科力光电技术有限公司，隶属于山东省科学院。公司主导产品是安全光幕、自动化光栅、激光雷达、折弯机用激光保护装置，主要用于锻压机械、自动化、物流仓储和轨道交通等领域的人身安全防护。公司产品被国家安全生产监督管理总局列为安全生产科技成果优秀推广项目重点推广。

科力高度重视产品质量，1998年就通过ISO 9000质量管理体系认证，2018年与德国莱茵TÜV签订长期战略合作协议，通过其ISO 9001：2015质量管理体系认证，并在产品认证方面开展广泛合作。2013年推出国内首款通过TÜV安全四级认证的安全光栅，并获得广大客户认可。2019年科力推出第二款通过TÜV安全认证的新产品CT4型安全光栅，来满足用户的需求。公司全部产品均符合相关国家标准，重要产品均通过CE认证，功能安全产品均通过TÜV功能安全认证。

"维系安全，精益求精，客户满意，质量取胜"是公司一贯的质量方针，我们将努力为客户提供更优良的产品和更优质的服务。

CT4 型安全光栅

LCSⅡ型光栅

LSPD型安全激光扫描仪

LSPD mini型安全激光扫描仪

LS系列激光雷达

山东科力光电技术有限公司
地址：山东济宁国家高新区科技新城产学研基地 A3 栋　电话：0537-2338345　0537-21168110
传真：0537-2331667　邮编：272000　邮箱：shichang@sdkeli.com 网址：www.sdkeli.com

杭州杭氧合金封头有限公司

Hangzhou Hang Oxygen Alloy Seal Co. Ltd.

　　杭州杭氧合金封头有限公司为杭州杭氧股份有限公司旗下全资子公司，至今已有25年的封头制造经验，专业生产各类封头，具备各类生产质量管理证书，同时公司为GB/T 25198-2010《压力容器封头》起草单位之一。公司占地面积12950平方米，厂房面积10760平方米。

临安制造基地鸟瞰图

临安制造基地

　　公司可生产壁厚1.5～200mm，直径Φ69～Φ8000mm的铝合金、碳钢、低合金钢，不锈钢及其复合板，镍基合金材料等各种材质的椭圆、碟形、锥形、平底形、球形（瓜瓣）等各类封头。

- 封头是空分、石油化工、食品医药诸多行业压力容器设备中不可缺少的重要部件。
- 封头是压力容器上的端盖，是压力容器的一个主要承压部件。
- 封头的品质直接关系到压力容器的长期安全可靠运行。

面向未来，杭氧合金封头有限公司正以崭新的形象，以创新为动力，以市场为向导，以专注、专业和专精的态度及公司的经营方针来生产经营封头系列产品，并将持续地致力于社会公益事业，同时真诚和新老客户开展合作，共享、共赢，一起创造美好未来。

不锈钢封头　　不锈钢封头固溶

低合金钢封头　　封头打磨

铝合金封头　　坡口加工

杭州杭氧合金封头有限公司

地址：浙江省杭州市临安区青山湖街道相府路 799 号　　邮编：311300

电话：0571-88927168　0571-88927155　　　　　　传真：0571-88927155

手机（微信）：15382336598

莱州市莱索制品有限公司
LAIZHOU LAISUO PRODUCTS CO.,LTD

公司主要生产机械配件及零部件、铁路配件、军工配件、橡塑制品，精密锻造件、工程机械配件、汽车配件等十大类、1000多个品种、8000多个规格。"莱索"牌机械配件获"山东省著名商标"、中国工程机械"最具影响力品牌"、中国工程机械配套件行业年度"最佳市场表现奖"、中国工程机械行业"十大配套产品"，山东省"3·15名优商品"优秀奖。年产生产精密锻造品50000T，机械配件30000T、橡塑制品9000万件。"莱索"在全国同行中具有较高声誉，连续五年获得中国国际锻造展览会、中国国际金属成型展览会"优质锻件奖"。产品出口十几个国家和地区，深受国内外用户好评。

产品主要为日本东碧、小松、竹内，韩国斗山、现代、珍晟，意大利IDM、山推及有关军工业配套。企业通过ISO 9001：2008、锻造技术和调质技术通过日立建机认证。公司发挥自身锻造技术优势，对机械用精密零部件实现了国产化供应。

公司简介
Company Profile

莱索公司位于山东省莱州市金城镇，现有员工近300人，其中技术人员60人。总资产2.5亿元，厂区五处，占地16万平方米，年销售收入3亿元，拥有现代化精密锻造生产流水线12条，设备300多台套。企业现为中国百强福利企业、山东省高新技术企业、山东省成长型中小企业、山东省首批诚信示范企业、山东省就业扶贫基地、莱州市重点企业、中国锻造协会及中国工程机械协会会员单位。公司多次被评为烟台市"AAA"级守信用企业、烟台市"民营企业光彩之星"、烟台市"工人先锋号"、"劳动关系和谐AAA"企业、烟台市消费者满意单位、莱州市"百佳企业"、"明星企业"、"纳税大户"、"文明单位"。

设备概况 Device profile

主要产品 Main products

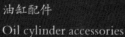

油缸配件
Oil cylinder accessories

链轨节
Link

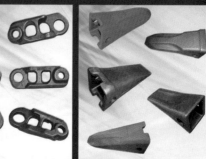

锻造斗齿
The forging bucket tooth

支臂 Arm

支重轮 Roller

法兰、压板 Flange、Clamp

地址：山东省莱州市金城镇文三路3288号　传真：0535-2638801
邮编：261441　　邮箱：E-mail:laisuo@126.com
电话：0535-2638886　　网址：http://www.lzlaisuo.cn